软件定义芯片
（上册）

魏少军　刘雷波　朱建峰　邓辰辰　著

科学出版社
北京

内 容 简 介

《软件定义芯片》共分上、下两册，本书为上册。主要从集成电路和计算架构的发展介绍软件定义芯片的概念演变，系统分析了软件定义芯片的技术原理、特性分析和关键问题，重点从架构设计原语、硬件设计空间、敏捷设计方法等方面系统介绍了软件定义芯片硬件架构设计方法，并从编译系统角度详细介绍了从高级语言到软件定义芯片配置信息的完整流程。

《软件定义芯片》适合电子科学与技术和计算机科学与技术专业的科研人员、高年级研究生，以及相关行业的工程师阅读。

图书在版编目（CIP）数据

软件定义芯片. 上册／魏少军等著. — 北京：科学出版社，2021.9
ISBN 978-7-03-068779-1

Ⅰ. ①软… Ⅱ. ①魏… Ⅲ. ①芯片－应用软件 Ⅳ.①TN43-39

中国版本图书馆 CIP 数据核字（2021）第 088264 号

责任编辑：赵艳春 ／ 责任校对：胡小洁
责任印制：吴兆东 ／ 封面设计：蓝正

科 学 出 版 社 出版
北京东黄城根北街 16 号
邮政编码：100717
http://www.sciencep.com
北京建宏印刷有限公司印刷

科学出版社发行　各地新华书店经销
*
2021 年 9 月第 一 版　开本：720×1 000　B5
2024 年 8 月第三次印刷　印张：18 1/4　插页：7
字数：350 000

定价：149.00 元

（如有印装质量问题，我社负责调换）

序

老朋友魏少军教授嘱我为其专著《软件定义芯片》作序，着实有些惶恐。少军教授是我国集成电路领域的大家，我则是芯片的外行，按理没有资格！只是一方面芯片和软件密不可分，共为信息时代各类系统最基本的构成元素，另一方面书名中涉及"软件定义"，这既和我专业相关，也是我近几年来一直在大力宣传、推广的理念，故而斗胆应允。

回顾计算机的发展历史，从1940年代计算机问世以来，在相当长的一段时间里，软件都是作为硬件（主体是集成电路芯片）的"附属物"形态而存在。直到1950年代末期，高级程序设计语言出现后，"软件"才开始作为与"硬件"对应的词被提出，并逐步成为相对独立的制品，进而形成计算机领域一个独立的分支学科。但是，直到1970年代后期，随着软件产业的兴起，软件才脱离硬件成为独立的产品和商品。几十年以来，软件和硬件协同发展铸就了现代信息产业的基础，为人类社会的信息化发展提供了不断升级的源动力，特别是1990年代中期互联网进入大规模商用之后，更是引发了一场宏大且深远的社会经济变革。我们熟知的Wintel体系，就是软硬件协同发展的范例。软件和集成电路共同构成了信息技术产业的核心与灵魂，发挥着巨大的使能和辐射作用。

近年来，以云计算、大数据、人工智能、物联网等为代表的新一代信息技术及其应用，已经广泛覆盖并影响到社会经济生活的方方面面，传统行业数字化转型发展已成为时代趋势，数字经济成为工业经济之后的新经济形态，数字文明正在开启，人类社会已经站在信息社会的门口。软件作为这个时代核心的使能技术之一，已经无所不在，渗透到各行各业，并促进其发生深刻变革。软件不仅是信息基础设施的重要构成成分，也正通过重新定义传统物理世界基础设施和社会经济活动基础设施，成为信息时代人类社会经济活动的基础设施，对人类文明的运行和进步起到关键支撑作用。就这个意义而言，我们正在步入一个"软件定义一切"的时代，其基本特征表现为万物均需互联、一切皆可编程。

"软件定义"是近年来信息技术领域的热点术语，发端于"软件定义的网络"，软件定义网络对网络通信行业产生了重要影响和变革，重新"定义"了传统的网络架构，甚至改变了传统通信产业结构。随后，又陆续出现了软件定义的存储、软件定义的环境、软件定义的数据中心等。当前，针对泛在信息技术资源的"软件定义一切（Software-Defined Everything，SDX）"正在重塑传统的信息技术体系，成为信息技术产业发展的重要趋势。同时，软件定义也开始延伸并走出信息世界的范畴，向物理世界和人类社会渗透，发挥全面"赋能、赋值、赋智"的重要作用，甚至开始扮演重新定义整个"人机物"融合世界图景的重要角色。

从软件技术研究者的视角，我理解的软件定义的技术本质是"基础资源虚拟化"

和"管理任务可编程"，实际上，这也一直都是计算操作系统设计与实现的核心原则，关注点在于将底层基础设施资源进行虚拟化并开放 API，通过可编程的方式实现灵活可定制的资源管理，同时，凝练和承载行业领域的共性，以更好支撑和适应上层业务系统的需求和变化。因此，我将"软件定义"视为一种基于平台思维的方法学，所谓"SDX"，意味着构造一个针对"X"的"操作系统"。

最近几年，我和我的团队一直在计算系统和工业物联领域开展软件定义的研究和实践，取得了一些不错的成果，同时，我也尽力在不同的场合宣传和推广软件定义理念，包括针对制造、装备、智慧城市、智慧家庭等行业和领域。不过，从来没有想到过芯片。由于软件必须运行在芯片之上，我的思维惯性导致我一直认为，似乎只能针对基于芯片构建的系统进行软件定义。第一次听到"软件定义芯片"一词还是从少军教授处。2018 年底，他组织第三届未来芯片论坛，主题就是"可重构芯片技术（软件定义芯片）"，邀我就"软件定义一切"做了一个报告，同时也给了我学习了解软件定义芯片的机会，拓展了我对软件定义的认知。

集成电路拥有人类历史上最复杂的设计制造工艺，它的发展高度凝聚了人类智慧的结晶。同时，集成电路也是支撑国家经济社会发展和保障国家安全的战略性、基础性和先导性产业，是我们国家战略必争的研究领域。特别地，随着信息技术的不断突破，大量新兴应用领域不断涌现并迅猛发展，对数据处理和计算效率提出了极高的要求，传统的芯片架构面临巨大挑战，数字芯片难以同时兼具高能效和高灵活性成为国际公认的难题。

少军教授团队基于在集成电路设计方法学研究上的深厚积累，提出了软件定义芯片架构与设计范式，实现了软件对芯片功能的动态定义，推动了数字芯片架构和设计范式的变革，在广义计算芯片领域形成了引领，其研究也为软件定义时代面临的共性问题提供了重要的借鉴。我非常高兴地看到，他们基于对信息产业技术趋势的把握和长期在相关领域的研究成果，对软件定义芯片的发展背景、技术内涵、关键应用和未来发展等进行了深刻阐述，形成了我国在该领域的第一部专著。在此，谨致以真诚的祝贺！

相信本书能为信息技术科研人员和从业人员提供重要的参考，从而加深对"软件定义"的认识和理解，并为推动我国信息技术人才培养、产业发展和生态建设贡献积极力量。

是为序。

梅宏

辛丑年孟夏

前　言

　　1958 年 9 月，在美国德州仪器公司工作的青年工程师杰克·基尔比发明了集成电路的理论模型；1959 年，曾师从晶体管发明人威廉·肖克莱的罗伯特·诺伊斯发明了掩膜版曝光刻蚀技术——这一至今我们仍然在使用的集成电路制造技术。时至今日，集成电路已经走过 63 年的历史。没有集成电路，就不会有我们今天所使用的计算机、移动通信终端、互联网络、家用电器、汽车……。毫无疑问，集成电路是人类历史上最伟大的发明，是影响最为广泛、最为深远的当代科学技术之一，为人类社会的发展做出了卓越的贡献。业界普遍认为，在未来相当长的一段时间里，我们可能还找不到可以替代集成电路的其他技术。中国科学院外籍院士，美国加州大学伯克利分校的胡正明教授就认为"集成电路产业可再成长一百年。"

　　集成电路的发展一直与计算机技术相伴。无论是 IBM360 主机，还是基于微处理器打造的 IBM PC，无论是今天可以实现每秒 10^{18} 次计算的超级计算机，还是我们握在手中须臾不能离开的移动通信终端，计算技术推动着集成电路不断发展，集成电路支撑着计算技术持续前行。如果说在计算机主机时代是多人使用一台计算机，个人电脑时代一个人使用一台计算机，移动通信时代一个人使用多台计算机，那么集成电路和计算技术将共同迎接即将到来的泛在计算时代，即多个人使用多台计算机。显然，这一新时代在带给我们更惊喜的同时，也必然带来众多挑战。首先，摩尔定律的持续前行让我们要面对的是每平方毫米超过一亿只晶体管、单个芯片集成 500 亿只晶体管的超级复杂系统；其次，能量效率(性能功耗比)和灵活性这一对集成电路设计中无法回避的固有矛盾，还将长远而深刻地影响着芯片设计者；最后，应用的千变万化与集成电路芯片制造完成后就无法更改的客观矛盾让集成电路产品的价值随着时间的推移而恒定衰减，其背后的根本原因是应用的不断变化与集成电路的不可变之间的矛盾无法调和。多年来，集成电路设计工程师们在苦苦地探索是否存在一种方法，它可以让集成电路与应用之间实现一种完美的"匹配"？不难想象，这里有两条可能的技术路径，一是让应用去适配集成电路，二是让集成电路去适配应用。前者就是我们所熟知的计算机，通过编写软件并在硬件上运行，实现了应用主动适配集成电路。鉴于应用的多样性，很难想象一个不变的硬件可以满足所有的应用需求。因此，不断地升级硬件成为一个常态；后者则由于硬件的不可变性，让人们知难而退，探索的人比较少。20 世纪 80 年代，虽然出现了现场可编程逻辑阵列(Field Programmable Gate Array，FPGA)这样的硬件可编程器件，但它与应用之间并没有直接的联系。事实上，要想在 FPGA 上实现一个应用，工程师还是要首先设计好电路，再把设计好的电路映射到 FPGA 上。加之 FPGA 本身能量效率不高、静态编程、面积效率低、成本高等固有问题，它一直扮演着一种补充的角色，无法成为主流。

2014 年，我和刘雷波、尹首一两位年轻学者共同出版了一本专著《可重构计算》。这本书是我领导的团队从 2006 年起从事的研究工作的总结。在这本书中，我们提出了软件、硬件双编程的芯片设计理念，但更多地聚焦于如何让一个硬件能够"动"起来。不难理解，我们在这本书中谈到的"动"并不是要在物理上改变一个制造完成后的集成电路，而是尝试在逻辑上让集成电路芯片能够按照需求而改变其架构和功能，而且这种改变是动态的、实时的。《可重构计算》出版之后引起了国内外学术界的关注，可重构芯片的概念也得到了推广，动态可重构芯片也在一些领域得到了应用，产生了不错的经济和社会效益。但是，《可重构计算》并没有提出"软件定义"的概念，书中的内容也更多地瞄准用"配置信息"来"定义"芯片的功能，而配置信息与软件之间的关系并不是我们阐述的重点。真正让我们重视此事的是王阳元院士。我请他为《可重构计算》一书作序时，他写了这样一段话"该书采用可重构设计思想，……，提出了硬件随软件变化而变化的思路、软件硬件双编程方法，……。"从那时起，我们将注意力转到"软件定义"，开展了进一步的深入研究。2017 年，美国国防部高级研究计划局(Defense Advanced Research Projects Agency，DARPA)启动了旨在支持 2025～2030 年美国国家芯片设计能力的电子振兴计划(Electronics Resurgence Initiative，ERI)，其中规划的六个重要研究领域之一就是软件定义硬件(Software Defined Hardware，SDH)。我们在仔细研读这个计划的详细内容时高兴地看到，我们之前所做的研究其实与 SDH 的内容完全相同，大方向完全一致。之后的几年，我们在软件定义芯片技术研究上有了不少心得，特别是从芯片架构和设计范式的高度做了深入探索和研究，形成了比较成型的理论体系和方法，进而成为本书的写作基础。

软件定义芯片从应用的角度考虑了软件和芯片两者的有机地融合，促进了软件设计和芯片设计的深度协同优化。从芯片设计的角度看，它不仅改变了传统的芯片架构和设计范式，也提供了一个新的视角来看待今天的电子系统设计。虽然我们提出了软件定义芯片的概念，但我们的长项还是从事硬件设计，对软件的理解并不深刻。因此，我斗胆邀请梅宏院士为本书作序，请他从软件的角度对本书的内容予以审视。十分感谢他在百忙中给予的大力支持，从一位软件专家的角度谈了对本书的看法，对读者理解本书的内容将大有裨益。

本书是团队共同工作的成果，刘雷波、朱建峰和邓辰辰是本书写作的主要执笔者。朱文平、姜红兰、何家骥、杨博翰、李兆石、张能、莫汇宇、满星辰、陈龙龙、黄羽丰、吴一波、孙伟艺、陈迪贝、原宝芬、孙立伟、李昂、陈锦溢、孔祥煜、王汉宁和寇思明等团队的博士后、学生和工程师也参加了本书的写作。在此，对他们表示衷心的感谢！

魏少军

2021 年 6 月于清华园

目　　录

上　　册

彩图

下 册

序

前言

彩图

第 1 章　绪　　论

We are firmly convinced that when a special purpose configuration may be accomplished using available facilities, a new level of inventiveness will be exercisable.

我们坚信，当(电路)资源足够丰富从而能够实现任何特定目标的配置时，将会实现颠覆性的创新。

——Gerald Estrin，Western Joint Computer Conference，1960

近年来，随着社会和科学技术快速发展，计算芯片对性能、能效和灵活性的需求不断增长。大量新兴应用对计算能力的需求远超从前。过去几十年，集成电路工艺技术的进步是提高计算结构能力的主要措施之一。然而，随着摩尔定律和登纳德缩放比例定律放缓甚至走向终结，这一方法正在逐渐失效。众所周知的功耗墙问题的出现使得集成电路的功耗约束在许多应用中变得更加严格。集成电路工艺进步带来的性能收益越来越小，这使得硬件架构可实现的计算能力受到严重限制。因此，计算机架构设计师不得不将注意力从性能转移到能效上。同时，计算电路的灵活性也成为不容忽视的设计考量。新兴应用不断涌现、用户需求持续增加以及科技能力快速进步，软件升级越来越快，不能适应软件变化的硬件实现形式将面临生命周期过短和一次性工程成本(non-recurring engineering，NRE)过高的难题。总体来说，能效和灵活性已成为计算架构最主要的评价标准。

然而，对于主流计算架构，满足这些新需求极具挑战性。专用集成电路(application specific integrated circuit，ASIC)能效虽高，但不具备灵活性；而冯·诺依曼处理器，如通用处理器(general purpose processor，GPP)、图形处理单元(graphics processing unit，GPU)、数字信号处理器(digital signal processor，DSP)虽足够灵活，但能效太低。现场可编程逻辑门阵列(field programmable gate array，FPGA)因具备定制实现大规模数字逻辑、快速完成产品定型等能力而被广为使用，在通信、网络、航天、国防等领域拥有牢固的重要地位。然而，其单比特编程粒度、静态配置等本征属性造成了能量效率低、容量受限、使用门槛高等问题，无法满足不断提高的应用需求。近年来，通过采用扩大硬件规模、异构计算、高级语言编程等方法，FPGA进行了持续的技术升级，但受其本征属性限制，上述问题始终未能从根本上得到解决。如果FPGA的基础架构不发生根本改变，其未来将困难重重。软件定义芯片采用以粗粒度为主的混合编程粒度与动态配置相结合的方式，可以从根本上解决以上制约FPGA发展的技术难题，并同时满足能效和灵活性的需求。混合编程粒度能大幅减小资源冗余，提升芯片能效；动态配置通过时分复用能摆脱承载容量的限制，与高级语言配合可提高器件可编程性、降低使用门槛。美国国防高级研究计划局(Defense Advanced Research Projects Agency，DARPA)"电子振兴计划"2018 年投入 7100 万美元，正组织全美最强力量开展软件定义芯片的联合攻关。欧盟"地平线 2020"也对该方向给予了高度的重视和持续的研发支持。软件定义芯片已成为世界强国战略必争的研究方向。

本章首先从集成电路和计算架构的发展背景角度介绍软件定义芯片的概念演变，然后从传统可编程器件的发展、原理以及面临的问题出发论述软件定义芯片的颠覆性，最后介绍经典可编程器件和软件定义芯片的国内外研究及发展现状。

1.1 概 念 演 变

软件定义芯片是一种关于"芯片架构(包括硬件层和软件层)设计"的新理念和新范式。传统的芯片架构设计范式总结如图 1-1 所示。通用处理器(中央处理器(central processing unit，CPU)、GPU、DSP)设计的模式是软件，通过将应用算法转化到命令式的软件指令串(或长指令、单指令多数据流(single instruction multiple data，SIMD)指令等)，然后用硬件来实现每条指令及其流水、调度、控制机制，从而完成应用功能的物理实现。由于硬件本身的特性基本没有得到体现，无法充分发挥硬件本身的优势，因此这种方式的效率是最低的。传统可编程逻辑器件设计的本质是硬件，通过将硬件抽象为一个个空间分布的功能簇，由功能簇组合实现特定的

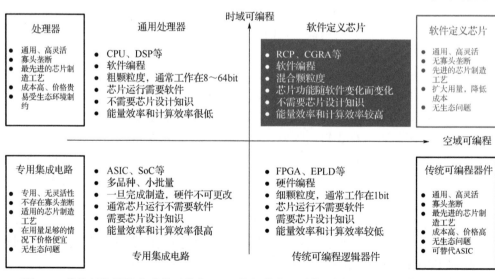

图 1-1 芯片架构设计范式的对比(CGRA 指粗粒度可重构计算结构，SoC 指系统芯片，EPLD 指可擦除可编辑逻辑器件)

功能需求。因为软件不包含硬件特性上的任何抽象，所以这种方式的编程易用性是比较差的。图 1-2 更深入地总结了芯片架构设计范式背后的问题。软件实现方式是串行的和时域切换的，灵活性高。硬件实现方式的计算模式则相反，是并行化的和空间展开的，性能与效率高。以通用处理器为代表的软件实现方式的设计路线忽略了硬件的空间并行性，而以传统可编程逻辑器件为代表的硬件实现方式则忽视了软件时分复用硬件资源的能力。总而言之，通用处理器可以看成"用硬件实现的软件"，而传统可编程器件就可看成"用户可配置的硬件"。

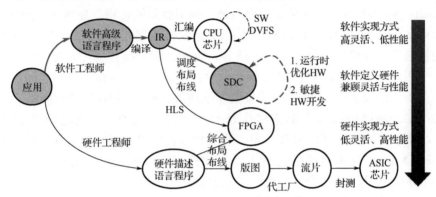

图 1-2 软件定义芯片的编程使用模式

软件定义芯片，作为一种新的芯片架构设计范式，希望能够打破软件和硬件间的隔阂，用软件直接定义硬件的运行时功能和规则，使硬件能够随着软件变化而实时改变功能(其硬件不仅可以在时域上不断切换功能，还可以在空域上支持电路功能的可编程)，并能实现实时的功能优化，从而兼顾硬件的高效率和软件的高灵活性[1]。

与软件定义无线电(software defined radio，SDR)、软件定义网络(software defined network，SDN)等概念类似，软件定义芯片反映的是软件定义万物(software defined everything，SDE)的理念。在这些概念背后存在着更深层的动机，即信息社会发展速度已经远远超过许多底层设施更新的速度，人们逐渐希望底层设施可以变得灵活，从而降低底层设施的更新频率，避免其更新给设计和成本带来的庞大开销。例如，SDR 概念从 20 世纪 90 年代就开始广泛流行，而那正是移动通信大发展的时代，多种数字无线通信标准(如全球移动通信系统(global system for mobile communications，GSM)标准和码分多址(code division multiple access，CDMA)标准)共存而且不能兼容，技术人员希望可以将不同频段信号转换成数字信号然后通过软件来统一处理，从而适应无线通信技术的发展。近年来流行的 OpenRAN 概念本质就是软件定义无线网络，是 SDR 和 SDN 概念的延伸。伴随着 5G 技术的快速发展，市场上能够适应新技术、新标准并进行持续研发投入的厂家越来越少，而 OpenRAN 正是应对这种情况的一种方法，并且已经得到不少国家(包括美国)和企业(O-RAN 联盟)的支持。

软件定义芯片的出现是集成电路和计算架构技术发展速度赶不上社会发展需求的体现。下面从这两个角度出发介绍软件定义芯片出现的背景、原因和必然性。

1.1.1　半导体集成电路发展背景

集成电路制造工艺的发展使得硅芯片集成能力越来越强。从 20 世纪 70 年代晚期开始，基于金属氧化物半导体(metal oxide semiconductor，MOS)晶体管的集成电路工艺已经成为主流技术选择，开始是 N 型金属氧化物半导体(n-type metal oxide semiconductor，NMOS)电路设计，然后是互补型金属氧化物半导体(complementary metal oxide semiconductor，CMOS)电路设计。集成电路技术的发展速度极为惊人，并成为提高芯片性能的关键因素。1965 年，Gordon Moore 预言，集成电路的晶体管数目每一年翻一倍，然后在 1975 年修改为每两年翻一番，并相当成功预测了半导体工艺迄今为止的发展[2]。然而，集成度的发展速度大概在 2000 年开始降低，在 2018 年已经与 Gordon Moore 的预测值相差 15 倍以上，甚至还有扩大的趋势，如图 1-3(a)所示[3]，摩尔定律正在逐渐失效，距离物理极限已经越来越近[4]。而同时，另一个由 Robert Dennard 做出的预测(登纳德缩放比例定律，Dennard scaling)，即芯片功耗密度随着工艺尺寸下降而保持不变[5]，则已经在 2012 年左右彻底失效，如图 1-3(b)所示[3]，使得功耗墙成为通用处理器的一个关键问题，能量效率成为集成电路设计的关键指标之一。

另外，集成电路制造工艺的发展还带来了设计和制造成本的飙升。如图 1-3(c)所示，工艺线成本和设计费用的不断提高，使产业内具有最先进芯片研发能力的公司越来越少，目前 5nm 和 7nm 工艺基本只剩下苹果、英特尔、高通、英伟达等公司能够跟进设计(注意它们做的都是通用芯片)。同时芯片的一次性投入增加，也要求生产更多的数量来摊薄成本。所以芯片设计需要尽可能兼顾越来越高的性能需求和一定范围内的灵活性。

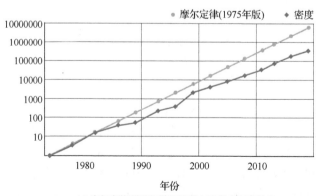

(a) 摩尔定律预测与微处理器电路集成密度提升

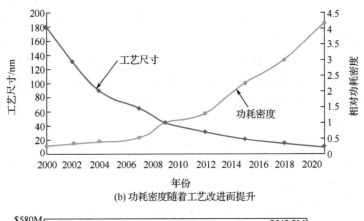

(b) 功耗密度随着工艺改进而提升

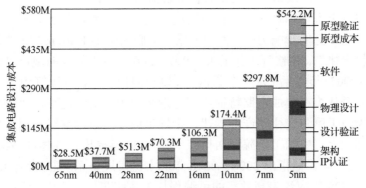

(c) 集成电路设计成本快速攀升(来源Handel Jones, IBS)

图 1-3 集成电路的发展(见彩图)

1.1.2 计算芯片体系架构发展背景

在现代信息化社会中，大量新兴应用，如神经网络、云计算和生物信息学等，对计算能力的需求越来越高。如 1.1.1 节所述，集成电路工艺的发展在过去数十年带来了性能、效率、容量上的稳固提升，相比而言，计算机体系结构发展带来的进步要小得多。如今，计算芯片的主流架构设计如 CPU、GPU、DSP 等仍然是以冯·诺依曼结构为基础，其指令流控制的计算过程是通用的和图灵完备的。但是，为了确保灵活性，通用处理器设计时包含了大量取指、译码等非算术逻辑单元，因此它在计算过程中的额外能量开销非常大，计算的能量效率比偏低。以 14nm 工艺下一个典型 CPU，Xeon E5-2620(4 发射乱序执行处理器)为例，它完成 Smith-Waterman 算法(用于基因分析)单次迭代需要消耗 81nJ 的能量。相比之下，40nm 工艺下的领域定制处理器 Darwin 只需要 3.1pJ 的能量就可以完成一次迭代，其中只有 0.3pJ 消耗在计算上，而 2.8pJ 消耗在访存和控制上[6]。可以看到，对于一个现代处理器，实际消耗在计算资源上的功耗非常低，甚至可能小于 1%，大量的功耗都消耗在了取指、译码、乱序重排上。这些额外的能耗开销加剧了当今通用处理器的"功耗墙"问题：集成电路散热工艺决定了功耗的上限；登纳德定律的终结意味着最高工作频率已经难以提升，借助新工艺不断提升芯片性能的时代即将终结；而大量的额外计算开销意味着计算效率低，难以有效利用工艺提供的计算能力。因此，新型计算芯片架构设计已经迫在眉睫。

"牧村浪潮"是对计算芯片发展规律的一种归纳加预测。早在 1987 年原日立公司总工程师牧村次夫提出半导体产品将每十年按照"标准"与"定制"的方式波动一次，也就是说芯片的设计方法会在更倾向于灵活性即通用和更倾向于效率即专用之间波动。1991 年他将该想法正式发表在 *Electronics Weekly* 上，称为"牧村浪潮"。它的正确性被近年来可编程芯片的快速发展所验证，进而得到了众多可编程器件公司的响应，产生广泛的影响力[7]。德国凯撒斯劳滕大学的 Hartenstein 教授把它进一步称为"牧村定律"。他修订了第五波（1997～2007 年）为低效的现场可编程通用计算；第六波（2007 年以后）为一个长波，以粗颗粒度可重构计算为主要特征[8]。Hartenstein 教授认为在集成电路特征线宽逼近物理极限的情况下，"牧村定律"完全可以成为类似于摩尔定律的产业规律，指导集成电路技术继续高速发展。在"牧村浪潮"的基础上，中国工程院许居衍院士在 2000 年提出半导体产品特征循环[9]，即许氏循环（图 1-4）。他指出 2008～2018 年的主流发展是系统芯片（system on chip，SoC），2018～2028 年应该为高效率的可编程片上系统芯片，即用户可重构 SoC（user reconfigurable SoC，U-rSoC）。

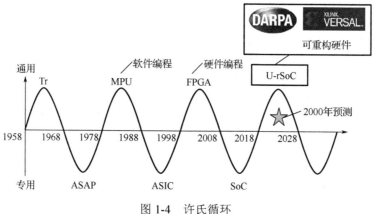

图 1-4 许氏循环

软件定义芯片概念的诞生顺应了"牧村浪潮"与许氏循环预测 2018～2028 年的发展趋势，它是通用可编程计算概念的进一步发展，从 CPU 的软件编程到 FPGA 的硬件编程，最后到软件定义芯片，通过芯片架构设计的创新，提高编程的效率和效果，它将是未来芯片设计发展的主流趋势。

1.1.3　软件定义芯片 VS.可编程器件

软件定义芯片的含义是用软件直接定义硬件的运行时功能和规则；而可编程器件则涵盖了所有硬件功能可在硅后定义或重定义的芯片。显然，可编程器件概念的范围更大，提出的时间也要早许多。传统的可编程器件主要有两大类应用场景，一是验证数字电路设计，二是加速应用(代替数字 ASIC，算法可编程，综合成本相对较低)；而软件定义芯片的主要应用场景是计算和数据密集型应用的加速。因此，软件定义芯片可以认为是一种新型的可编程器件。其硅后硬件功能重构所需的时间更短，甚至达到实时的功能重构，从而可以大幅扩展其计算容量。同时，其放弃了部分灵活性，可能很难完成数字电路设计的验证，但是换来了执行计算和数据密集算法的高效性。

1.1.4　软件定义芯片 VS.动态可重构计算

可重构计算的概念比可编程器件的概念提出更早。20 世纪 60 年代，美国加利福尼亚大学洛杉矶分校的 Estrin 教授提出一种特殊的可重构计算硬件结构，能够接收外部控制信息，通过剪裁、重组的方式，形成具有加速特定计算任务功能的硬件，这是可重构计算最早的设计概念[10]。但是由于当时制造和设计水平等因素，直到 20世纪 90 年代可重构计算的概念才获得学术界和工业界的广泛重视。在 1999 年，来自加利福尼亚大学伯克利分校可重构技术研究中心的 Dehon 和 Wawrzynel 教授，明确将可重构计算定义为具有如下特征的计算组织结构[11]：①在其制造之后芯片功能仍可通过定制去解决各种问题；②计算上很大程度上通过从任务到芯片的空间映射来完成。显然，根据第一个特征，可重构计算是可编程器件的一种。那么可重构计算和软件定义芯片的概念有什么不同呢？

当前，虽然也有不少研究认为 FPGA 等可编程器件是静态可重构计算，但是本书提到的可重构计算主要是指以粗粒度可重构计算结构(coarse grained reconfigurable architecture，CGRA)为代表的动态可重构结构。动态可重构计算能够在运行时改变硬件功能，而静态可重构计算则不能。因此，动态可重构计算与软件定义芯片存在交集，动态可重构计算的概念侧重在功能重构，而软件定义芯片更进一步，要求硬件的功能由软件来定义，同时硬件功能可以根据需求在运行时优化，从而使得灵活性和硬件执行效率更高。可以认为，动态可重构计算方式是实现软件定义芯片概念时底层硬件结构的必然选择，但并不是所有的动态可重构计算方式都属于软件定义芯片的范畴。

图 1-5 展示了软件定义芯片的概念演变过程，它也大致地描述了软件定义芯片、可编程器件和动态可重构计算三者之间的关系与联系。从最古老的可编程逻辑阵列(programmable logic array，PLA)和通用阵列逻辑(generic array logic，GAL)到

FPGA,可编程性上已经得到了很大的进步。而高层次综合(high level synthesis,HLS)工具进一步提升了 FPGA 的软件可编程性,使得用高级语言编程变得可能,但是编程效率依然不佳。而运行时重配置(run-time reconfiguration,RTR)技术则提高了FPGA 的硬件重配置速度,使其从完全静态重构变成了部分动态重构,但是重构时间依旧很长。CGRA 技术在软件可编程性上和硬件重配速度上都有大幅提升,已经成为实现软件定义芯片最合适的载体之一。

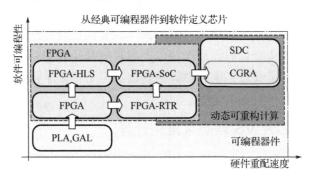

图 1-5　软件定义芯片的概念演变

面向软件定义芯片的 CGRA 研究兴起于 20 世纪 90 年代,在过去的 30 年中以CGRA 为代表的动态可重构架构研究大致可分为三个阶段。

1. 萌芽新生期(1990~2000 年)

20 世纪 90 年代初期,细粒度可重构器件 FPGA 逐渐开始向通信领域甚至通用计算领域发展,然而,单比特编程的特性导致其面临着编译时间长、配置切换开销大等问题。研究者开始考虑粗粒度可重构架构,研究主要以硬件架构设计为主,从计算单元、互连结构和片上存储多个纬度开展架构级设计空间探索。

早期动态可重构架构的计算单元在可重构逻辑功能、数据通路粒度上因为针对的应用不同存在较大差异。经典的动态可重构架构 MATRIX[12]、REMARC[13]、PipeRench[14]在操作调度上均采用静态调度的方式实现,即计算单元的指令执行和数据传递的时序在编译时完全由编译器静态完成。硬件结构设计简单直接,对于规则应用的计算性能和能效都很高。片上互连与 CPU 有着本质区别,CPU 指令间的互连通过存储进行数据交换,而 CGRA 中计算指令被映射到阵列中的不同计算单元,数据交换通过片上互连完成,其设计对计算架构的性能有着重要影响。早期的设计包括点到点互连、总线、交叉开关,但均存在扩展性差的问题。基于 Mesh 等拓扑结构的片上网络互连可实现扩展性、带宽、面积和延时之间更好的均衡。访存通路的设计为了满足计算阵列的数据需求,主要采用数据暂存器结合数据控制器的设计,数据控制器根据目标应用领域进行定制化的设计。

2. 初步发展期(2000~2010 年)

随着应用的多元化,为了高效支持不规则应用,基于多指令的计算单元设计开始大量涌现。通过增加内部调度逻辑使计算单元更为灵活,包括在单元内使用谓词机制来支持控制流,以及通过标签匹配机制来支持多种形式的多线程执行多指令。同时,计算单元通过时域计算模式能够使用少量的计算资源支持更大规模的应用,其计算阵列能够支持的操作总数可达计算单元数量和单个计算单元内最大指令数量的乘积。较为典型的多指令计算单元 TRIPS[15]、WaveScalar[16]、Mophosys[17]、ADRES[18]均集中在这一时期。动态可重构阵列的功能配置是运行中的重要一环,部分重构使得配置和计算分离,并提高阵列的硬件利用率。XPP-III[19]使用了细粒度的配置,即一次配置只完成对单个计算单元的配置,Chimaera[20]使用了行配置技术,即以行为单位依次对阵列配置。这样,当某一个或某一行计算单元进行配置时,路径中已经配置好的单元可以开始工作。

随着应用对芯片计算能力的要求越来越高,动态可重构阵列计算资源也迅速增长。为了高效便捷地使用这些硬件资源,针对编译系统的开发和研究成为这一时期的关键。静态编译是当时的主流编译技术,即在应用程序运行之前将描述应用程序功能的高级编程语言代码转化为底层硬件可以识别的机器语言。通过预测硬件运行过程中的行为,编译器采用循环展开、软件流水、多面体模型等技术优化调度策略[21, 22],提升计算的吞吐率和效率。

3. 快速提升期(2010 年至今)

这一时期,计算单元的设计空间已经探索得比较完善,新型计算单元结构的提出也已经不再是研究热点。尽管多指令的计算单元能提高灵活性和性能,但利用率不高使得非关键路径上的计算单元存在着资源浪费,消耗的静态功耗会使得架构整体的计算能效降低。近年来,动态可重构计算芯片更多地被作为领域定制加速器使用。通常特定领域内计算特征相似,硬件上只需要支持这些特定模式即可完成高效加速。因此,出于能效目的,许多架构仍采用单指令、静态调度计算单元的架构,如 Softbrain[23]、DySER[24]、Plasticine[25]。计算单元内只含有单条指令,无需额外的指令缓存和调度逻辑,只保留满足应用需求的最核心计算功能保证了其结构上的精简,从而能够实现性能和能效的最大化。同时,简单的阵列结构需要的配置信息也较小,为了进一步减小配置代价,DySER 中的快速配置机制,Softbrain 中以 Stream 触发不同阵列中任务异步执行的方式,将配置与计算并行来遮掩配置时间。

随着芯片上集成的计算资源进一步丰富,软件定义芯片静态编译中映射问题的规模指数级增长。大量研究开始利用动态可重构特性而采用动态编译方法,提高硬件资源的利用率和实现多线程处理,进一步提升芯片的能量效率。动态编译方法以硬件虚拟化技术为基础,利用在离线状态下就已经编译好的配置信息流或者指令流,在运行时将静态编译结果转换为符合动态约束的动态配置信息流。主要可分为两种：一种是基于指令流的配置信息动态生成方法，如 DORA[26]；另一种是基于配置流的配置信息动态转换方法。然而，目前的编译系统仍需要大量手工辅助以保证编译质量，其自动化的实现方式仍是当今的研究热点。

1.2　可编程器件发展

软件定义芯片是一种新型的可编程器件，相比较于传统可编程器件在软件可编程性和硬件重配速度等方面有着显著的优势。本节将从经典可编程器件 FPGA 的诞生开始，介绍 FPGA 的不同发展阶段和技术原理，以及其发展面临的问题，分析软件定义芯片将如何解决这些问题。

1.2.1　历史发展分析

作为经典可编程器件，FPGA 自 1984 年问世以来，其容量从不到 10 万个晶体管增加到超过 400 亿个晶体管，性能提升了两个数量级，单位功能的成本和功耗大幅降低。结合 FPGA 诞生三十周年之际 Xilinx Fellow Trimberger 博士的历史回顾[27]，FPGA 的发展大致分为以下四个阶段：发明阶段、扩张阶段、积累阶段和系统阶段。下面以 FPGA 发展的四个关键历史阶段来具体介绍可编程器件的发展。

1. 发明阶段(1984~1991 年)

首款 FPGA XC2064 是由 Ross Freeman 发明的，同时他也是 Xilinx 的创始人。在当时晶体管异常昂贵的背景下，电路设计者总是以充分利用每一个晶体管为设计目标。Freeman 率先提出设计一款包含 64 个逻辑模块的芯片，功能和互连都可以进行编程，这意味着很多时候部分晶体管都处于空闲的状态，但是 Ross Freeman 坚信摩尔定律的发展终将使得晶体管成本大幅下降，FPGA 将大放光彩。历史的发展也证实了他这种大胆而又富有预见性的想法。Xilinx 的这一款 FPGA 芯片采用 2.5μm 工艺流片，逻辑模块的可编程性由基于静态随机存储器(static random access memory，SRAM)的 3 输入查找表(lookup table，LUT) 实现。可以通过更改存储器中的数据进行反复编程。但是片上 SRAM 面积很大，占据了大部分的面积。在发明阶段，还有另外一种基于反熔丝的 FPGA，比基于 SRAM 的 FPGA 更节省面积，但是只能一次性编程，以可重复编程能力为代价换取了面积的减小，在当时有着很高的市场占有率。

2. 扩张阶段(1992~1999 年)

到了 20 世纪 90 年代，摩尔定律继续快速推进，晶体管集成度每两年增加一倍。

新一代硅片的可用晶体管数量每增加一倍，使得最大的 FPGA 尺寸也能增加一倍，而单位功能的成本则降低了一半。比简单的晶体管缩放更重要的是，化学机械抛光技术的成功应用使得可以堆叠更多的金属层，互连的成本比晶体管的成本下降得更快，因此能够增加可编程的互连线从而适应更大的容量。通过面积的增加，来换取更高的性能、功能和易用性。容量的迅速增长使得综合和布局布线均无法通过手动完成，设计自动化变得必不可少。同时，SRAM 取代反熔丝成为 FPGA 采用的主流技术，一方面是由于反熔丝只能编程一次，限制了 FPGA 的应用场合，另一方面，反熔丝相比于 SRAM 需要更长时间才能在新的工艺制程上实现，从而性能提升相对较慢。在扩张阶段，LUT 逐渐成为 FPGA 采用的主流逻辑架构并一直延续至今。

3. 积累阶段(2000~2007 年)

随着硅片的制造成本和复杂性日益增加，定制芯片的风险使得很多 ASIC 用户逐步转向 FPGA。摩尔定律继续推进使得 FPGA 变得更大，但客户不愿意为单纯的面积增大支付高额的费用。降低成本和功耗的压力导致架构战略的转变，从简单地增加可编程逻辑，开始添加专用的逻辑模块。这些模块包括大容量存储器、微处理器、乘法器、灵活的输入输出(input/output, I/O)接口等。同时，FPGA 在通信领域得到了广泛应用，通过加入专门的高速 I/O 收发器、大量高性能乘法器，从而在不影响吞吐量的前提下实现大量的数据转发。专用模块的添加是积累阶段的主要特征，FPGA 逐渐不再仅作为 ASIC 的通用替代，在数字通信领域应用发挥着越来越重要的作用。

4. 系统阶段(2008 年至今)

在系统阶段，FPGA 发展成为可配置的 SoC，除了可编程逻辑模块，也继承了微处理器、内存、模拟接口、片上网络等，以满足作为 SoC 的系统要求。为满足新兴应用需求，也会加入专门的加速引擎，例如，Xilinx 在 2018 年推出的自适应计算加速平台(adaptive compute accelerate platform, ACAP) 异构集成了标量、矢量和可编程硬件单元，以满足不同算法的计算需求。复杂系统需要高效设计工具保证易用性和风险控制，通常会以一定的性能、灵活性和能效效率为代价。现代 FPGA 工具集实现了采用 C、CUDA 和 OpenCL 对系统进行建模，从而缓解设计复杂度，然而高层次综合仍有很多难题尚未解决。

1.2.2　FPGA 的技术原理

FPGA 的硬件可编程性和通用处理器的软件编程方式不同，其最终逻辑功能是通过对逻辑块配置获得。图 1-6 是一个典型的 FPGA 结构，主要包括：①可配置逻辑块，是实现计算和存储的重要基本单元；②可编程的互连资源，使用可配置的布线开关实现不同逻辑块之间以及逻辑块与输入输出单元之间的灵活互连；③可编程输入输出单元，是芯片为连接外围电路所提供的接口单元，可满足不同的驱动和匹配要求。

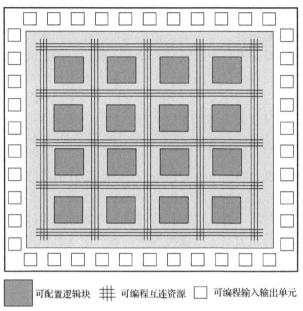

图 1-6　经典 FPGA 结构

　　FPGA 的硬件可编程性主要由可配置的逻辑块体现，有两种不同的实现方法：一种是基于查找表，另一种是基于选择器(multiplexer，MUX)。下面分别举例说明其实现原理。图 1-7 是一个基于查找表的可编程逻辑块，通过 SRAM 技术实现。查找表由存储单元 SRAM 和选择存储位的选择器组成，图中的二输入查找表，可以实现两变量的任意逻辑函数。当 SRAM 中存储的值为逻辑函数真值表的输出时，查找表实现的就是该逻辑关系。根据这种原理，可以通过配置查找表的内容在相同电路上实现不同的逻辑功能。例如，将图 1-7(b)真值表的输出填入图 1-7(a)中的存储单元，即可以实现异或逻辑。常用的商用 FPGA 逻辑块通常是基于四输入或者六输入的查找表，四输入的查找表可以看成一个有 4 位地址线的 16×1 位 SRAM。

　　图 1-8 是一种基于二输入 MUX 的可编程逻辑单元，当改变选择器的输入端和选择端的配置时，可以实现

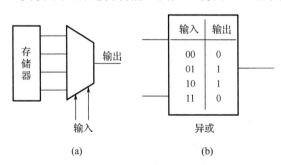

输入	输出
00	0
01	1
10	1
11	0

(a)　　　　　　　(b)

图 1-7　基于 SRAM 的查找表原理[28]

不同的逻辑门功能，例如，当输入端 A 和 B 分别为 1 和 0，选择端为 M 时，可以实现非门逻辑，即 $\bar{M}$ 。采用多个二输入的选择器可以组合成任意更加复杂的数字逻辑。

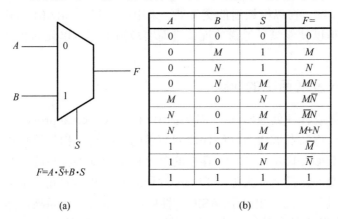

A	B	S	$F=$
0	0	0	0
0	M	1	M
0	N	1	N
0	N	M	MN
M	0	N	$M\bar{N}$
N	0	M	$\bar{M}N$
N	1	M	$M+N$
1	0	M	$\bar{M}$
1	0	N	$\bar{N}$
1	1	1	1

$F=A\cdot\bar{S}+B\cdot S$

(a)　　　　　　　　　　　　　(b)

图 1-8　基于二输入 MUX 的可编程逻辑单元以及可实现的逻辑功能[28]

可编程的互连线连接 FPGA 中可编程逻辑块和输入输出接口，并组成通路，是实现硬件编程的另一重要组成部分。灵活多变的连线资源有不同的实现方式，图 1-9

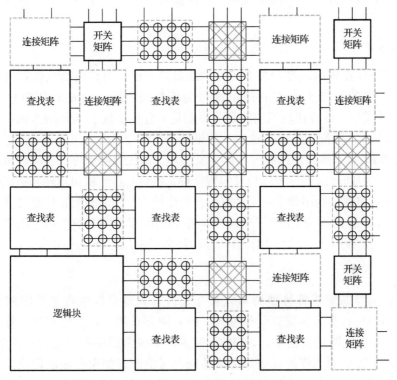

图 1-9　可编程互连网络示例[28]

是一个基于 Mesh 的可编程互连网络示例。在可编程逻辑之间采用的基于 SRAM 的连接矩阵，通过配置 SRAM，可以实现可编程逻辑与上、下、左、右相邻通道的导通，从而实现布线。在纵横通道的交叉处，采用的是基于 SRAM 的开关矩阵，同样 SRAM 的配置可以使能纵横通道的连接进而实现两个逻辑单元的相互连接，并实现目标逻辑函数。

1.2.3　FPGA 发展面临的问题

随着不断集成各种处理器核、定制知识产权（intellectual property，IP）及多种标准接口，FPGA 逐渐发展成为软硬件协同演进的可编程异构计算集成平台。但作为可编程逻辑的 FPGA 模块，其本身存在的单比特细粒度编程与静态配置属性没有发生本质性的改变，并日渐成为限制 FPGA 发展的核心瓶颈问题，主要体现在以下三个方面：①能量效率低。相比于 ASIC，性能相对偏低、功耗高，静态功耗巨大。②容量受限。所装载的电路中大部分资源用以互连，只有小部分用于目标功能实现。③使用门槛高。可编程性差，开发困难，不深入了解电路设计的软件人员无法进行高效编程。近年来，通过采用扩大硬件规模、异构计算、高级语言编程等方法，FPGA 进行了持续的技术升级，但由于其本征属性没有改变，上述问题始终未能得以彻底解决。

1. 能量效率

比特级的电路重构粒度造成 FPGA 的能量效率低。可以根据软件定义芯片中可配置硬件模块的粒度大小将其简单地分为细粒度（fine grained）和粗粒度（coarse grained）两种类型。业界比较通用的划分原则是配置粒度低于 4bit 的方案，称为细粒度软件定义芯片，而配置粒度超过 4bit 的则属于粗粒度软件定义芯片。由于单比特配置粒度，FPGA 属于典型的细粒度软件定义芯片。其优势在于可以支持任意精度的计算逻辑实现。但同时由于这种细粒度编程特性，FPGA 的面积和功耗开销比较大，降低了能量效率和硬件利用效率，同时布线开销比较大，较大的配置信息文件直接导致配置时间过长。根据相关文献[29-31]的数据，在 FPGA 实现中有 60%以上的面积和功耗都消耗在互连的编程上，约有 14%的动态功耗主要由片上互连占用[32]。

2. 资源容量

FPGA 的静态配置特性使得本就被互连占有大量资源的容量受限问题更加突出。虽然 FPGA 具有多种配置工作模式，但共同方式都是在上电时从片外存储加载配置信息。根据电路功能的不同，FPGA 配置时间通常需要数百毫秒，甚至是几秒。在完成功能配置后的工作过程中，电路功能不可更改。如果有功能切换需求，一定要首先中断 FPGA 当前正在进行的计算任务后再进行加载。随着待映射电路功能的日益复杂,FPGA 商业公司只能通过利用集成电路工艺制程的进步来不断提升 FPGA 的硬件资源容量。图 1-10 是 Xilinx 公司 Virtex 系列 FPGA 器件在不同工艺下逻辑单元、DSP 模块及存储资源的统计情况。可以看到,随着工艺技术的演进,资源数量整体上呈现快速增长的趋势。同时根据应用场景对不同资源需求强弱的不同,LUT、DSP 模块及存储模块数量会有相应增强。

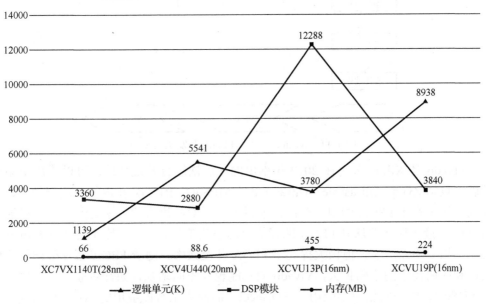

图 1-10 Xilinx 公司 Virtex 系列 FPGA 器件资源统计

3. 编程门槛

编程工具及开发环境对用户的友好性直接影响着 FPGA 器件的用户体验和应用范围。随着 FPGA 集成资源及系统复杂度的增加,传统硬件编程为主的开发方式成为束缚 FPGA 进一步推广应用的限制因素之一。这里以 Xilinx 公司开发工具的演进历史来对这一问题进行说明,主要就编程模型、高层次综合、编程语言以及应用程序开发进行分析。高效的编程和友好的开发环境需要提供便利的应用程序接口、扩展性强的编程模型、高效的高层次综合工具、能够融合软硬件特征的编程语言以及生成高性能硬件代码。如图 1-11 所示,Xilinx 公司先后发布了集成软件环境 (integrated software environment,ISE)、Vivado 和 Vitis 三款 FPGA 开发平台。其中 ISE 设计套件主要支持 Spartan-6 和 Virtex-6 系列等 7 系列之内的器件。FPGA 的开发人员需要较强的硬件基础,并根据设计目标的不同优先级从电路功能定义、寄存器传输级 (register transfer level,RTL) 到综合约束进行层次化的深度定制,最终实现在 FPGA 上近乎最优的实现结果。

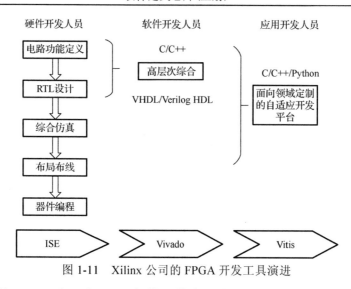

图 1-11　Xilinx 公司的 FPGA 开发工具演进

Vivado 是 Xilinx 公司在 2012 年推出的高层次综合开发套件，可以支持 7 系列及以上包括 Zynq、Ultrascale、Ultrascale+、MPSoC、RFSoC 在内的高端器件。该平台进一步拓宽了 FPGA 的用户范围，使得使用 C/C++语言的算法开发人员可以通过 Vivado 直接实现从算法到 FPGA 配置信息的快速映射，虽然相比于传统开发流程的实现结果要略差一点，但极大提高了 FPGA 开发效率。随着 FPGA 芯片架构的逐代演进和应用需求的不断扩大，Vivado 的功能也在不断增加，如针对嵌入式开发人员的 SDSoC、面向数据中心应用的 SDAccel、面向人工智能应用的 AI 工具包等。不过其主要针对的还是硬件，开发人员也需要具备较强的 FPGA 硬件开发能力，因为涉及硬件的设计和模拟。但是这类人员却相对较少，门槛高，薪资成本也高，相比之下软件开发人员则有上百万之多。显然，如果能够降低开发门槛，使得更多的软件开发人员能够参与进来，这无疑将极大丰富 Xilinx 的应用生态。

近年来，随着基于深度学习的机器视觉、自动驾驶、数据中心和物联网应用的快速发展，硬件电路设计逐渐呈现出应用驱动架构创新的技术趋势。同时，传统的 FPGA 器件也逐渐向资源丰富的异构集成平台发展。基于此趋势，Xilinx 公司在 2019 年发布了其统一开发软件平台 Vitis。开发人员无需丰富的硬件专业知识，便可根据软件或算法代码自动适配相应的硬件架构。开发人员的覆盖范围得以进一步扩大，数据科学家、应用开发人员可以只专注算法模型的优化开发。

1.2.4　软件定义芯片的颠覆性

软件定义芯片通过软件对芯片进行动态、实时的定义，电路可跟随算法需求的变化而进行纳秒量级的功能重构，以此敏捷、高效地实现多领域应用。其之所以能解决能量效率低、容量受限、使用门槛高这三个由 FPGA 本征属性带来的难题，主要原因有二：①软件定义芯片使用以粗粒度为主的混合粒度可编程单元架构而非 FPGA 的细粒度查找表逻辑，冗余资源大幅减小，能量效率相比 FPGA 有 1～2 个数量级的提高，可达到 ASIC 同一量级；②支持动态配置(配置时间可从 FPGA 的毫秒量级缩短到纳秒量级)，承载容量可通过硬件的快速时分复用得到扩展，不再受芯片本身物理规模的限制。换句话说，与 CPU 可以运行任意规模的软件代码类似，一款软件定义芯片装得下任意规模、任意门数的数字逻辑。同时，动态配置比静态配置更加契合软件程序的串行化特性，在使用高级语言编程时效率更高，不了解电路设计的软件人员采用纯软件思维就能对软件定义芯片进行高效编程。使用门槛降低，将实现真正意义上的芯片敏捷开发，加快应用的迭代与部署速度，拓展使用范围。综上，如图 1-12 所示，以粗粒度为主的混合编程粒度和动态配置是软件定义芯片在整体性能上成数量级超越 FPGA 的最本质原因所在，因此软件定义芯片也是目前看来比较合适的技术突破方向。详细的解释将在第 2 章给出。

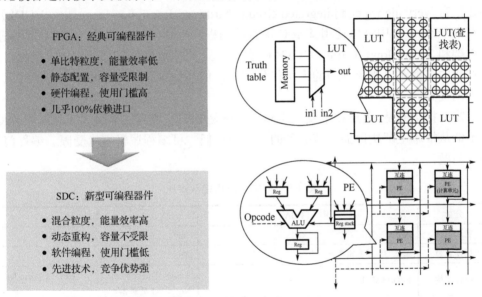

图 1-12 软件定义芯片对比经典可编程器件的关键优势

1.3 国内外研究与产业现状

1.3.1 经典可编程器件的发展现状和趋势

以 FPGA 为代表的经典可编程器件因具备定制实现大规模数字逻辑、快速完成产品定型等能力而被广为使用，在通信、网络、航天、国防等领域拥有牢固的重要地位。我国是 FPGA 用量最大的国家,但迄今绝大部分依赖进口。中美贸易战之前,华为和中兴就早已是 Xilinx 全球排前两位的最大客户。虽然我国也投入巨资对 FPGA 进行了研发支持,但技术能力较国际领先水平尚有 8～10 年差距,如表 1-1 对比了目前的技术差距[33]。国产 FPGA 的制造工艺落后,规模比 Xilinx 小得多,主要在中小规模需求的场景中得到一定应用,国际上 FPGA 的发展趋势主要有如下几点:

(1)利用最新的集成电路工艺,是 FPGA 全面提升容量、性能、能量效率最简单直接的做法。Xilinx 最新型号采用了台积电 7nm 的鳍式场效应晶体管(fin field-effect transistor,FinFET)工艺,而 Altera 则采用了英特尔 14nm 的 Tri-gate 工艺。

(2)集成更丰富的异构计算结构、片上存储资源和高速接口,从 CPU、GPU、DSP、DDR3/DDR4 到 PCIe、USB、Ethernet 等,从而实现全可编程的 SoC,甚至推出灵活自适应的加速平台 ACAP[34]。

(3)使用门槛不断降低,FPGA 编程人员从最开始需要使用超高速集成电路硬件描述语言(very high speed integrated circuits hardware description language,VHDL),到在 Vivado 工具中可以使用基于 C 语言的编程,再到在 Vitis 工具中可以利用高层次框架和 Tensorflow、Caffe、C、C++ 或 Python 来集成或开发加速应用。虽然在编程过程中可能难以避免烦琐的人工优化需求,但是相对而言,开发效率已经得到了很大的提升。

需要指出的是,上述技术发展实际上仍然是 FPGA 现有技术路线的延展和改良,并不能从根本上解决前面章节提到的能量效率低、可编程逻辑容量受限、编程门槛高的问题。

表 1-1　FPGA 应用现状对比

分类	国产 FPGA	Xilinx
制造工艺	28nm	7nm
规模容量	最大 35 万逻辑单元	最大 5 百万逻辑单元
硬件架构	FPGA+MCU	ACAP 多核异构处理平台(CPU、FPGA、RF、NoC、AI 处理器)
软件能力	部分有商用软件 FPGA 全流程技术	Vivado、Vitis 软件全可编程:AI、HLS、综合、布局布线、IP、DSP、SoC
产品丰富度	3 个系列 10 余款芯片	10 代(最新 UltraScale+、Versal),30 个系列,数百款芯片
应用领域	通信设备、工业控制、消费电子的部分领域	通信设备、工业控制、数据中心、汽车电子、消费电子、军工航天

1.3.2　软件定义芯片的研究现状

软件定义芯片的概念兴起于近几年,专门的研究相对较少,但是相关的研究工作如空间计算结构(spatial architecture)、动态可重构结构、高层次综合等一直是计算机体系结构、固态电路和电子设计自动化等领域的热点。具有动态重构、粗粒度计算、软件定义硬件等特点的新型可重构可编程器件技术的探索已经在国内外展开。

如图 1-13 所示，DARPA 于 2017 年将软件定义硬件技术确定为未来 10 年电子技术发展的支撑性技术之一[1]，希望建立 "运行时可重构的硬件和软件，在不牺牲数据密集型算法可编程性的前提下，实现接近专用电路的性能"。其特征在于：①软件代码和硬件结构均可针对输入数据进行动态优化；②支持面向新问题、新算法的硬件重用。因此，DARPA 认为软件定义硬件实现的关键是快速硬件重构和动态编译。按照 DARPA 的项目规划，软件定义硬件的能量效率可以在未来五年达到通用处理器的两个数量级以上，并实现重构速度达到 300～1000ns。该项目首次明确提出软件定义硬件的研究目标，指导了该领域的发展方向。软件定义芯片与软件定义硬件并无本质区别，但是参考图 1-2 可以看到，芯片的敏捷开发是软件定义芯片的额外特性。同时，欧盟的 "地平线 2020" 计划同样在软件定义硬件方向有类似的规划，只是更加偏重通信等具体应用[35]。

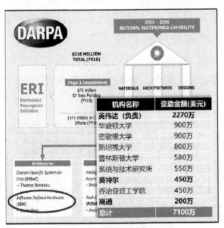

DARPA电子振兴计划(ERI)　　　　　　　　地平线欧洲计划
支撑美国2025～2030年电子技术的发展　　集合欧盟成员国力量的重大科研计划

图 1-13　DARPA 的 "电子振兴计划" 和欧盟的 "地平线 2020" 计划

与软件定义芯片相关的研究更加丰富，表 1-2 列举了一些有代表性的产品。欧洲航天局早在 2010 年左右就在 Astrium 的卫星载荷上使用了 PACT 公司的 CGRA 器件的 IP[36]。欧洲 IMEC 在 2004 年左右提出的动态可重构结构 ADRES 则在三星的生物医疗[37]、高清电视[38]等系列产品中得到应用。日本的瑞萨科技则使用了其 2004 年提出的 DRP 结构[39]。随着粗粒度可编程计算阵列等结构的加入，Xilinx 的新产品 Versal 可以代表软件定义 SoC 的发展[34]。在学术界，斯坦福大学、加利福尼亚大学洛杉矶分校、麻省理工学院的研究团队等也在该方向开展了长期研究，研究成果在相关领域的顶级会议上连续发表。

表 1-2　软件定义芯片相关研究的产业化情况

公司	产品系列	应用	时间
PACT	XPP	人造卫星	2003
三星	ULP-SRP	生物医疗	2012
IPFLEX	DAPDNA-2	图像处理	2012
Wave Computing	DPU	人工智能	2017
瑞萨科技	Stream Transpose	数字视听	2018
清微智能	Thinker	人工智能	2018
Xilinx	Versal	人工智能	2019
无锡沐创	S10/N10	信息安全与网络	2019

　　国内与软件定义芯片相关的研究已开展了近 20 年，图 1-14 总结了国内各级部委的项目支持。国家自然基金委员会 2002 年启动的"半导体集成化芯片系统基础研究重大科学计划"即对可重构计算芯片的基础理论研发进行了提前布局。近 10 年，国家自然基金委员会几乎每年都会支持与可重构计算相关的课题。科技部通过设立"十一五"863 重点项目"嵌入式可重构移动媒体处理核心技术"、"十二五"863 重点项目"面向通用计算的可重构处理器关键技术研发"对可重构计算芯片技术的研发进行了支持。国内研究的产业化在近几年如火如荼，孵化了清微智能、无锡沐创等基于可重构计算技术的创业公司。

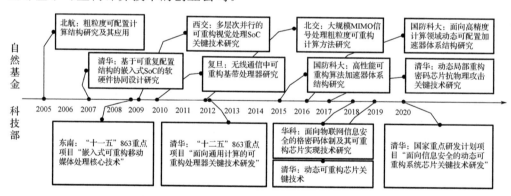

图 1-14　国内软件定义芯片的相关研究支持

参 考 文 献

[1]　DARPAp[EB/OL]. https://www.darpa.mil [2020-11-25].

[2]　Moore G E. Progress in digital integrated electronics[C]// IEEE International Electronic Devices Meeting, 1975: 11-13.

[3] Hennessy J L, Patterson D A. A new golden age for computer architecture[J]. Communications of the ACM, 2019, 62(2): 48-60.

[4] Moore G E. No exponential is forever: But "forever" can be delayed![C]// IEEE International Solid-State Circuits Conference, 2003: 20-23.

[5] Dennard R H, Gaensslen F H, Yu H N, et al. Design of ion-implanted MOSFET's with very small physical dimensions[J]. IEEE Journal of Solid-State Circuits, 1974, 9(5): 256-268.

[6] Dally W J, Turakhia Y, Han S. Domain-specific hardware accelerators[J]. Communications of the ACM, 2020, 63(7): 48-57.

[7] Makimoto T. Towards the second digital wave[J]. Sony CX-News, 2003, 33: 1-6.

[8] Hartenstein R. Trends in reconfigurable logic and reconfigurable computing[C]//The 9th International Conference on Electronics, Circuits and Systems, 2002: 801-808.

[9] 许居衍, 尹勇生. 半导体特征循环与可重构芯片[J]. 嵌入式系统技术应用, 2005, (2): 2-5.

[10] Estrin G. Organization of computer systems: The fixed plus variable structure computer[C]// IRE-AIEE-ACM'60 (Western), 1960: 33-40.

[11] Dehon A E, Wawrzynek J. Reconfigurable computing: What, why, and implications for design automation[C]//Proceedings 1999 Design Automation Conference, 1999: 610-615.

[12] Mirsky E, Dehon A. MATRIX: A reconfigurable computing architecture with configurable instruction distribution and deployable resources[C]//FPGAs for Custom Computing Machines, 1996: 1-8.

[13] Miyamori T, Olukotun K. REMARC: Reconfigurable multimedia array coprocessor (abstract)[J]. IEICE Transactions on Information and Systems, 1998, E82D(2): 261.

[14] Goldstein S C, Schmit H, Moe M, et al. PipeRench: A coprocessor for streaming multimedia acceleration[C]//Proceedings of the 26th International Symposium on Computer Architecture, 1999: 28-39.

[15] Burger D, Keckler S W, McKinley K S, et al. Scaling to the end of silicon with EDGE architectures[J]. Computer, 2004, 37(7): 44-55.

[16] Swanson S, Michelson K, Schwerin A, et al. WaveScalar[C]//International Symposium on Microarchitecture, 2003: 291-302.

[17] Singh H, Lee M H, Lu G M, et al. MorphoSys: An integrated reconfigurable system for data-parallel and computation-intensive applications[J]. IEEE Transactions on Computers, 2000, 49(5): 465-481.

[18] Mei B F, Vernalde S, Verkest D, et al. ADRES: An architecture with tightly coupled VLIW processor and coarse-grained reconfigurable matrix[C]//Field Programmable Logic and Application, 2003: 61-70.

[19] Schüler E, Weinhardt M. Dynamic System Reconfiguration in Heterogeneous Platforms[M].

Dordrecht: Springer Netherlands, 2009.

[20] Hauck S, Fry T W, Hosler M M, et al. The chimaera reconfigurable functional unit[C]// Proceedings the 5th Annual IEEE Symposium on Field-Programmable Custom Computing , 1997: 87-96.

[21] Ebeling C. Compiling for coarse-grained adaptable architectures[R]. Technical Report UW-CSE-02-06-01. Washington: University of Washington, 2002.

[22] Park H, Fan K, Kudlur M, et al. Modulo graph embedding: Mapping applications onto coarse-grained reconfigurable architectures[C]//International Conference on Compilers, Architecture and Synthesis for Embedded Systems, 2006: 136-146.

[23] Nowatzki T, Gangadhar V, Ardalani N, et al. Stream-dataflow acceleration[C]//International Symposium on Computer Architecture, 2017: 416-429.

[24] Govindaraju V, Ho C, Nowatzki T, et al. DySER: Unifying functionality and parallelism specialization for energy-efficient computing[J]. IEEE Micro, 2012, 32(5): 38-51.

[25] Prabhakar R, Zhang Y, Koeplinger D, et al. Plasticine: A reconfigurable architecture for parallel patterns[C]//International Symposium on Computer Architecture, 2017: 389-402.

[26] Watkins M A, Nowatzki T, Carno A. Software transparent dynamic binary translation for coarse-grain reconfigurable architectures[C]//IEEE International Symposium on High Performance Computer Architecture, 2016: 138-150.

[27] Trimberger S M. Three ages of FPGAs: A retrospective on the first thirty years of FPGA technology[J]. Proceedings of IEEE, 2015, 103(3): 318-331.

[28] Rabaey J, Chandrakasan A, Nikolic B. Digital Integrated Circuits A Design Perspective[M]. 2nd ed. New York: Pearson, 2002.

[29] Calhoun B H, Ryan J F, Khanna S, et al. Flexible circuits and architectures for ultralow power[J]. Proceedings of the IEEE, 2010, 98(2): 267-282.

[30] Poon K K, Wilton S J, Yan A. A detailed power model for field-programmable gate arrays[J]. ACM Transactions on Design Automation of Electronic Systems , 2005, 10(2): 279-302.

[31] Kuon I, Tessier R, Rose J. FPGA Architecture: Survey and Challenges[M]. Delft: Now Publishers Inc, 2008.

[32] Adhinarayanan V, Paul I, Greathouse J L, et al. Measuring and modeling on-chip interconnect power on real hardware[C]// IEEE International Symposium on Workload Characterization, 2016: 1-11.

[33] 安路科技. http://www.anlogic.com [2020-11-26].

[34] Voogel M, Frans Y, Ouellette M, et al. Xilinx Versal™ Premium[C]// IEEE Computer Society, 2020: 1-46.

[35] EuropeanCommission[EB/OL]. https://cordis.europa.eu/project/id/863337 [2020-11-26].

[36] PACT[EB/OL]. http://www.pactxpp.com [2020-11-26].

[37] Kim C, Chung M, Cho Y, et al. ULP-SRP: Ultra low power Samsung reconfigurable processor for biomedical applications[C]// 2012 International Conference on Field-Programmable Technology, 2012: 329-334.

[38] Kim S, Park Y H, Kim J, et al. Flexible video processing platform for 8K UHD TV[C]//2015 IEEE Hot Chips 27 Symposium, 2015: 1.

[39] Fujii T, Toi T, Tanaka T, et al. New generation dynamically reconfigurable processor technology for accelerating embedded AI applications[C]//2018 IEEE Symposium on VLSI Circuits, 2018: 41-42.

第 2 章　软件定义芯片概述

Gain efficiency from specialization and performance from parallelism.

效率来源于专用化，性能来源于并行化。

——William J. Dally，Yatish Turakhia，and Song Han，*Communications of the ACM*，2020

随着现代社会向数字化、智能化、自动化的方向转型发展，人们对计算服务的需求与日俱增。传统的基础设施供应商通过引入更多的通用处理器来提升计算服务能力，但是其能源消耗和相关成本正在迅速成为限制这种方法的瓶颈。许多基础设施供应商，如微软和百度，正在引入硬件加速器和专用计算结构以更高效地提升计算服务能力。同时，以亚马逊、微软、阿里等为代表的公司已经开始提供基于可重构硬件的云计算服务，将灵活的硬件基础设施作为服务逐渐成为流行的模式。因此，效率、灵活性和易用性已经成为新硬件架构设计中最关键的三个指标。

软件定义芯片通过软件对芯片进行动态、实时的定义，使电路可跟随算法需求的变化而进行只有纳秒量级耗时的功能重构，以敏捷、高效地实现多领域应用。兼具高性能、低功耗、高灵活性、软件定义、容量不受限和易于使用这些传统芯片难以同时具备的特点，是计算芯片架构创新的重要方向之一。其之所以能解决传统可编程芯片能量效率低、容量受限、使用门槛高这三大难题，主要原因有二：①软件定义芯片使用以粗粒度为主的专用粒度可编程单元架构而不是 FPGA 的细粒度查找表逻辑，冗余资源大幅减小，能量效率相比 FPGA 有 1~2 个数量级的提高，可达到和 ASIC 同一量级；②支持动态配置（配置时间可从 FPGA 的毫秒量级缩短到纳秒量级），承载容量可通过硬件的快速时分复用得到扩展，不再受芯片本身物理规模的限制。换句话说，与 CPU 可以运行任意规模的软件代码类似，一款软件定义芯片装得下任意规模、任意门数的数字逻辑。同时，动态配置比静态配置更加契合软件程序的串行化特性，在使用高级语言编程时效率更高，不了解电路设计的软件人员采用纯软件思维就能对软件定义芯片进行高效编程。使用门槛降低将实现真正意义上的芯片敏捷开发，加快应用的迭代与部署速度，拓展使用范围。

本章主要介绍软件定义芯片的技术原理、特性分析和关键问题。首先介绍其基本原理，进行详细的横纵向比较。然后分析软件定义芯片在性能、能效、重构和可编程等方面的特性，阐述其关键优势和发展潜力。最后介绍软件定义芯片研究中的主要问题和目标。

2.1　基本原理

软件定义芯片是一种新型的芯片架构设计方法，用软件直接定义硬件运行时的功能和规则，使硬件能够随着软件变化而实时改变功能，并能够进行实时的功能优化。现在已经有许多成熟的计算芯片架构(如通用处理器、GPU、ASIC、FPGA 等)，它们都有非常完善的工具链和生态，为什么还需要探索一种新的芯片架构设计方法呢？软件定义芯片的优势是否值得我们付出如此巨大的软硬件与生态构建代价？

2.1.1　必要性分析

软件定义芯片的发展由多个因素共同推动：

(1)在上层的应用需求方面，社会和科技的发展产生了海量的数据信息，它们来自大量的网络数据、传感器数据、物流信息、测控信息、生物信息等。因此，大数据、云计算、人工智能、生物信息等成为最热门的发展领域，对于海量数据的处理和分析能力成为适应信息化社会发展的核心能力，提供高效率的计算能力支撑是新架构发展的首要推动因素。例如，深度神经网络的层数、规模、参数数量随着精度要求的提高而越来越大，其每轮计算的数据量和计算量已经到兆字节(million byte，MB)和每秒百万操作数(million operations per second，100MOPS)量级[1]。

(2)在下层的集成电路工艺方面，制造技术的发展正在大幅放慢脚步，摩尔定律预测的晶体管集成度发展速度已经逐渐放缓，并将很快达到物理极限，而登纳德缩放定律预测的能量效率提升已经彻底失效，在散热技术的限制下，性能的持续提升已经变得越来越困难，工艺特征线宽的缩小不再能够提供大量无条件的性能和能效增益[2]。以训练当时规模最大的深度神经网络为例，其计算总量自 2012 年以来每 3～4 个月就会翻一番。相比之下，摩尔定律预测下的集成电路技术发展仅达到每 2 年翻一番，更何况近年来的减速导致实际发展程度与预测已经差了 15 倍。因此，应用需求发展速度与集成电路技术发展速度的差距越来越大，今天人们已经很难想象用通用处理器来训练神经网络有多慢，未来必须为远超如今计算能力的需求做准备。本书讨论的软件定义芯片就是在架构设计方法层面的重要应对措施之一。

(3)在计算芯片架构的设计方法层面，面向应用对计算能力的需求、电路对计算效率的需求，ASIC 是表现最优秀的，在专用化和并行化方面已经做到了极致。相比于通用架构，如 CPU 和 FPGA，ASIC 通过专用化的方式最大限度消除了冗余逻辑，将指令集架构中的取指译码和寄存器堆访问等步骤都固化为芯片内部电路(非计算的取指译码等部分功能需要消耗 CPU 80%以上的功耗，如图 2-1 所示[3])，将可编程器件的可配置运算、互连单元都固化为特定功能(冗余的运算和互连资源通常占用 FPGA 95%左右的面积/功耗[4])；ASIC 通过并行化的方式最大限度地提高峰值性能，静态提取指令级、数据级和循环级的并行性,通过数据流驱动整个芯片的并行化工作。总体来说,ASIC的能量效率可以达到通用处理器的 1000 倍甚至 10000 倍。因此,为了满足需求,ASIC已经成为许多新兴领域的重要选项,例如,在深度神经网络领域,谷歌设计了TPU(tensor processing unit)系列的 ASIC 来加速网络的训练和推理[5];在生物信息领域,斯坦福大学提出 Darwin 处理器等 ASIC 来加速基因组比对应用[6]。

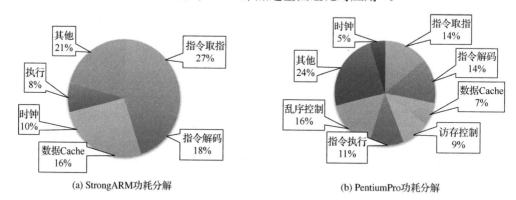

(a) StrongARM功耗分解　　　　　　　　　(b) PentiumPro功耗分解

图 2-1　通用处理器的功耗开销分析(见彩图)

然而,从实用性的角度来看,ASIC 却面临着非常严峻的挑战,这来自其高昂的芯片设计开销、NRE 成本和时间代价。由于 ASIC 固化了电路功能,芯片只能支持单一应用。图 2-2 展示了一款特定功能芯片的总硬件开发成本,随着工艺节点的进步,开发成本呈指数级增长[7]。为了分摊此高昂成本,ASIC 往往局限于成熟且出货量极大的应用如通信和网络等,否则成本将难以负担。事实上,能够使用最先进集

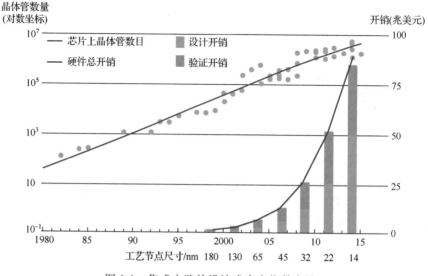

图 2-2　集成电路的设计成本在指数上涨

成电路工艺的芯片产品基本都是功能灵活的，如 CPU、GPU、FPGA 等，依靠极大的出货量来摊薄成本并能够适应领域的算法持续发展。因此，在芯片架构设计层面，功能固定的 ASIC 难以适应新兴应用的发展速度，如深度神经网络领域，算法更新迭代速度极快，单个功能版本出货量小，最佳上市时间远远小于 ASIC 的研发周期。集成电路工艺越来越高昂的设计、生产和时间成本是软件定义芯片发展的第三个驱动因素。

最后，从应用场景需求的波动性角度来看，ASIC 设计并不总是充分的，或者说专用化和并行化设计并不总是充分，因为在运行前固定电路功能意味着硬件电路不会再随着运行中的需求进行优化，也就是说，ASIC 并不能真正做到为运行前不可预测的实时工作负载和需求进行专用化设计。例如，云端服务器的许多种任务负载都是波动的，如果使用 ASIC 芯片来处理这部分任务，那么即使这些 ASIC 芯片采用了数据驱动这样的高效计算模式，低负载仍然会造成低利用率，从而带来静态功耗的浪费。因此，面对动态场景，ASIC 芯片的计算能力将会被部分浪费，计算能效高的优势也会被削弱。

综上所述，研究软件定义芯片的必要性主要体现在现有计算芯片类型越来越难以同时满足如下四个方面的发展需求：

(1) 新兴应用对计算能力和效率的需求越来越高(专用和并行)；

(2) 集成电路工艺进步对计算效率的提升作用越来越不明显(专用和并行)；

(3) 可编程的敏捷芯片结构设计是在未来高昂工艺成本下的必然选择(运行前灵活)；

(4) 芯片架构的动态重构和动态优化能力是适应更多领域的关键(运行时灵活)。

如图 2-3 所示，当前主流的计算芯片都是在灵活性和能量效率之间进行权衡选择。ASIC 牺牲灵活性换来高能量效率，通用处理器牺牲能量效率换来高灵活性，

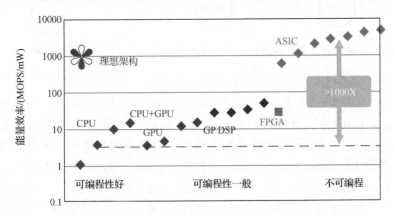

图 2-3　现有芯片设计范式的对比(见彩图)

它们大体位于一条均衡的直线上，也就是说高灵活和高计算效率的边界一直未被突破。图灵奖得主 David Patterson 预测未来十年是体系架构发展的黄金时代[8]，也正是考虑到现有体系架构技术很难满足上述发展需求，体系架构研究的突破创新将变得至关重要。那么在图 2-3 中能够满足上述所有发展需求的"理想架构"到底有没有可能实现又要如何实现呢？这其实就是软件定义芯片讨论的核心问题。

2.1.2　技术实现方法

"软件定义芯片"概念主体是芯片，"软件定义"描述的是芯片在设计和编程过程中的关键特性。设计指的是芯片从硬件功能需求到流片的过程，而编程指的是芯片从应用功能需求到可执行配置文件的过程。图 2-4 展示了从这两个维度对软件定义芯片概念的演绎。

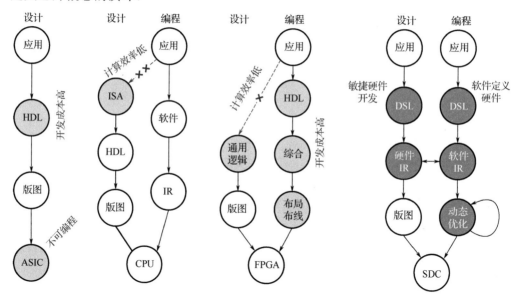

图 2-4　从硬件设计和软件编程两个维度对软件定义芯片的含义进行阐释

在编程使用的维度上，软件定义芯片采用了类似于 CPU 的软件编程方法和编译流程，主要不同点有两个：①编程模型，软件定义芯片通过使用领域定制语言(domain specific language，DSL)来弥补硬件和软件之间在语义上的鸿沟，尽可能多地提供必要的硬件实现细节，从而提升芯片软件编程效率；②动态优化机制，软件定义芯片通过使用动态编译(dynamic compilation)或者是动态调度(dynamic scheduling)来弥补硬件和软件在细节抽象上的鸿沟，尽可能多地自动优化硬件实现细节，从而降低芯片软件编程的复杂度。由于软件和硬件本身特性的矛盾，弥合两者之间的差距是极其困难的。关于软件与硬件之间的差异的详细讨论会在 2.3 节给出。

在芯片设计的维度上，软件定义芯片采用类似于 ASIC 的芯片设计流程，其主要不同在于硬件开发语言。ASIC 采用标准的硬件描述语言（如 Verilog 和 VHDL），而软件定义芯片依旧采用 DSL 来设计硬件功能。需要注意的是，这里的 DSL 与上面提到用于软件编程开发的 DSL 是不一样的，其主要作用是替代硬件描述语言的功能，避免从寄存器传输级开始搭建电路，提供高效的硬件设计模型，如 CGRA、脉动阵列等，从而大幅提升硬件开发效率，实现敏捷硬件开发（agile chip development）。

具体而言，可以将软件定义芯片的完整开发流程分阶段展开讨论，如图 2-5 所示。图中右半部分是软件开发流程：①软件定义芯片主要面向的是新兴应用，如人工智能、云计算、多媒体和无线网络等。这些应用通常面向受电池限制的移动端、物联网（internet of things，IoT）端和仓库级数据中心，且是数据和计算密集的，对于计算性能和计算效率的需求都是传统计算芯片难以满足的。②从新兴应用的需求出发，软件开发人员需要用领域定制的高级语言来描述应用功能，如 Halide、OpenCL 和 TensorFlow 等。Halide 本身是面向图像处理器的 DSL，以 C++为宿主语言，编程门槛低，开发效率高。对于局部拉普拉斯变换算法处理，Adobe 公司使用 3 个月进行 C++代码的手工优化也只能得到 10 倍的速度提升，但是 Halide 使用数行代码就可以将速度提升 20 倍以上[9]。斯坦福大学的粗粒度可重构计算平台就使用 Halide 来完成软件开发。OpenCL 是基于 C99 的面向异构系统的通用并行编程模型，提供了基于任务分割和数据分割的并行计算机制。已经有 FPGA 厂商提供基于 OpenCL 的开发工具链。TensorFlow 和 PyTorch 等是面向机器学习领域的编程模型，具有极高的开发效率，是目前大部分面向人工智能应用的可编程芯片如 TPU 的编程语言。DSL 的主要目的是提供高效的计算模式，例如，Halide 提供计算和调度分离模式、数据加载和计算交织模式；又如，TensorFlow 和 PyTorch 提供多层网络计算抽象；再如，OpenCL 提供任务和数据划分机制。大部分时候，DSL 是在传统高级编程语言上进行功能扩展，在不影响整体灵活易用性的基础上提升效率。研究界的许多可重构计算架构也尚未支持上述复杂的编程语言，主要原因在于巨大的工程量。但是软硬件划分、循环优化、分支优化、并行模式等常用的高效计算模式已经通过添加编译指导语句的形式基本实现，就是一种初级的 DSL 实现。③DSL 编程的下一步是编译。目前底层虚拟机（low level virtual machine，LLVM）框架是使用最广泛的编译器框架之一[10]。LLVM 最初是伊利诺伊大学厄巴纳-香槟分校的一个研究项目，目标是提供一个基于静态单赋值（static single-assignment，SSA）形式的编译优化策略，且能够同时支持静态和动态任意编程语言。LLVM 的关键优势在于开放性，它提供了与编程语言和目标硬件无关的中间表达形式及其优化方法，使得该工具可以在各个领域、各个平台使用。它已经支持 Halide、OpenCL、TensorFlow 等语言的编译前端，同时也已经应用于多种可编程芯片的编译开发。需要注意的是，LLVM 的中间表达（intermediate representation，IR）形式主要是面向 CPU，采用的是语法树形式。

但是这种形式的 IR 并不适合空间计算,所以大部分时候可重构器件都会将 LLVM IR 进一步转换成任务和数据流图形式的 IR,并在这种 IR 上做优化和后端映射。数据流图形式的 IR 提供在空间结构上发掘循环级并行的可能性,例如,模调度技术的目标就是寻找实现最小循环启动间隔的不变内核,使循环并行性最大限度地被利用。最后,数据流图 IR 会被映射到特定的空间结构设计上,这实际上可以抽象为寻找同构图问题。④动态优化步骤通常包括两种机制,即动态编译和动态调度。其中动态编译也可以看成上一步编译的延伸,它根据运行时的约束重新生成编译映射结果,从而实现针对不同目标的优化。例如,在系统对功耗开销有限制时,可以将初始配置信息动态转换成占用更少资源的配置信息,牺牲执行性能换取超低功耗;在系统的部分硬件资源发生多点故障时,配置信息可以通过动态转换旁路掉故障资源;在系统处于对硬件安全性要求较高的场景时,系统闲置资源可被用来生成高安全性、可削弱侧信道攻击的配置信息,从而实现为能耗、安全、可靠性等不同需求优化的机制。动态调度是在编译基础之上的硬件优化技术,它实现的是面向有多个独立或松耦合硬件计算资源的软件定义芯片的动态任务管理和分配,它要求任务可以面向异构阵列进行动态编译,从而可以由底层硬件进行自由调度。通过制定不同优化目标的调度策略,动态调度也可以实现硬件面向软件自动优化的效果。⑤由于动态编译技术的存在,实际执行的配置信息与编译器静态生成的配置信息可能完全不同,也就是说具体的底层硬件信息可以不用暴露给静态编译过程,类似于硬件虚拟化的效果。同时,由于有动态调度机制的存在,编程人员或编译器也不需要对任务执行流程和硬件资源分配进行细粒度管理,从而实现便捷高效的软件定义硬件。

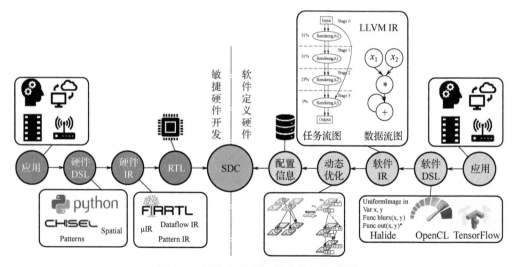

图 2-5　软件定义芯片的完整开发流程

图 2-5 的左半部分是软件定义芯片的硬件开发流程。该流程从应用出发,经过

DSL 语言的功能描述以及 IR 的优化，最终生成用 RTL 描述的芯片结构。硬件开发"应用-DSL-IR-目标"的流程与软件开发是相同的，但是它们之间的内容差异明显。硬件开发流程使用的 DSL 和 IR 都是完全不同的。软件开发 DSL 描述的是应用的算法执行过程。例如，在数据流图中，节点代表的是算法的运算，边代表的是算法的数值传递或是数据和控制依赖的关系。但是硬件开发 DSL 描述的是硬件模块，如果使用图结构来代表硬件 DSL，节点可能代表并发执行的硬件模块如计算功能单元、存储块、路由网络等，而边可能代表硬件通道，如互连线和缓存。常见硬件 DSL 的含义已经摆脱了软件的串行执行模型，更接近硬件的并行计算方式。有些硬件 DSL 甚至直接采用函数式编程语言，它们常常也称为硬件构建语言(hardware construction language，HCL)，以区别于更抽象的 HLS 或者更底层的硬件描述语言(hardware description language，HDL)。Chisel 就是基于 Scala 开发的 HCL，可以编写高度参数化的电路设计[11]。Chisel 的设计开发人员使用 Scala 的函数来描述电路组件，使用 Scala 的数据类型来定义组件的接口，使用 Scala 的面向目标的编程特性来构建独立的电路库文件。因此，Chisel 支持可读性强、可靠性高和类型安全的电路生成，使得 RTL 设计的鲁棒性和生产率大幅提高。需要注意的是，Chisel 是面向所有电路的，它可以用于构建软件定义芯片这样的空间结构，因此如果使用更加专用化的硬件 DSL，如专门面向空间加速器架构的 Spatial 语言，生产率会有进一步的提高。相反，现在也存在用软件语言(C 语言)或软件 DSL(OpenCL、Halide)作为硬件开发流程的语言。典型的例子就是高层次综合工具，如 Vivado、Legup 和 Catapault-C 等。虽然高层次综合工具已经广泛存在于 FPGA 开发中，但其实用效果并不理想。高层次综合工具可以将带标记的软件编程语言直接转换成加速器硬件的 RTL 代码，但此类工具生成的代码优化程度远远不够，所实现电路的计算性能和效率很低。高层次综合依然需要大量的人工参与来保证效率，而且编程人员对底层硬件设计了解越多，效果也会越好，很难实现有实用价值的敏捷硬件开发。高层次综合的主要限制还是来自其编程模型，它把算法功能正确性和微架构优化设计混合在单一的编程模型中，把软件和硬件的空间探索合并在一个巨大的设计空间里，每次对加速器设计的修改都需要代码的重新构建，这实际上是相对简单粗暴且低效的设计空间探索方法。当前的高层次综合器是嵌入软件编译器中的，将 C 代码转换为 RTL。它们依赖软件的 IR 来代表硬件的模型，依赖编译器的转换来优化硬件微架构设计。考虑一个经典的循环展开优化，高层次综合工具可以简单地翻译为多个并行的循环体硬件实例。然而不幸的是，高层次综合使用的软件 IR 并不适合于研究微架构优化，原因主要有两个[12]：①软件 IR 的转换使用控制流驱动的冯·诺依曼执行模型，这限制了它们可以优化的硬件设计类型和 C 语言行为。大部分高层次综合工具主要关注如何将循环转换为静态调度的电路结构。②软件 IR 代表的是执行行为，而不是微架构的结构化部件，因此人们很难理解一次 IR 转换是如何改变输出的 RTL 代码，很难量化性能与功耗的开销权衡，这种困难对存在多次 IR 转换的情况尤为明显。高层次综合技术的研发人员也很清楚基于软件 IR 来做硬件微架构优化的困难之处。他们鼓励编程者将微架构的描述提升到 C 语言的行为描述层次。然而，这样做就将行为正确性和微架构的结构描述绑定在了一起，但是两者的编程思维模型却是迥异的，而且依靠不断修改功能代码来优化微架构功能是非常耗时耗力的。综上，软件定义芯片的硬件开发流程是以硬件 DSL 和硬件 IR 为基础的，需要解决硬件微架构设计优化的编程抽象问题。

软件定义芯片的整体开发流程有如下几个关键点需要注意：

(1)软件开发流程与硬件开发流程都是从应用出发，被应用需求所驱动的，但两个开发流程应该尽量减少相互耦合，这样既可以避免高层次综合的困难，也可以进一步提高软件定义芯片的开发速度和开发效率。

(2)软件开发流程与硬件开发流程存在在不断迭代时相互促进的关系，软件编译需要以硬件设计模型为基础，而硬件 RTL 的迭代优化与评估也需要软件编译的支持。

(3)软件开发流程和硬件开发流程面向应用的优化方法是不一样的，软件优化考虑的是具体算法的映射与实现抽象，而硬件优化关注的是领域内公共的计算模式、数据复用模式、控制模式等架构设计抽象。因此，两个流程使用的 DSL 和 IR 也都是完全不同的。

(4)无论是对于 HCL 还是高层次综合，硬件微架构的优化都是需要反复迭代、非常耗时耗力的。软件定义芯片能够解决这个问题的关键在于面向硬件的 DSL 和 IR，以及硬件的动态优化能力。

(5)软件定义芯片的总体目标是兼顾高灵活性、高性能和高能量效率。软件开发流程的目标是并行化，裁剪软件以最大限度利用并行；硬件开发流程的目标是领域专用化，裁剪硬件以最适当的程度实现专用化。

基于上面的整体性讨论，下面具体介绍软件定义芯片的软件和硬件开发方法。

1. 软件定义芯片的硬件开发

软件定义芯片硬件开发的主要特征是应用驱动、软件(DSL)构建和自动实现。传统的数字 ASIC 开发流程是应用驱动和人工构建硬件实现，这种做法对硬件抽象的层次较低，硬件设计人员需要指定、调整硬件实现的绝大部分细节，包括寄存器、时序、控制、接口、逻辑等。当然，现在的数字 ASIC 设计流程已经比模拟电路的设计简单许多。前端的自动综合工具可以根据 RTL 设计自动生成门级网表，而后端的布局布线等工具则可以进一步自动生成版图，并反标电路信息建立高可靠的仿真测试环境。依靠标准设计库和第三方 IP，数字 ASIC 的设计流程已经变得相对容易，但即便如此，大规模数字 ASIC 的设计仍然是成本高、周期长、风险大的。图 2-6 总结了目前可以缓解上述问题的几种硬件设计开发流程[12]。

首先是高层次综合技术，基于软件语言或 DSL 来自动生成 RTL 设计。这种做法的问题在于描述应用的语言与硬件设计之间语义和模式差距太大、设计空间太大、设计信息缺失太多。高层次综合的方法理念比较先进，目前编译工具的自动优化水平远远达不到令人满意的程度。而且同时这种方法没有提供对人工优化的良好支持，因此目前遇到了不少困难。

其次是硬件构建语言(HCL)技术，使用 Chisel 和 Delite Spatial 等硬件构建语言进行应用开发，然后编译生成 RTL 设计。这种做法与 HLS 的区别在于 HCL 本身并不是一种高级语言，而是一种面向硬件的 DSL 语言。Chisel 的硬件抽象层次较低，而且主要面向的是通用处理器。Spatial 的抽象层次更高一些，主要面向的是空间计算结构。HCL 技术能够使用户对硬件进行显式的迭代优化，因此最终效果好于高层次综合。其前提是编程人员需要对硬件有一定了解。

最后是混合式的硬件开发方法，该方法结合了上面两种技术，通过自动化编译生成初始的硬件描述 IR，然后经过如图 2-7 所示的一系列微架构优化技术[12]，如并行化、流水线、数据局域化、张量计算等，生成优化的硬件构建 IR 或程序，最终翻译成 RTL 设计。这种方法很好地结合了编译和人工的优点，在优化迭代时效率更高，同时避免人工设计过多的硬件细节。

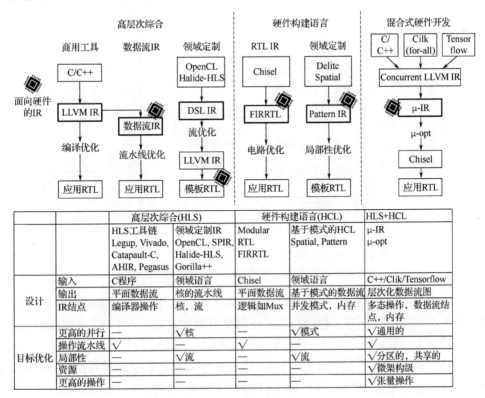

		高层次综合(HLS)		硬件构建语言(HCL)		HLS+HCL
		HLS工具链 Legup, Vivado, Catapult-C, AHIR, Pegasus	领域定制IR OpenCL, SPIR, Halide-HLS, Gorilla++	Modular RTL FIRRTL	基于模式的HCL Spatial, Pattern	μ-IR μ-opt
设计	输入	C程序	领域语言	Chisel	领域语言	C++/Clik/Tensorflow
	输出	平面数据流	核的流水线	平面数据流	基于模式的数据流	层次化数据流图
	IR结点	编译器操作	核，流	逻辑如Mux	并发模式，内存	多态操作，数据流结点，内存
目标优化	更高的并行	—	√核	—	√模式	√通用的
	操作流水线	√	—	√	—	√
	局部性	—	√流	—	√流	√分区的，共享的
	资源	—	—	—	—	√微架构级
	更高的操作	—	—	—	—	√张量操作

图 2-6　高层次综合、HCL 技术和混合式的硬件开发方法

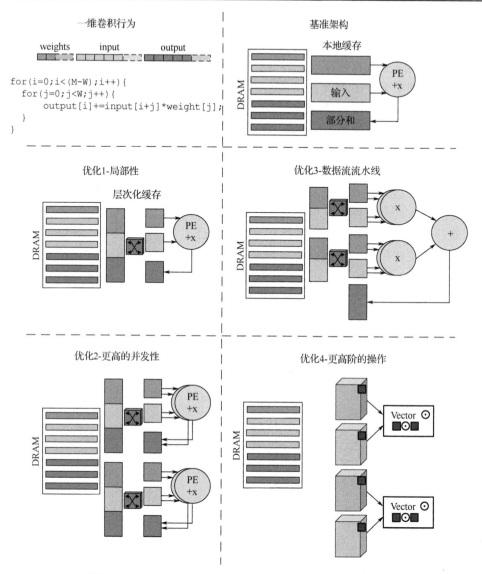

图 2-7　以一维卷积为例展示硬件开发的重要优化技术：
局域化、流水线、空间并行和张量计算(见彩图)

　　虽然混合式硬件开发方法已经显式地提供了优化迭代的平台(即硬件描述 IR)和参考方法，甚至这些优化方法也是与功能正确性解耦的，但是人工参与的设计优化流程仍旧非常复杂。最新研究发现，特定的硬件结构模板有利于优化设计探索[13]。如图 2-8 所示，硬件描述 IR 不采用通用的 IR，而使用模式固定的架构描述框架(architecture description graph，ADG)。这种做法有利于降低整个优化问题的复杂度，同时提高生成硬件结构的易用性和产品化程度。事实上，架构描述框架是对硬件架构的模型化抽象，我们将分别讨论空间计算中比较流行的计算模型、执行模型和微架构模型设计分类。通过系统性的模型探讨，架构描述框架的概念可以得到更广泛更深入的延展。

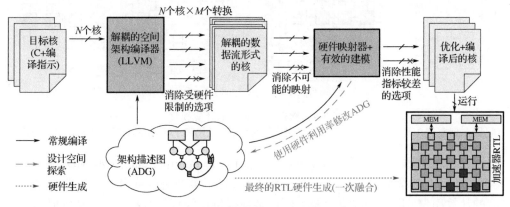

图 2-8 基于特定模板的硬件加速器开发方法

1) 计算模型

根据 Flynn 分类法，所有的软件定义芯片都属于多指令多数据 (multiple instruction multiple data，MIMD) 计算模型[14]。为了进行更确切的划分，考虑到指令的概念不能完全反映软件定义芯片的计算机制，引入了基于空间阵列配置的计算模型分类，如图 2-9 所示[15]。

第一类是单配置单数据 (single configuration single data，SCSD) 模型。该模型指的是在单个数据集上执行单个配置的空间计算引擎。SCSD 是空域计算的基本实现，应用程序或算法内核的所有操作都被映射到底层硬件，使得指令级并行可以被充分地开发。尽管硬件规模会限制计算规模，但是 SCSD 仍是适应于不同编程模型的通用且强大的计算引擎。例如，Pegasus 是 SCSD 模型的一种中间表示，ASH (application-specific hardware) 是一个微架构模板。Pegasus 可以为应用程序产生相应的 ASH 配置[16]。SCSD 模型主要利用指令级并行性。如图 2-9 (b) 所示，配置 1 到配置 3 必须映射到 SCSD 模型中的三个不同时隙，因为该模型不支持处理单元 (processing element，PE) 阵列中的同时多线程。

第二类是单配置多数据 (single configuration multiple data，SCMD) 模型。该模型指的是在空间分布的多个数据集上执行单个配置的计算引擎，可视为单指令多数据 (single instruction multiple data，SIMD) 或单指令多线程 (single instruction multiple threads，SIMT) 模型的空域实现。SCMD 模型广泛适用于流式计算和向量计算应用，如多媒体和数字信号处理，因此被许多领域专用的软件定义芯片采用[17]。该模型主要利用数据级并行性。如图 2-9 (a) 所示，在 SCMD 模型中一个时间片上多个线程的配置完全相同。

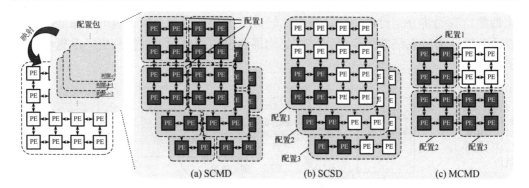

图 2-9　软件定义芯片的计算模型
(配置 1 到配置 3 是独立的且是异步的；不同颜色的矩形代表了不同的配置，黑色的代表闲置)

　　第三类是多配置多数据(multiple configuration multiple data，MCMD)模型。该模型指的是在多个数据集上执行多个配置(来自于多个进程或者同一进程的多个线程)的计算引擎。因此，该模型要求硬件必须提供多线程运行机制，包括同时多线程(多个线程在不同的 PE 子阵列上运行)和时域多线程(多个线程时分复用同一 PE 子阵列)。通常，线程间通信可以通过消息传递机制或者共享内存机制实现，而由于软件定义芯片具有分布式互连，线程间通信更多地采用消息传递而不是如多处理器中那样使用共享内存。在软件定义芯片上，进程间通信模型通常可归为以下两个类别。通信顺序进程是一种用于并发计算的非确定性通信模型，进程间通信由不含缓冲功能的消息传递通道以阻塞的方式实现，进程同步也可以由这些通信通道实现。另一种软件定义芯片常采用的进程通信模型是 Kahn 进程网络，在该模型中，确定性进程通过一组具有缓冲功能的先进先出(first input first output，FIFO)存储器进行异步且非阻塞通信(当 FIFO 满时阻塞)。Tartan 实现了 PE 之间的异步握手通信以提高能效[18]。KPN 模型已广泛应用于多种数据流软件定义芯片，如 TIA 和 Wavescalar，它们采用了具有匹配功能的 FIFO 作为 PE 之间的异步通信通道[19, 20]。MCMD 模型主要利用线程级并行。如图 2-9 (c)所示，MCMD 模型支持同时多线程和时域多线程。

　　2) 执行模型

　　软件定义芯片可以基于执行模型进行分类，主要包括配置的调度机制和执行机制。①配置的调度是指从内存中加载配置流和将配置流映射到硬件阵列的过程。为了简化硬件设计，配置的加载顺序和映射位置可以由编译器静态确定。例如，FPGA完全依赖编译器进行配置信息的调度。另外，为了实现更优化的性能，配置信息的调度也可以通过硬件调度器在运行时根据系统状态(如数据令牌、分支条件等)和资源使用情况来动态决定。例如，超标量处理器通过预测器、计分板和保留站等机制实现动态指令调度。②配置的执行是指配置所包含操作的执行过程。若不同操作按照编译器确定的顺序执行，则这种运行机制称为顺序执行。如果操作的执行是由其所需的数据就绪情况在运行时动态决定的，那么就称为数据流执行。数据流机制可以进一步分为静态数据流和动态数据流[21]。在静态数据流中，通信路径不具有缓冲功能，在输入数据就绪且输出通道未被占有时，操作可以触发执行，否则输出路径的阻塞将会延迟操作执行。静态数据流同一时刻只允许执行一个线程。而在动态数据流模型中，通信路径具有缓冲功能以减少输出端阻塞带来的影响。同时，它使用唯一的标签来标记区分不同线程的数据，允许多个线程同时执行，当操作数就绪且数据标签匹配后，操作可以被触发执行。综上，根据执行模式，可以将软件定义芯片分为四大类，如图 2-10 所示：①静态调度-顺序执行(static scheduling sequential execution，SSE)；②静态调度-静态数据流执行(static scheduling static dataflow execution，SSD)；③动态调度-静态数据流执行(dynamic scheduling static dataflow execution，DSD)；④动态调度-动态数据流执行(dynamic scheduling dynamic dataflow execution，DDD)。值得注意的是，SSD 模型采用静态数据流机制来调度配置内部的操作(指令级)，而依赖编译器静态地调度不同配置(线程级)。这种模型不同于 SSE，SSE 的配置只包含并行操作或静态顺序操作。采用前两种执行模式的软件定义芯片更适合作为空间加速器，如 Plasticine[22]、DySER[23]和 CCA[24]，而采用后两种执行模式的软件定义芯片更适合作为空间数据流机器，如 TRIPS[25]和 Wavescalar[20]。

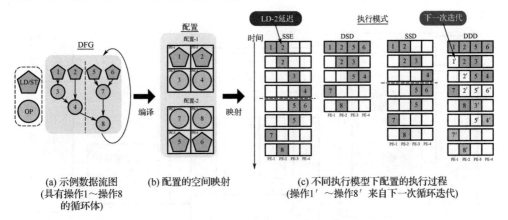

(a) 示例数据流图　　　(b) 配置的空间映射　　　(c) 不同执行模型下配置的执行过程
(具有操作1~操作8　　　　　　　　　　　　　　　(操作1′~操作8′ 来自下一次循环迭代)
的循环体)

图 2-10　软件定义芯片不同执行模式之间的比较
(注意 DSD 和 DDD 一般要求部分可重构能力(或 MCMD 计算))

3) 微架构设计

之前的研究工作已经对软件定义芯片的微架构模型进行了广泛探索。基于微架构的特征(如互连网络拓扑、数据通路粒度、可重构逻辑功能、存储器层次结构、操作调度、配置机制、自定义操作、与主控的耦合以及与主控的数据共享等)有很多不同的分类方法。尽管在微架构级很容易区分不同的软件定义芯片，但是却很难提出边界清晰且完备的分类规则。例如，基于 ADRES 架构的设计探索了多种不同的互连拓扑，这意味着互连拓扑对于表征 ADRES 是非必要的[26]。事实上，多数微架构特征都具有类似问题。单个软件定义芯片的微架构特征可能依据应用程序的需求而变化，如具有不同的粒度、可重构的逻辑功能、可变的存储器层次结构或集成方法等。相对而言，使用微架构特征最不容易区分不同的软件定义芯片架构。

在很长一段发展时期里，软件定义芯片采取的主流计算模型一直是 SCSD，主要是因为 SCSD 具有相对均衡的能效和灵活性。对于数据密集型应用，SCMD 通常能够在实现高性能的同时保持高能效，但是对于控制流密集的一般应用，SCMD 的灵活性较低。相对地，MCMD 增加了控制开销，因此牺牲了部分计算能效，但是MCMD 模型采用的多线程管理技术可以提高大规模软件定义芯片的吞吐率[27]。因此，随着软件定义芯片规模的不断增大，基于 MCMD 模型的设计实例越来越多。关键问题在于，实现复杂的控制机制引入的额外面积和功耗开销将会影响软件定义芯片的计算能效。依据应用程序和应用场景的不同需求，在进行架构设计时必须要考虑在性能和能效之间进行合理的折中。例如，由于特殊的目标应用和功耗预算，谷歌提出的 TPU 仍然采用经典的脉动阵列(SCSD)来加速深度神经网络，如图 2-11所示[5]。TPU 的 2 代和 3 代产品也只是在并行度等指标上做了提高，可以支持 SCMD等更高效的模式。在架构设计时，这三种计算模型通常根据目标应用领域的需求而被选用。

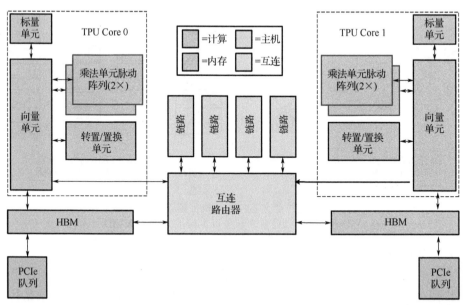

图 2-11　TPU 的系统结构设计(见彩图)

在所有执行模型中，SSE 是目前最为广泛采用的一种，主要原因在于 SSE 所需的计算和控制底层架构支持最为简单。目前，多种编译技术可以对采用 SSE 的软件

定义芯片进行静态编译优化[28]。然而，编译器对于不规则应用的静态优化存在固有
缺陷，因为不规则应用中计算任务通常依赖于输入数据集，算法并行性很难在编译
时静态确定，且计算负载在运行时会不断变化。因此，越来越多的软件定义芯片使
用了其他执行模型，这类模型采用动态指令调度技术或数据流机制来动态挖掘并行
度，因此可以适用于更广泛的应用领域，提供高性能的同时减轻编译器的负担[29, 30]。
近年来软件定义芯片的执行模型发展正在逐渐从静态调度演变为动态调度，从顺序
执行演变为数据流执行。这种趋势非常类似于 CPU 架构发展历程中从依赖静态编译
技术的超长指令字到动态指令调度的乱序执行架构的演变。虽然动态调度和数据流
机制的实现消耗额外的功耗，但如果牺牲这些代价可以换取更高的性能提升，这些
设计代价就是值得的。

2. 软件定义芯片的软件开发

与硬件开发方法的多样性相比，软件定义芯片的软件开发方法相对比较明确而
且成熟。它们通常遵循如图 2-12 所示的流程。针对特定应用，编程人员使用面向该
应用领域的 DSL 来进行编程，撰写相应的算法代码，进行一定的人工优化；然后，
编译器前端将软件代码转换成为软件 IR；编译后端将软件 IR 映射到硬件 IR，生成
初始配置信息；最后是动态优化步骤，根据运行时的资源、功耗约束将初始配置信
息转换成最终执行的配置信息。在上述的流程中，软件定义芯片软件开发方法的主
要特征在于编程模型和编译技术。

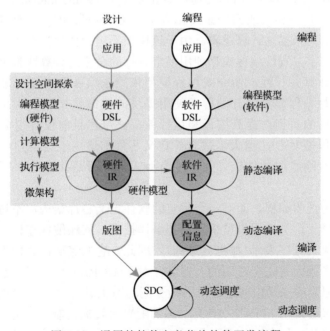

图 2-12　通用的软件定义芯片软件开发流程

　　在软件编程过程中，工程师将自然语言描述的应用转换成编程语言代码。编程模型直接决定软件编程的易用性，即为了实现目标应用功能，编程人员需要付出多少时间，需要提前了解多少硬件知识。一个好的编程模型可以提高编程人员的效率，同时降低后续优化步骤(静态编译与动态编译)的工作量。将在下册第1章详细讨论如何实现一个好的编程模型。下面同样从其设计空间出发探讨软件定义芯片可能采用的编程模型种类。

　　1)编程模型开发

　　面向软件定义芯片的编程模型根据执行特性可以分为三大类。

　　第一大类使用命令式编程模型和命令式语言(如 C/C++)。命令式模型使用顺序化的语句、命令或指令序列来控制程序运行，因此难以表达并行语义(一些命令式语言的扩展支持显式表达并行性，如 PThreads，这些扩展属于并行编程模型的范畴)。所有支持顺序命令执行的硬件(如大多数处理器)都可以使用此模型。软件定义芯片的运行流程由配置序列控制，因此也可以使用命令式模型。由于命令式编程语言对于程序员来说门槛较低，且便于与通用处理器集成，大部分软件定义芯片都采用命令式编程模型。

　　第二大类采用并行编程模型。简单起见，本书使用的并行编程模型是指可以表达特定并行性的编程模型。这个概念包括：①声明式编程模型(如函数式语言、数据流语言和硬件描述语言)，这类模型隐式地表达并行性；②并行/并发(命令式)编程模型(如 OpenMP、PThreads、消息传递接口(message passing interface，MPI)和 CUDA等)，能够用特殊指令显式或部分显式表达并行性。声明式编程模型使用声明或表达式代替命令式语句来描述计算逻辑。由于该模型不包含任何控制流，故而计算并行性是隐式表达的。并发性编程模型使用多个并行的命令式计算线程来构建程序，从而显式地表达计算并行性。命令式编程模型依赖于编译器或硬件来挖掘并行性，相较而言，并行编程模型允许编程者使用提供的接口显式地表达并行性，从而减轻编译器和硬件的负担，提高编译和运行效率。虽然目前仅有少数软件定义芯片采用了并行编程模型[30]，但大多数软件定义芯片都适用于这类并行模型。原因在于软件定义芯片的底层硬件执行并不是命令式的，而是并行地计算一个配置内包含的多个操作。

　　第三大类为透明编程，即对一个特定的软件定义芯片架构，不进行任何相关的编程与静态编译。这类编程模型采用动态编译技术，依赖硬件在程序运行时实时地翻译和优化常见的程序表示(如指令序列)。因此，它的底层计算模型、执行模型或微架构对编程者来说是完全透明的。例如，对于 DORA、CCA 以及 DysnSPAM 等架构，它们的配置信息是根据运行时的指令流动态生成的[31, 32]。值得注意的是，尽管部分软件定义芯片(如 PPA[33])具有动态的配置流转换机制，但是原始配置仍然需要由静态编译产生，因此它们并不属于透明编程。采用透明编程模型的软件定义芯片通常无须修改源程序即可移植到新的计算架构上,因此可以大大提高生产效率,并且硬件还可以使用部分运行时的信息执行编译器无法实现的动态优化。但是,由于需要额外的硬件模块来进行运行时的并行度挖掘,支持透明编程模型的软件定义芯片通常面临性能不足、能效降低、设计困难等问题。

为了提供用户友好型的软件接口,大多数软件定义芯片的主要编程模型是命令式编程。然而,空间计算架构与命令式编程之间的根本矛盾尚未有高效的解决方案。支持高级命令式编程语言的软件定义芯片通常需要复杂的手工优化以获得更高的性能,这个问题提高了软件定义芯片的使用门槛,降低了生产效率,严重限制了其应用范围。尽管声明式编程和并行/并发编程对于程序员来说更具有挑战性,但是这些编程模型更加适应于软件定义芯片的空间计算模式,能够提高更多的并行度,采取这类编程模型对于软件定义芯片应用的发展是必要的。目前,一些新型的软件定义芯片已经采取了并行编程模型。在未来,从编程效率角度考虑,一些软件定义芯片可能仍将采用命令式编程,但是它们也必须通过额外的编程扩展来支持更多并行度的挖掘,包括通用和特定领域的并行模式。

2) 编译和动态优化技术开发

编译是将一种编程语言自动转换成另一种语言(目标硬件的汇编语言)的软件技术。对于软件定义芯片,编译需要的时间较长,因为软件定义芯片的汇编语言是复杂的配置信息。有别于传统处理器的指令流,配置信息包含了更广泛的执行细节,包括通过互连实现的数据通信、多个处理单元并行执行的同步模式、多种片上存储资源的使用和数据一致性维护等,这使得配置信息生成算法需要优化的设计空间极其复杂,从而成为软件定义芯片软件开发的一个技术瓶颈。动态优化技术主要是指对软件或硬件在执行过程中进行实时优化的技术。动态优化技术的必要性在于部分应用的不规则性,也就是说应用的某些关键特征、数据在运行前不可知,导致程序的软硬件执行过程需要在运行后进行相应的调整才能实现最优运行效率。

软件定义芯片编译将程序(软件 DSL)转换成可执行的配置信息。如图 2-12 所示,根据时间(在运行前还是运行时),软件定义芯片编译可以分成两个主要阶段,即静态编译和动态编译。静态编译在运行前由编译器完成,而动态编译在运行时由软硬件完成[34]。动态编译根据实时功耗开销、性能需求、安全性和可靠性需求等来决定从软件任务到硬件资源的映射关系,是实现软件配置信息动态优化的重要手段之一[35]。如图 2-12 所示,除了动态编译,动态调度机制是实现软硬件动态优化的主要手段,其作用是在最终配置信息流生成之后,通过动态调整配置信息流的执行顺序,降低配置信息执行的等待间隔,提高资源利用效率[27]。动态编译与动态调度是相辅相成的,动态编译确定了配置信息的空间映射分布(即布局布线),而动态调度确定的是配置信息的执行时序(本书认为软件定义芯片的动态优化实际包含了动态编译与动态调度)。

　　因为从广义上来说所有将一种编程语言转换成另一种编程语言(注意 IR 也是一种编程语言)的技术都可以认为是编译技术,所以广义的软件定义芯片编译技术也可以认为包含图 2-12 中的静态编译技术、动态编译技术和动态调度技术(通常认为动态调度是硬件机制)。图 2-13 展示了对广义的软件定义芯片编译技术的分类。该分类方式以是否动态映射和是否动态执行两个维度对现有技术进行分类。静态编译技术在运行前确定配置信息的任务-资源空间映射分布,并且在运行前确定配置信息的执行顺序;动态编译技术在运行时改变配置信息的空间映射分布,但是不会调整配置信息的执行顺序;动态调度技术在运行时调整配置信息的执行顺序,但是不改变配置信息的空间映射分布;而弹性调度技术则会同时改变配置信息的执行顺序和任务-资源映射分布。这些技术虽然不同,但是在使用中是不矛盾的。例如,静态编译常常是动态编译和动态执行的基础,动态编译和动态调度也完全可以结合使用。

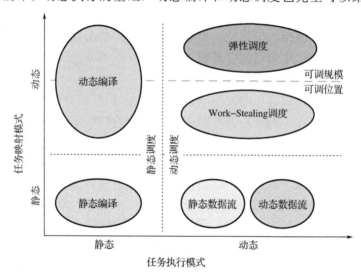

图 2-13　软件定义芯片的广义编译技术分类:动态映射与动态执行机制(见彩图)

　　下面结合图 2-14 逐一介绍软件定义芯片编译和动态优化技术的设计分类[36],不同的编译与动态优化技术决定了应用的并行度能够得到多大程度的开发,以及空间并行的硬件资源能够得到多么充分的利用。

　　(1)静态编译技术,将在第 4 章进行详细介绍。该技术依赖于编译器来静态决定任务的时域和空域映射。编译器软件需要使用复杂的优化算法来解决依赖关系和抽取并行度。例如,编译器可以通过流水线转换技术来获取粗粒度的循环级并行;编译还可以通过并发执行迭代空间的多个组来开发数据级并行。在处理含有大量控制流的不规则应用时,静态编译技术常常难以取得理想的结果。如图 2-14 所示,语句"s += d"的执行依赖于条件判断"d≥0",在第一次和第四次迭代中,语句"s += d"

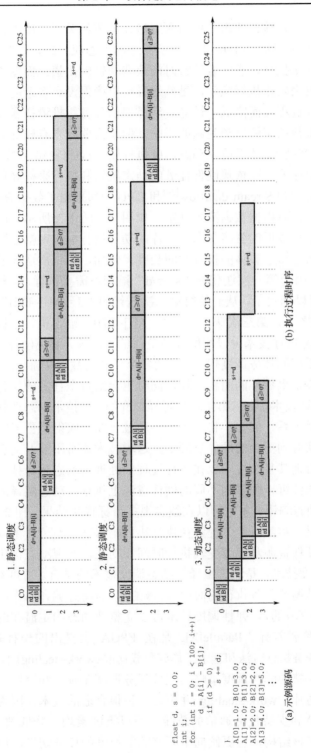

(b) 执行过程时序

```
float d, s = 0.0;
int i;
for (int i = 0; i < 100; i++){
    d = A[i] - B[i];
    if (d >= 0)
        s += d;
}
A[0]=1.0; B[0]=3.0;
A[1]=4.0; B[1]=3.0;
A[2]=2.0; B[2]=2.0;
A[3]=4.0; B[3]=5.0;
...
```

(a) 示例源码

图 2-14 动态调度与静态调度技术的对比分析（见彩图）

都不需要执行，但是编译器需要保留所有潜在的依赖关系，所以会生成过度串行化的调度结果。例如，图 2-14(b)-1 生成了保守的静态流水线，语句"s += d"占用了资源但是实际并未执行，意味着等待时间浪费和性能受损；而图 2-14(b)-2 生成了一个有限状态机来安排执行顺序，虽然这样可以确保没有多余的等待时间，但是整个串行化的执行过程反而降低了性能。编译器的任务级推测技术可以通过打破不频繁的依赖关系来帮助缓解这类问题的影响，但是需要分支有较好的可预测性。

(2)动态调度技术(基于前述动态调度执行模型)，将在第 3 章进行详细介绍。该技术不依赖于编译器，而依赖硬件任务的动态触发和执行来提高任务并行性。许多新提出的硬件架构如 Stream-dataflow[30] 和 DPU[37] 都采用了数据流执行模型，这样依赖关系可以在运行时根据数据流来确定。如图 2-14(b)-3 所示，所有语句的执行顺序只取决于其依赖数据的就绪状态，这样的动态执行模式大幅缩短各条语句执行的等待时间，从而缩短了整体的执行时间长度。例如，第二次迭代的"s += d"语句可以大幅提前，因为第一次迭代的"s += d"语句不需要执行，对于 s 的依赖在判断"d≥0"时就可以确定了，从而使得第二次迭代的"d = A[i]−B[i]"语句也有提前执行的意思(相比之下，第三次迭代的"d = A[i]−B[i]"语句执行也提前了，但是没有太多作用)。动态执行技术可以缓解任务负载的不均衡，避免硬件资源的闲置。但是随之而来的是更高的任务调度代价，包括多个任务的数据/控制依赖关系的存储和判断，这不仅仅会带来额外的面积功耗，同时也会给每个任务的执行带来一定延迟。

(3)动态编译技术，将在第 4 章进行详细介绍。该技术动态调整硬件资源与软件任务的空间映射关系，例如，将一个任务通过复制来映射到更多的硬件资源上，或者通过折叠来映射到更少的硬件资源上。这项技术通常不涉及动态发掘并行性和分析依赖关系，否则其复杂性难以在运行过程中处理。动态编译技术的基础是软件和硬件的解耦，软件可以映射到不同的硬件资源上执行。动态编译的优点在于系统的灵活性，通过动态编译，系统可以在线实现多目标优化结果。图 2-14 没有展示动态编译技术的效果。实际对于关键路径执行块(如"s += d")，可以通过动态编译来调整其使用的硬件资源从而改变其执行时间和功耗，实现动态优化的灵活性。

(4)弹性调度技术，是动态编译与动态调度技术的结合。通过对比可以发现，动态调度的作用是调节任务执行的时序(时域的)，而动态编译的作用是调节任务执行的空间并行性(空域的)。弹性调度技术可以完整地动态确定潜在的依赖关系，适应性地管理计算负载差异。ParallelXL 是在 FPGA 上提出的一种基于 continuation passing 模型的任务执行方法和基于工作或负载窃取(work-stealing)的任务映射方法[29]，因此它是一种完整的弹性调度策略，支持任务调度在时域和空域上的动态性。但是对于软件定义芯片，work-stealing 并不是一种很合适的技术，因为它需要运算单元的额外逻辑支持和支持任务通信的总线，而以上因素均会降低效率。work-stealing面向的主要是多核结构，它更倾向于频繁的细粒度的任务切换，但是对于软件定义芯片这会造成空间结构重构次数的增加(软件定义芯片的重构代价明显更高),从而降低能效[38]。

综上所述,编程模型、计算模型、执行模型和编译技术的划分在层次化系统设计中是自顶向下的方法,不同层次的模型之间存在着特定的对应关系。①SCSD 模型适应于采用命令式语言和硬件描述语言编程的程序,该模型可以在静态调度、顺序或数据流执行模型上实现。②SCMD 模型可以使用命令式语言、数据流和函数语言进行编程,该模型可以在动态调度、静态数据流执行模型上实现。③MCMD 模型适应于采用并发编程模型的程序,该模型可以在动态调度、动态数据流执行模型上实现。这些对应关系揭示了不同软件定义芯片设计的本质差异,也体现了上述分类方法的合理性。从另一个角度来看,不同层次模型之间的对应关系并不是唯一的,这引出了一个核心的问题,即哪些模型的组合可以设计出最为高效的软件定义芯片架构。

结论是:一般化的最高效架构是不存在的,高效软件定义芯片架构的设计是与应用类型密切相关的。例如,对于规则应用,静态优化已经足够发掘其所有可能的并行性,因此完全没必要使用动态调度的执行模式,而使用静态调度串行执行模型和静态编译就已经足够;而对于不规则应用,静态优化可能在某些情况下是高效的,而在另外一些情况下是低效的,动态调度模型、弹性调度技术就显得非常必要。该问题将在后续第 3 章详细讨论。

2.1.3　技术对比

1.　抽象模型

软件定义芯片作为一种面向特定领域的计算体系结构设计范式,图 2-15 将软件定义芯片和面向通用计算领域的通用处理器进行了对比。

图 2-15 涉及计算机体系结构常见的抽象层,首先做如下解释。第一,编程模型是底层计算机系统的抽象,主要用于算法和数据结构的描述[39]。该模型连接了底层硬件和程序可用的软件支持层。事实上,所有编程语言和应用程序编程接口(application programming interface,API)都是编程模型的实例。编程模型可以描述软件程序,也可以用于编程硬件[40]。它对底层硬件细节进行抽象,便于程序员进行并行编程,而无须考虑并行计算过程在硬件上的具体实现。同时,编程模型也限定了程序员可以显式利用的算法级并行度类别,从而简化了编译算法。例如,典型的多线程编程模型,如 PThread,将硬件资源抽象为线程,使得程序员可以将应用程序的并行性表示为相互协调的多个线程。第二,IR 常常可以看成一种特殊的编程语言或者计算模型[41],它是编译器内部用于表示源代码的数据结构或代码[42]。IR 的目的是帮助进一步处理,如代码优化和转换。良好的 IR 必须能够准确表示源代码而不丢失信息,

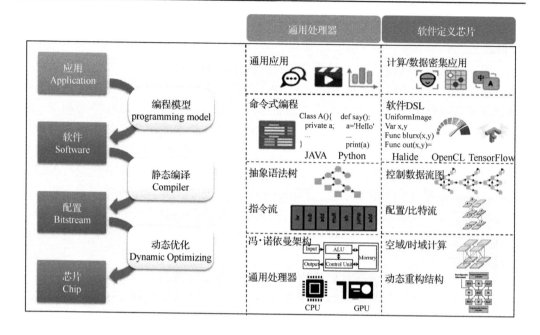

图 2-15　软件定义芯片与通用处理器的体系架构对比

并且独立于任何特定源或目标语言，同时还可以独立于任何目标硬件结构。IR 可以采取以下形式：内存中的数据结构，或程序可读的特殊元组/堆栈的代码。在后一种情况下，它也称为中间语言。第三，执行模型是微架构的抽象表示，它定义了硬件计算的执行方案，表征硬件的核心工作机制，如指令/配置的触发、执行和结束。因此，执行模型确立了微架构设计的基本框架，决定底层运行顺序和并行模式的实现。编程模型层将目标应用转换为具有特定显示并行模式的算法程序。中间表达形式层将程序转换为由操作、数据集和线程组成的并行化的中间表示形式。执行模型层将中间表示映射到底层微架构，生成(离线或在线)能够由硬件直接运行的比特流。

图 2-15 的对比从各个层面展示了软件定义芯片区别于传统计算芯片的主要特征。

在应用层面上，软件定义芯片往往更适合于完成数据和计算密集型的应用。这些应用的热点函数(执行时间的主体)由大量的计算或数据访问组成，控制流执行时间往往占据比较小的部分，而且控制流通常很规则，对并行化的影响较小。当然，它也可以完成更通用的算法，但是实现的效率会有一定降低。因此，软件定义芯片的应用层特征可以总结为：特定应用领域灵活性。软件定义芯片具有较强的硅后灵活性(即芯片制造后功能仍可变)，它的硬件可在运行时被软件定义，但是它的处理单元并没有通用处理器那么复杂，互连也没有 FPGA 那么灵活。这种架构对于一个甚至多个特定领域来说已经足够灵活，能满足绝大多数应用的需求。

在编程模型层面，软件定义芯片一般会采用 DSL。DSL 是指针对特定应用领域的编程语言，相对于那些可以跨领域通用的编程语言，往往会额外提供专用的功能描述。通用处理器一般采用灵活易学的命令式编程语言，如 C++、Java、Python 等。而 DSL 语法常常更加复杂、学习成本更高，它们可以是命令式编程语言的扩展，如 Halide、OpenCL、PyTorch 等，也可以是其他类型的编程语言，如 Chisel 和 Scala 等。

在中间表达形式层面，软件定义芯片更倾向于采用图结构的中间表达形式进行代码优化和映射，如控制数据流图等。而通用处理器一般采用抽象语法树(abstract syntax tree，AST)和线性的中间表达形式进行优化和汇编。线性的中间表达形式如 SSA 可以直接代表处理器的伪代码，实际上类似于汇编语言，非常适合于通用处理器这样的线性计算结构。而软件定义芯片需要面向电路功能优化，中间表达形式也必须采用更能发掘并行潜力的图结构。

在编译层面，软件定义芯片需要的是配置信息流，它显式地定义了并行算子、互连通信、片上存储和对外接口使用情况。相比之下，通用处理器需要的是指令流形式，极其灵活易用，可包含的硬件优化信息远远少于软件定义芯片。软件定义芯片采用的是静态编译与动态优化结合的方法，其配置信息可以根据运行时的需求进行动态生成或转换。这类似于通用处理器的动态编译技术，如 Java 的即时编译(just in time，JIT)和 Google 的 V8 等即时编译框架。

在执行模型层面，软件定义芯片采用的是动态重构的空间架构模型，是允许多个节点并行、通过局部互连快速通信的二维或三维(即动态重构的)计算过程。相比之下，通用处理器是基于单个计算节点的线性计算过程，且基本是串行化的。尽管软件定义芯片很多时候都是在粗粒度级别上来实现动态可重构的，但其粒度在不同应用之间实际上存在较大差异，大部分时候是混合粒度的。例如，用于实现加解密应用的软件定义芯片就可能包含不少细粒度的组件。

综上所述，软件定义芯片在芯片架构设计的各个抽象层面都表现出明显的特征，包括空间计算模式、动态重构能力、高级语言编程和领域定制能力等，与通用处理器有着本质区别。下面通过表 2-1 进一步对比软件定义芯片与主流计算结构的差异，并具体分析软件定义芯片的关键优势。

表 2-1　软件定义芯片和当前主流计算结构的比较

结构形式	计算形式		执行方式				灵活性
	时域计算	空间计算	重构时间[②]	配置驱动	数据驱动	指令驱动	
软件定义芯片	√	√	ns～µs	√	√	×	领域灵活
FPGA	×[①]	√	ms-s	√	√	×	通用
ASIC	×	√	×	×	√	×	不灵活
顺序 CPU/ VLIW	√	×	ns	×	×	√	通用

续表

结构形式	计算形式		执行方式				灵活性
	时域计算	空间计算	重构时间②	配置驱动	数据驱动	指令驱动	
乱序 CPU	√	×	ns	×	√	√	通用
多核	√	√	ns	×	×③	√	通用

①FPGA 现在也可支持时域计算即运行时重配置，但考虑到开销和有效性，这种做法并不实用。
②重新配置时间数据仅供参考，这些数据来自 90nm 以下技术。
③软件可以在任务或线程级支持数据驱动机制，如数据触发的多线程[43]。

　　与通用灵活的结构(如 FPGA 和通用处理器)相比，软件定义芯片的不同之处在于特定领域灵活性。使硬件满足目标应用需求并将冗余资源最小化。因此，对于特定目标领域，软件定义芯片通常比 FPGA 的能效高出 1～2 个数量级，比通用处理器能效高出 2～3 个数量级[44]。而对于一般应用，软件定义芯片的优势通常会有一定程度的削弱。因此，特定应用领域灵活性被认为是软件定义芯片在能效和灵活性之间取得平衡的关键原因所在。

　　空域上，软件定义芯片利用并行计算资源和数据传输通道来执行计算。时域上，软件定义芯片利用时分复用资源来执行计算。因此，软件定义芯片的映射实际上等同于在控制/数据流图(control data flow graph，CDFG)中识别每个节点与边的空间与时间坐标。编译器主要负责此项工作。

　　时空计算的结合为应用提供了一个更加灵活和有力的实现架构。相对于仅实现时域计算的架构(如通用处理器、DSP 等)，软件定义芯片可以避免昂贵的深度流水线和集中式通信开销。相对于仅实现空域计算的架构(如传统的 FPGA、可编程阵列逻辑架构、ASIC 等)，软件定义芯片可提高面积效率。因此，结合空域和时域计算是软件定义芯片在不降低灵活性的前提下实现高能量效率和高面积效率的关键原因之一。

　　与操作由控制流(由编译器静态确定)驱动的顺序处理器不同，软件定义芯片的操作主要由配置流或数据流来驱动。除了 PE 操作，软件定义芯片的配置还定义了互连。由一个配置定义的所有 PE 在相同的控制流(线程)下锁步执行。虽然配置也主要由控制流驱动，但在每个配置中的操作是并行或是流水的，这利用了编译器所发掘的并行性。更为重要的是，配置驱动的软件定义芯片可以通过互连有效地利用显式数据流，这在传统指令集中是不可能实现的。数据驱动的软件定义芯片是显式数据流机器的实现，它完全放弃了控制流的执行。将一个配置中的所有操作作为候选，任何操作，一旦其操作数准备好后就可以执行。数据驱动的软件定义芯片严格遵循明确的"生产者-消费者"数据依赖关系。

　　与控制流驱动或指令驱动执行相比(如多核处理器)，配置和数据同时驱动的执行方式可以避免 PE 执行的过度顺序化，充分发掘细粒度的运算并行性，并在 PE 之间提供有效的同步。这种执行方式又进一步支持了显式数据通信，能够最小化数据移动的能量开销。因此，配置和数据共同驱动的执行是软件定义芯片高性能和高能效的关键原因之一。

2. 具体实例

以上是从抽象模型的角度进行的全面对比,下面具体对比软件定义芯片与两种主流计算架构在实现上的差异以及在结果上的优劣。

首先,图 2-16 展示了软件定义芯片与 FPGA 在电路层的具体实现对比。第一,在编程粒度上,FPGA 使用的是单比特编程粒度,而软件定义芯片更偏向粗粒度,大部分时候混合了细粒度、中粒度和粗粒度实现。软件定义芯片倾向于使用粗粒度因为主流应用的计算以粗粒度为主,而且使用粗粒度编程会大幅提升电路结构的能量效率和性能。如果面向的是密码、信号处理等领域,那么软件定义芯片的设计编程粒度也需要相应变细。相对较粗的编程粒度使得软件定义芯片在配置信息量上占据很大优势。FPGA 的典型配置信息量是 10～100MB,而软件定义芯片的典型配置信息量是 1～10KB。配置信息量的减少会进一步带来配置时间的缩短,使得一边计算一边配置成为可能,从而赋予软件定义芯片动态重构能力。第二,在制造工艺上,FPGA 采用的是特殊工艺,而软件定义芯片可以采用标准工艺。这本质上还是由于 FPGA 的编程粒度细,面积效率低,需要通过特殊工艺来提高其设计效率。第三,在编程方式上,FPGA 主要采用硬件描述语言编程,也可以采用需要大量人工辅助的高级语言编程,但是编程者需要具备较强的硬件电路知识,所编写的程序需要通过综合、布局布线等电子设计自动化(electronic design automation,EDA)工具变成电路描述,然后生成配置文件。软件定义芯片主要采用高级语言编程,编程者不需要具备硬件电路知识,所编写的程序不需要转换成电路而直接生成配置文件。事实上,FPGA 编程门槛高的问题也可以认为是由其细编程粒度造成的,因为 FPGA 的配置信息需要包含太多软件不可能包含的电路级信息,包括查找表的逻辑功能、寄存器时序功能、crossbar 互连网络的连接、接口定义等。

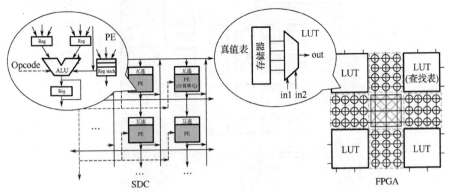

图 2-16　典型的软件定义芯片电路与 FPGA 的电路结构对比

然后,图 2-17 展示了软件定义芯片与多核处理器在系统层的具体实现对比。第一,在基本处理单元实现上,多核结构使用的是指令处理器,既包括使用开销较大

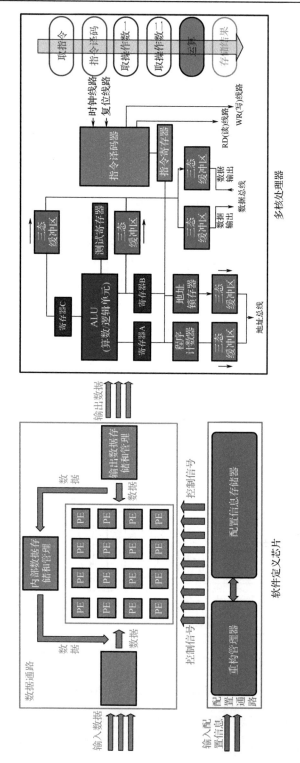

图 2-17 典型的软件定义芯片系统与多核处理器架构对比（见彩图）

的乱序执行大核来保证性能和延迟，也包括使用能效较高的顺序执行小核来保证计算效率，但是指令处理器对于计算始终是低效的，因为它把通信、控制和计算全都集成到一个通用模块，计算在整体运行过程中的时间、功耗中的占比都很低。软件定义芯片使用的是数据驱动的算术逻辑单元，基本只需要完成计算功能。第二，在处理单元之间的通信上，多核结构需要使用更复杂的总线或片上网络，以满足其统一存储的编程模型，软件定义芯片则可以使用简单的直连线和多路选择器来实现数据通信。第三，在并行执行模式上，多核结构主要依赖多线程来开发线程级并行性，而软件定义芯片还可以进一步开发线程内的指令级并行性和循环级并行性。

2.2　特　性　分　析

2.1 节介绍了软件定义芯片的基本原理，通过与主流典型计算芯片如 ASIC、FPGA 和 CPU 对比，展示了软件定义芯片在灵活性、高能效和易用性等方面的综合性优势。本节进一步讨论为什么软件定义芯片能够同时具备这些优势。从四个方面分别阐述使得软件定义芯片具有高计算效率、低编程门槛、不受限容量和高硬件安全性等特性的关键设计方法。除了进行定性分析，还对软件定义芯片进行硬件建模和定量分析。

2.2.1　高计算效率

从最广泛的芯片设计来看，"性能来自于并行化，效率来自于专用化"。软件定义芯片的高性能和高能效正是来自于其芯片设计模型可以更好地结合专用化和并行化。如图 2-18 所示，一款典型的软件定义芯片设计可以在多个维度进行专用和并行优化设计。

在专用化方面，软件定义芯片可以采用：①针对应用数据类型的专用粒度设计，无论是粗粒度、中粒度、细粒度、混合粒度或是 SIMD/SIMT，避免如 FPGA 一般采用通用化的单比特粒度或是如 CPU 一般采用 32/64bit 固定粒度；②针对应用数据移动模式的专用互连设计，避免像传统可编程器件一样采用极高面积开销、极度通用灵活的 crossbar 或是如 CPU 一样采用多级高速缓存系统和共享存储机制；③针对应用计算访存模式的专用化数据控制机制，如数据流驱动的流式计算模式、间接访存的稀疏计算模式，避免采用 CPU 的通用化指令集驱动计算模式。

在并行化方面，软件定义芯片同时采用：①空间计算模式，将任务进行二维的全展开，以提供最大的指令并行度，同时发掘利用数据的局域性(即"生产者-消费者"关系)，尽量降低数据移动带来的巨大开销；②时域计算模式，根据资源规模进行任务折叠，支持动态配置切换，形成软件流水线，提高硬件资源利用率，避免如传统可编程器件的容量限制。

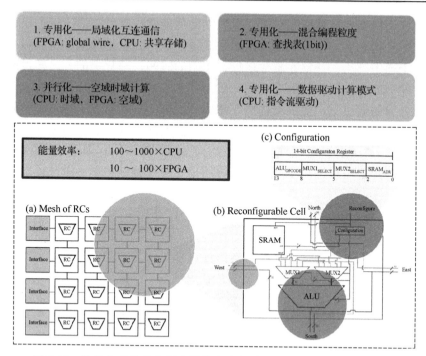

图 2-18　软件定义芯片实现高性能和高能效的主要架构优势(见彩图)

　　为了支撑上述定性分析，下面对主流计算结构进行理论化建模，以分析专用化和并行化带来的好处。本节参考经典论文的建模和分析方法[45]。图 2-19 展示了用 ASIC、通用处理器、FPGA 和软件定义芯片来实现同一功能(全加器)的差异。假设基本的可编程运算单元都是 2 输入的查找表，然后考虑功能扩展到 N 个全加器时的开销和性能。

　　ASIC 的实现方式是最直接高效的，只需要 7 个门就可以实现全加器功能。考虑到 2 输入查找表面积大致等价于 5 个逻辑门，ASIC 实现的开销略大于单个查找表的面积和延迟，对于实现 N 个全加器，假设其面积为 $A_{ASIC} \approx N \times A_{lut}$，计算时间为固定值 $D_{ASIC} \approx D_{lut}$，能耗为 $E_{ASIC} \approx N \times E_{lut}$。

　　通用处理器的实现方式是基于单个查找表的时分复用计算方式，通过指令流重构查找表功能串行化实现 N 次全加器操作的 $7N$ 次逻辑门运算。它用于计算的资源也只有一个 2 输入查找表，但是却需要付出很大的存储器开销，包括指令存储器和数据存储器。另外，指令流控制还没有体现在图中，但是实际上也是很大的开销。因此 $A_{通用处理器} = A_{lut} + A_{memory} + A_{controller}$。存储器的面积开销中，由于循环、SIMD 等指令共享机制的存在，指令存储器的面积增长较慢。但是数据存储器的面积与应用特性关系非常密切，对于那些内存脚印(memory footprint)较大的应用，数据存储器的面积会随着应用规模增大而显著增加，反之则增长缓慢。对于这里给出的全加器示例，由于可以通过反复的指令循环和内存释放，指令存储器和数据存储器的面积几乎为常数。控制器的面积开销虽然大，也基本上不与应用规模(N)相关。因此，A_{CPU}基本为常数。通用处理器的计算时间 $D_{通用处理器}=7N\times(D_{lut}+D_{memory})$（注意：7 倍的原因是全加器一共需要 7 个逻辑门运算）。由于采用的是串行化的执行方式，总的执行时间非常长，且随着问题规模变大而线性变大。通用处理器的能耗为 $E_{通用处理器}=7N\times(E_{lut}+E_{memory}+E_{controller})$。

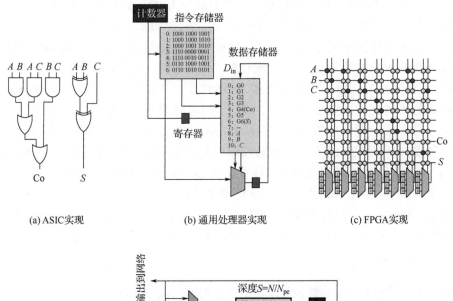

(a) ASIC实现　　　　　　　(b) 通用处理器实现　　　　　　(c) FPGA实现

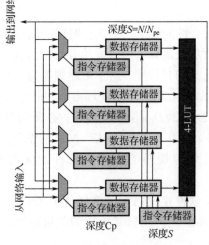

(d) 软件定义芯片实现

图 2-19　全加器功能的理论化实现方式

FPGA 的实现方式是静态可重构和完全空间计算。它用 $7N$ 个 2 输入查找表实现了 N 个全加器操作的 $7N$ 次逻辑门运算，又用 crossbar 将所有运算单元的输入输出相互连接起来。它实现了对所有规模小于 7 的 2 输入逻辑门网络结构的支持，但是也付出了巨大面积和功耗开销。相对于 ASIC，FPGA 的主要开销来自于两部分，一是配置信息的存储器，二是 crossbar 互连逻辑(包括大量的交叉点开关和互连线)。查找表需要 $N×28$bit 配置信息，而每个输入需要 $N×2\log_2 N$ 的配置信息。crossbar 互连的规模为 $2N×N$，所以一共需要 $2N^2$ 个交叉点，每个交叉点的面积大约为存储器的 2 倍。因此，FPGA 的面积约为 $A_{FPGA}=N×A_{lut}+(28N+2N×\log_2 N)×A_{Mbit}+2N^2×A_{crosspoint}+N^2×A_{wire}$。FPGA 的面积与规模的平方成正比。FPGA 的计算时间约为 $D_{FPGA}=3×D_{lut}+2×D_{crossbar}$。FPGA 的能耗约为 $E_{FPGA}=7N×E_{lut}+(28N+2N×\log_2 N)×E_{Mbit}+2N^2×E_{crosspoint}+N^2×E_{wire}$。

软件定义芯片的实现方式是空域计算和时域计算结合。它可以用 $M(7<M<7N)$ 个 2 输入查找表来实现 N 次全加器操作的 $7N$ 次逻辑门运算，同时采用较为简单的 Mesh 互连将邻近的运算单元相互连接。虽然软件定义芯片不能实现对所有可能的逻辑门网络的高效支持，但是完全可以支持示例电路的实现。软件定义芯片与 FPGA 的主要差异在于配置信息的数量大幅减少，Mesh 互连逻辑的复杂度大幅降低。查找表一共需要 $4×M$ 比特配置信息，其输入输出互连需要 $4×M$ 配置信息(仅考虑相邻查找表的互连)。但是需要注意的是，软件定义芯片需要动态切换配置，为完成 $7N$ 次运算，最多需要 $K=7N/M$ 次重构。软件定义芯片的面积约为 $A_{软件定义芯片}=M×A_{lut}+8M×A_{Mbit}+M^2×A_{wire}$。软件定义芯片的计算时间为 $D_{软件定义芯片}=K×(3×D_{lut}+2×D_{mesh})$。能耗为 $E_{软件定义芯片}=KM×E_{lut}+8MK×E_{Mbit}+KM^2×E_{wire}=7N×E_{lut}+56N×E_{Mbit}+7NM×E_{wire}$。

1. 性能对比

在上面的建模基础上，性能等于任务执行时间的倒数 $1/D$。需要注意的是，上面的分析面向的应用是全并行加法运算，可开发的并行度与任务规模 N 成正比。事实上，很多应用并不能提供如此高的并行度。对于上述规模为 N 的任务，假设其并行度是 P，那么 ASIC 的性能为 $1/((N/P)×D_{lut})$，通用处理器的性能为 $1/(7N×(D_{lut}+D_{memory}))$，FPGA 的性能为 $1/((N/P)(3×D_{lut}+2×D_{crossbar}))$，软件定义芯片的性能变为 $1/(\max(K, N/P)×(3×D_{lut}+2×D_{mesh}))$。因此，对于 $K<N/P$ 的情况，准确说是任务并行度小于软件定义芯片的硬件资源规模的情况，软件定义芯片能够实现最接近 ASIC 的性能。

与通用处理器相比，软件定义芯片的性能优势来自其更高的并行度；而与 FPGA 相比，软件定义芯片的性能优势来自其更短的关键路径。

2. 能效对比

根据上面的建模，能效为性能除以功耗，而功耗等于能耗除以执行时间，即 E/D，因此能效为 $1/E$。因此 ASIC 的能效为 $1/(N×E_{lut})$，通用处理器的能效为 $1/(7N×(E_{lut}+E_{memory}+E_{controller}))$，FPGA 的能效为 $1/(7N×E_{lut}+(28N+2N×\log_2 N)×E_{Mbit}+2N^2×E_{crosspoint}+N^2×E_{wire})$，而软件定义芯片的能效为 $1/(7N×E_{lut}+56N×E_{Mbit}+7NM×E_{wire})$。

　　需要注意的是，上述分析没有考虑计算的粒度。所有四种计算架构都是在统一的单比特计算和互连粒度下进行建模的。但是事实上，粒度专用化是非常重要的优化因素，尤其是在软件定义芯片上。下面引入一个参数 W 来表征指令共享的程度。例如，通用处理器中的 SIMD 指令的并行宽度，计算、通信与访存数据位宽，都可以用这个参数来表达。通过增加指令共享宽度，存储指令和配置信息的容量以及控制器的复杂度，都会有明显的下降。因此，通用处理器的能效可以提高为 $1/(7N\times(E_{\text{lut}}+ E_{\text{memory}}/W+E_{\text{controller}}/W))$，而软件定义芯片的能效可以提高为 $1/(7N\times E_{\text{lut}}+56N\times E_{\text{Mbit}}/W+7NM\times E_{\text{wire}})$。

　　软件定义芯片相对于 FPGA 的能效优势来自其更少的配置信息和更少的互连功耗。软件定义芯片的配置功耗随着问题规模变大而线性增加，即 $O(N/W)$；FPGA 的配置功耗则按 $O(N\log N)$ 级别增加。软件定义芯片的互连功耗随着问题规模变大而线性增加，即 $O(NM)$；而 FPGA 的互连功耗则是平方增加。软件定义芯片相对于 FPGA 的能效优势则来自其避免了大量的数据存储功耗和控制器功耗。

　　3. 比 ASIC 更好？

　　上面的建模量化了硬件可重构特性带来的收益和代价。可编程能力需要额外的面积，用来存储配置信息，实现所需功能之外的功能，实现未被使用的连线。这些额外的面积使得连线更长、延迟更大，以及使性能降低。更长的连线意味着更多的能量消耗在数据通信上。对于非完全空间并行的实现，还需要额外消耗能量在读取配置信息上。因此，可重构芯片通常比 ASIC 的逻辑密度低、性能差、能耗高。尽管如此，可重构芯片有可能在能效、性能上比 ASIC 更好吗？

　　软件定义的可重构芯片可以适应任务的瞬态需求，而这是 ASIC 所不具备的。在上述建模分析中，指定了固定规模 N、固定并行度 P 的目标任务，此时固然 ASIC 是最合适的，但是如果任务的负载是瞬时变化的，那么 ASIC 就会面临许多问题。首先，ASIC 可能完全不能实现可变规模的任务处理。其次，即使 ASIC 可以处理不同规模的任务负载，但是如果任务负载在某段时间降低到很低的程度，ASIC 的能耗可能会存在严重浪费，从而造成能效降低，甚至可能会不如软件定义芯片的效率。最后，ASIC 芯片无法享受到算法、软件和协议更新带来的收益，而这也可能成为软件定义芯片超过 ASIC 的重要因素。

　　软件定义芯片在性能效率方面优于 ASIC 的第二个可能原因来源于工艺：可重构芯片的鲁棒性更强，可以使用更加激进的工艺，从而获得更优的性能效率。一般而言，当集成电路工艺发展到更小的特征尺寸和更多的晶体管集成时，生产的良率将成为重要问题。工艺参数的波动性影响越来越大，造成更多比例的晶体管不可用。器件特性随着时间变化，更多比例的晶体管受到老化失效的影响。生产后可编程特性提供了缓解工艺良率、波动和老化问题的办法。因此，软件定义芯片和 FPGA 通常可以采用更小尺寸和更低电压的工艺技术。

最后，对于许多新兴应用，设计本身的局域性很差，这些应用通常受限于互连线通信。在这种情况下，额外的可编程逻辑变得不那么重要，因为芯片的面积由连线长度限定。同时，长连线资源的时分复用在能效上要优于专用设计，这也使得可重构设计可能优于 ASIC。

不过，ASIC 本身也可以引入上述功能，来提供有限的可重构能力以改变任务需求，支持可升级的协议，支持电路的自主修复，甚至提供冗余的资源来解决工艺的问题，乃至动态复用其长连线，但是这样 ASIC 本身也就变成了软件定义的可重构芯片。

2.2.2　编程门槛低

编程门槛的高低取决于编程人员需要了解并开发多少底层细节。对于软件编程人员，硬件是完全透明的。CPU 中有数十亿个晶体管，这些晶体管又形成了无数的逻辑门、寄存器和存储器等，再形成算数逻辑单元、流水线、控制状态机、缓存队列等。然而，编程者需要关注的仅仅是基于高级语言的软件实现是否完成指定功能，编译器和硬件控制器自动完成从软件功能到底层硬件配置的映射。假定从指定功能（自然语言）到底层硬件配置（机器语言）需要为优化付出的努力是一定的。对于 CPU，这个过程就是"自然语言→（编程人员）→高级语言→（编译器）→汇编→（硬件+动态优化）→执行"。一般而言，编程人员需要对高级语言做的硬件优化工作非常少，如循环的展开、仿射优化等，许多优化都可以由编译器完成。由于高级语言采用串行执行模型，因此 CPU 的编程门槛较低。对于 FPGA，整个过程为"自然语言→（编程人员+静态优化）→硬件描述语言→（综合、布局、布线）→网表→执行"。FPGA 编程的复杂性来自两个方面：①硬件描述语言在模型上就不同于软件，它不是串行执行的，实现相同算法需要耗费的人力明显更多，而且编程人员必须对硬件设计有了解；②综合布局布线过程基本是个对硬件描述语言进行翻译和少量电路优化的过程，而不涉及对算法和系统的优化，这就导致大量的优化工作都落在编程人员身上，而且必须有丰富经验的硬件工程师才可能很好地完成这些软硬件协同优化工作。因此，FPGA 的编程门槛是非常高的。

软件定义芯片的实现从指定功能到底层硬件配置的过程类似于软件，即"自然语言→（编程人员+静态优化）→领域定制高级语言→（编译器）→配置信息→（硬件+动态优化）→执行"（图 2-20）。领域定制高级语言是在高级语言上的扩展，结合了串行执行和并行执行的特点，更接近用户对应用的理解，可能会稍微提高编程人员的学习门槛，但是会提高编程人员的工作效率，提高程序的编译效果。因此，软件定义芯片的编程门槛略高于 CPU，而远远低于 FPGA。

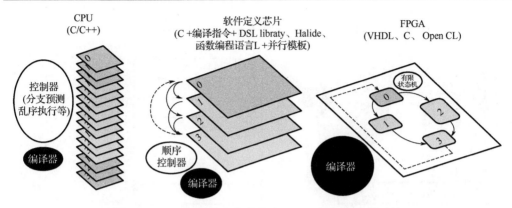

图 2-20　CPU、软件定义芯片和 FPGA 的编程门槛对比

2.2.3　容量不受限

主流可编程器件如 FPGA 都是存在容量上限的，而指令处理器如 CPU、GPU 几乎没有程序容量的概念。究其原因，是器件的配置加载和功能重构时间的巨大差异。FPGA 的配置信息量动辄上百兆字节，又经常通过联合测试工作组（Joint Test Action Group，JTAG）协议等串行配置接口烧写，导致其被从外部加载的时间和功能切换的时间都非常长，达到毫秒甚至秒的量级，这使得每次配置信息切换，器件的暂停工作时间都非常明显。指令处理器的程序段长度一般很短，可以使用通用的高速接口加载，又借助多级高速缓存结构进一步降低访问延迟，使得指令处理器的指令流加载几乎不会影响处理器正常工作。因此，功能重构时间是容量是否受限的决定因素，而配置信息总量是功能重构时间的决定因素。

软件定义芯片，如图 2-21 所示，与 CPU 类似，采用了多种技术来缩短配置信息切换时间，即功能重构时间。第一，软件定义芯片通过专用化、层次化甚至压缩技术来大幅降低配置信息总量，达到 FPGA 的万分之一以下。第二，软件定义芯片通过多配置切换快速缓冲区、片上配置信息 SRAM 等多级缓存机制，大幅降低配置信息的加载延迟，最快可达到每个周期都切换配置信息。第三，软件定义芯片还通过配置和计算的交织流水，进一步降低配置信息切换对计算的影响，最快可实现配置切换对计算流程完全没有影响。因此，软件定义芯片能够实现容量不受限的可编程计算。

2.2.4　高硬件安全

硬件安全性是一个非常广泛的概念，涵盖芯片从设计、验证、生产、使用、报废的全生命周期。其中，软件定义芯片对物理攻击这种硬件安全威胁形式表现出独特的抵御能力。软件定义芯片抵御物理攻击的原理是移动靶防御（moving target

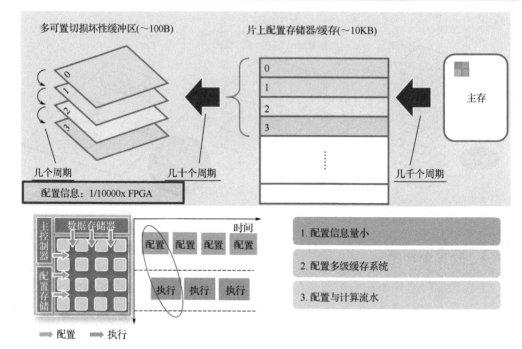

图 2-21　软件定义芯片的动态重构能力分析

defense，MTD)[46]。对于一个相对静态的系统，运行使用是比较简单的，但是这也使得攻击者在时域上获得不对称的优势。攻击者可以花费任意长的时间来侦查目标系统，研究定位其潜在的漏洞，选择最佳的时间来发起攻击。一旦被破解，静态系统也无法在短时间内修复问题。因此，静态系统相对而言就更容易受到攻击和破解。移动靶防御是一种针对网络安全的设计方法，一般定义为不断改变一个系统以减少或移动攻击平面(攻击者可以接触的所有可用于破坏系统安全的资源，如软件、开放端口、模块漏洞，或者其他通过攻击可以得到的资源)。软件定义芯片作为一个功能动态重构的计算系统，可以看成移动靶防御的具体实现方式。

随着攻击精度可达到门级的局部电磁攻击、在每次执行中同时引入数个故障的多故障攻击、基于千赫兹(kHz)级别信号的超低频声音等多种极具威胁性的新型攻击方法不断涌现,软件定义芯片的动态重构特性赋予其更强大的物理攻击防御能力。相比于传统抗攻击技术，动态可重构技术可以通过资源复用有效降低安全性提升所需的性能、面积和功耗开销，还有望通过改变设计来抵御现有的未被有效攻克的新型攻击方法。首先，软件定义芯片可以利用局部动态重构特性开发时间与空间随机化技术,使得软件的每次迭代执行都在随机的时间和空间位置上完成(保证功能是正确的)，从而使得精准攻击变得极为困难。与移动靶防御的概念类似，当攻击者想要对算法实现的敏感点进行攻击时，随机化方法使得敏感点的时空位置不断波动，攻击者即使拥有精准的武器，也难以进行攻击。其次，软件定义芯片可以利用冗余的动态可重构资源来构建防御措施。由于软件定义芯片通常拥有丰富的计算和互连资源，基于这些资源开发抗攻击方法几乎不会影响正常应用的性能。例如，可以利用计算资源实现物理不可克隆函数来实现轻量级安全认证或秘钥生成；也可以对互连网络资源的各种拓扑属性引入随机性，从而在完成正常数据传输之外实现抵抗物理攻击的能力。因此，软件定义芯片有着比通用处理器、ASIC 和 FPGA 器件更高的硬件安全性。

2.3　关键研究问题

软件定义芯片的最终研究目标是设计一种能够兼顾能量效率和灵活性的计算芯片架构。在制造好的单颗集成电路芯片上能运行不同功能的软件(应用)，且要同时保持高性能和高能量效率是一个世界性难题。芯片架构通常能够对某类应用产生好的综合性能，但对其他类型的则不行。在集成电路发明后的 60 多年时间里，诞生了CPU、FPGA 等通用芯片，可以实现不同的应用功能，但付出的代价是低性能、高能耗、低效率和高成本。人们迫切需要找到软件(应用)能够实时定义芯片功能的新方法。软件定义芯片技术以动态可重构计算技术为核心，通过智能地改变硬件来适应不断变化的软件需求，从而在能量效率、功能灵活性、设计敏捷性、硬件安全性和芯片可靠性等关键指标上获得绝对综合优势，是计算芯片公认的发展方向，也是世界强国战略必争的研究方向。

软件定义芯片的关键科学问题在于如何智能地改变硬件来适应不断变化的软件需求，主要挑战在于软件应用和硬件芯片之间存在难以逾越的鸿沟。如图 2-22 所示，软件与芯片在实现相同功能时采用完全不同的范式。软件主要基于命令式编程，通过不断改变通用计算模块的功能来执行指令流，串行地完成目标功能。硬件主要基于声明式编程，通过详尽的声明每个模块的功能和通信来执行计算，并行地完成目

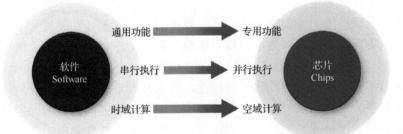

使用软件定义芯片功能时，在语义、模型和灵活度等方面存在重要分歧

图 2-22　软件定义芯片技术的关键挑战在于软件与芯片之间的巨大差异

标功能。学术界和工业界一直在研究弥合软件与硬件差异的方法，研发了如高层次综合、超长指令字处理器编译等技术，然而这些技术现在仍然没有得到理想的结果。FPGA 的高层次综合工具已经走向商用，但是自动化效果不佳。若要获得一个具有实用价值的综合结果，人工参与是必不可少的。超长指令字处理器同样寄希望于编译器技术可以自动安排所有指令执行过程。但是，在通用计算领域，这个技术已经基本宣告失败，因为对于很多不规则应用，编译器优化从原理上来说就非常困难。

我们进一步思考上述挑战会发现，这个挑战实际上可以总结成把软件描述转换成硬件的最优化问题。显然，跟高层次综合问题一样，这是一个规模极其庞大的非确定性多项式完备问题(non-deterministic polynomial complete problem，NPC)。寄希望于编译器软件或 EDA 工具来完全解决这个问题是不太现实的。现在可行的方案是启发式的，通过人工或机器学习辅助的优化、硬件动态优化显著缩小优化问题的规模；或是解耦合式的，通过剥离功能实现与模块优化，限定可优化空间规模。如果没有丰富的设计经验作为指导，这些方案很容易陷入一些较差的局部最优解。

软件定义芯片的典型软硬件开发流程已经在前面详细介绍，但是回顾用软件定义硬件这个最优化问题，软件定义芯片的开发流程其实已经在硬件设计和软件开发上做了很多基于经验的优化。图 2-23 给出了一个软件定义芯片的典型设计流程。首先，软件定义芯片依赖经验设计给出了领域定制的编程模型，为用户确定了公共的计算内核，给出了应用特定的编程范式，缩小了用户编程的设计空间，降低了编程阶段优化的难度。其次，软件定义芯片采用时域空域联合计算模型，确定了硬件计算框架，设定了循环并行、流水和推测执行的开发方法，指定了标准的同步方式，从而缩小了编译优化的设计空间，降低了编译阶段的难度。最后，软件定义芯片支持特定的动态优化机制和执行模型，设定了动态平衡的硬件调度策略，缩小了动态优化的设计空间，降低了动态优化的难度。因此，通过这样一个层次化的设计流程，软件定义芯片在优化问题解决过程中引入了有效经验的指导，问题复杂程度相对于高层次综合得到了大幅简化。下面进一步讨论对于编程模型、编译技术、硬件模型有哪些优化工作需要做。

面向多领域应用的差异化需求，在以数据为中心的整体发展趋势下，对于软件定义芯片，硬件模型是能量效率的根本影响因素，动态重构的配置系统可提升重构速度，进而通过减少资源冗余来提高能效；编程范式是可编程性的基础，以数据为中心的编程范式可以提升硬件的可编程性，降低开发难度；软件映射是连接二者的桥梁，多任务异步协同映射和动态调度技术为硬件架构提供高效的抽象计算模型，同时为编程范式提供灵活的硬件编程接口。我们认为，硬件架构、软件映射、编程范式的优化工作必须越来越多地考虑如下关键问题：①硬件架构，即支持不规则控制流和数据流的配置系统架构设计方法。应用中不规则的部分，如访存依赖和不定界循环等难以充分实现硬件流水和并行，计算效率很低，其根本原因在于当前软件

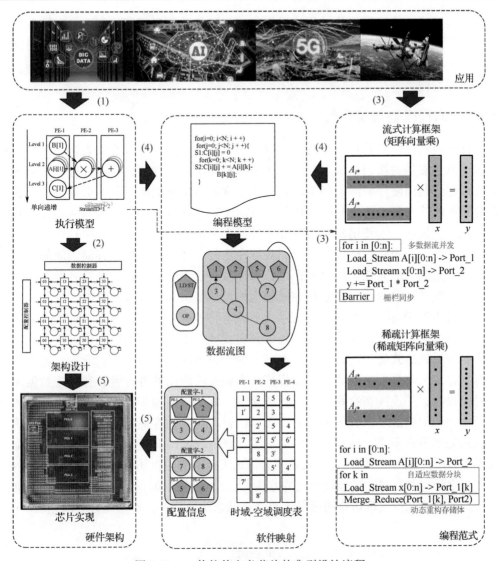

图 2-23　一款软件定义芯片的典型设计流程

定义芯片中配置存储和管理系统的设计缺乏足够的时域灵活性。②软件映射，即面向优化系统数据通信代价的动态映射方法。随着应用和硬件规模的增长，动态映射成为降低映射复杂度的关键。而随着数据通信的性能与功耗代价已逐渐成为大部分计算系统的瓶颈，若单纯使用存内计算等方法将面临数据重用代价升高的问题，如何有效降低数据在系统计算和存储层次之间的通信代价已成为实现动态映射的关键科学问题。③编程范式，即使开发者能高效使用软件定义芯片异构存储系统的可编程范式设计方法。软件定义芯片的硬件架构需要支持异构存储以提高系统能效。透明的存储系统虽然可以简化编程开发框架，但仅能改善运行时的部分访存性能。编程范式设计的关键是如何让开发者通过软件来描述应用的访存特征，使调度器能自动优化数据在异构存储系统内的排布与搬移。下面从这三个层次更详细地介绍一些重要研究方向。

2.3.1　编程模型与灵活性

目前的软件定义芯片编程范式研究主要关注如何进行并行性的表达。开发者利用编程范式提供的接口来描述目标应用中的数据级并行性和任务级并行性，因此映射时可充分利用硬件资源。然而，仅从并行性表达出发的编程范式会导致开发者难以对数据的排布和搬移进行有效优化。目前，软件定义芯片上主要有两种方案对数据访问进行优化：①使用对开发者透明的片上多级高速缓存来缓存主存中的数据；②需要开发者使用底层硬件原语控制数据在片外主存和片上便笺存储之间的搬移。这两种方案的关键问题是：前者在维持高速缓存状态时会有很大功耗开销，而后者因需要开发者理解软件定义芯片存储架构的设计细节从而很难实现[47]。

如图 2-24 所示，人们需要研究从并行性和专用化两个方面的编程模型表达，研究以数据为中心的应用开发框架，包括面向规则应用和非规则应用的编程范式。规则应用可通过流式处理，抽象为数据流上的一系列操作。斯坦福大学的研究表明：现有软件定义芯片上的流式处理编程范式主要关注应用的并行性，在处理数据流访问时仅仅考虑了连续访存和固定步长访存[48]。规则应用编程范式的核心难点是如何针对规则应用中的复杂数据流访存行为，结合动态重构存储系统的特性来扩展现有的流式处理编程范式。而在处理面向以图计算为代表的非规则应用时，加利福尼亚大学洛杉矶分校的研究指出，流式处理会带来大范围的随机访存，严重影响系统性能，需要考虑采用对数据进行分块处理的方法[49]。非规则应用编程范式的核心难点是如何利用数据分块减少随机访存的范围，通过存储系统的动态重构来充分复用分块。

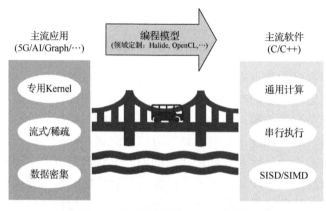

图 2-24　编程模型的设计——应用归纳

具体来看，可以研究面向规则应用的流式处理编程范式以及面向非规则应用的稀疏计算开发框架。软件定义芯片的异构存储系统设计可能包括多级高速缓存、片上便笺存储、片外计算与存储单元等。为了在系统中能够更高效地放置和搬移数据，同时避免让开发者显式地用底层硬件原语来管理数据，应用开发框架需要在高抽象层次上提供以数据为中心的编程范式。可以分析流式处理和稀疏计算的数据访问模式，设计适用于软件定义芯片的编程范式。对于规则应用的流式处理编程范式，将探索连续访存和固定步长访存数据流在异构存储系统上的并发扩展，提高流式计算在软件定义芯片上的性能；同时利用存储系统的动态重构特性，加入间接索引访存和栅栏同步等新的数据访问原语，提高软件定义芯片的功能灵活性。可以对于非规则应用的稀疏计算，将基于分布式图计算框架，根据数据分块缩小随机访存的范围，再利用软件定义芯片存储系统的灵活性在高速缓存和便笺存储之间动态切换，以最大限度地重用各数据块。

2.3.2 硬件架构与高效性

软件定义芯片的硬件架构主要包括计算、互连、配置和存储等部分。为更好地设计硬件架构，架构设计师需要分别研究空间并行流水、分布式通信和动态可重构等关键技术(图 2-25)。当前的研究主要集中在对计算和互连的探索上。然而，随着研究工作的深入以及半导体工艺技术的不断进步，配置和存储系统已成为硬件性能和效率的瓶颈，是架构研究的主要关注点所在。软件定义芯片的配置信息既不同于FPGA 的配置比特流，也不同于 CPU 的指令流，它通常采用多配置(multi-context)存储或高速缓存存储的固定形式，包含了运算、控制、显式数据流等配置，但是配置信息的加载和切换却不能根据应用的计算和访存特性进行优化。因此，配置实际是配置信息存储子系统的问题。传统模式固定存储系统的关键问题是：难以适应应用中不规则的控制流和访存模式，系统运行效率低。我们需要研究结构灵活的存储

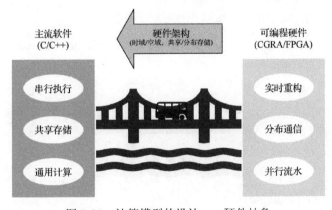

图 2-25 计算模型的设计——硬件抽象

系统架构以及配置与计算协同优化技术，主要包括存储子系统模式的快速重构方法以及针对运行时计算特性优化的硬件数据预取与替换机制。存储子系统的结构灵活性是高效加速不规则应用的基础，而配置与计算的协同优化是系统根据应用模式进行动态重构的关键。斯坦福大学的研究发现：存储系统灵活性设计的核心是如何支持多样化应用执行的控制和数据模式[22]。英特尔与得克萨斯 A&M 大学的合作研究团队指出：配置计算协同优化的关键是如何对应用运行中多样化的行为模式进行高效的特征分析和提取[50]。目前软件定义芯片的配置系统主要采用固定模式结构，尚未解决这两个核心难点。

具体来看，在硬件架构上，不同于传统的独立于计算的存储子系统设计，可以让存储子系统具有更强的动态重构特性并具有与计算通路相互结合、相互适应的能力。存储子系统通过快速重构实时改变计算和存储功能结构形式，形成存储计算融合一体的新型架构，改善控制流的不规则性，避免访存行为变得不规则和碎片化。同时，存储子系统采用分布式的局部可配置和可重分配的系统设计，为软件编程和动态优化提供灵活的硬件接口。通过实时分析应用的关键数据特性，如数据重用距离和频率等，根据计算和数据流模式进行配置通路资源的快速重分配的快速局部配置，更好地适应软件算法的多样性。

2.3.3　编译方法与易用性

软件定义芯片的软件映射包括静态映射和动态映射。目前的研究主要集中在静态映射上，将算子调度、访存延迟、互连方式在运行前确定下来，以降低硬件计算的开销。静态映射的关键问题是：总是生成最保守的设计而不能适应运行时的需求变化；算法复杂度随着应用和硬件规模呈指数增长，因此只能面向少量代码，如循环体等。随着新兴应用变得越来越多样，单纯的静态映射已经难以满足要求，动态映射逐渐成为未来研究的重点（图 2-26）。

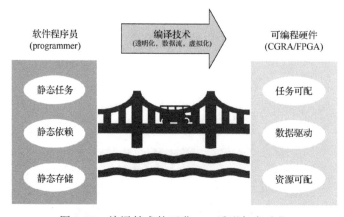

图 2-26　编译技术的开发——透明与自动化

　　需要研究面向数据通信的动态映射技术,主要包括支持异步任务通信的中间表达形式和优化数据通信的任务动态调度技术。支持异步任务通信的中间表达形式是对静态映射的扩展,是降低应用映射复杂度、实现动态映射的基础,而优化数据通信的任务动态调度技术是优化系统性能和功耗的关键策略。西蒙弗雷泽大学与加利福尼亚大学洛杉矶分校的合作研究指出:针对大型应用加速的中间表达形式的设计关键是如何实现分治的层次化映射方法,将静态映射约束在相对独立的任务中,同时基于数据流模型实现任务级映射[12];卡内基·梅隆大学的研究表明:现代计算系统中任务动态调度的关键在于如何实现数据重用和任务调度之间的有效权衡[51]。当前的软件定义芯片动态映射技术仍以提高计算资源利用率为主要目标,无法解决这两个核心难点。

　　具体来看,可以研究异步数据通信的多任务协同映射方法以及降低系统数据通信代价的任务与数据的协同调度技术。在应用映射方法方面,可以将应用表示为带有数据和控制依赖的任务图,提供一种异步数据通信的层次化任务中间表达形式,大幅降低应用映射的规模和复杂度。任务可以采用流计算模式,也可以采用 fork-join 多线程形式等,根据应用的特性进行选择。映射方法需要为每个任务提供统一的延迟不敏感异步通信接口,避免对任务的时序调度和资源映射进行过于严格的约束,从而释放任务与数据的协同调度灵活性和优化空间。在动态调度技术方面,由于在现代计算系统中计算功耗和执行时间开销已经比数据移动小了几个数量级,系统设计正在逐渐变得以数据为中心,降低数据访问代价成为关键的优化目标。这不仅需要硬件架构上的支撑,更需要任务调度技术的支持。我们可以对在功能、效率和性能上各不相同的计算资源、多级高速缓存、片上便笺存储以及可能的新型存储和计算器件等进行综合分析及动态调度,尽量避免任务执行过程中不必要的数据移动,充分利用不同存储和计算模块的特性,使计算任务及其数据在最合适的硬件结构层次上执行,提高计算系统的整体性能与能效。

参 考 文 献

[1]　Krizhevsky A, Sutskever I, Hinton G E. ImageNet classification with deep convolutional neural networks[J]. Communications of the ACM, 2017, 60(6): 84-90.

[2]　Dally W J, Turakhia Y, Han S. Domain-specific hardware accelerators[J]. Communications of the ACM, 2020, 63(7): 48-57.

[3]　谷江源. 面向可重构处理阵列的编译映射技术研究[D]. 北京: 清华大学, 2020.

[4]　Farooq U, Marrakchi Z, Mehrez H. Tree-based Heterogeneous FPGA Architectures: FPGA Architectures: An Overview[M]. New York: Springer, 2012.

[5]　Norrie T, Patil N, Yoon D H, et al. Google's training chips revealed: TPUv2 and TPUv3[C]// IEEE Hot Chips 32 Symposium, 2020: 1-70.

[6]　Turakhia Y, Bejerano G, Dally W J. Darwin: A genomics coprocessor[J]. IEEE Micro, 2019,

39 (3) : 29-37.

[7] Olofsson A. Intelligent Design of Electronic Assets（IDEA）Posh Open Source Hardware （POSH）[R]. Mountain View: DARPA, 2017.

[8] Hennessy J L, Patterson D A. A new golden age for computer architecture[J]. Communications of the ACM, 2019, 62 (2) : 48-60.

[9] Ragan-Kelley J, Adams A, Sharlet D, et al. Halide: Decoupling algorithms from schedules for high-performance image processing[J]. Communications of the ACM, 2017, 61 (1) : 106-115.

[10] Lattner C, Adve V. LLVM: A compilation framework for lifelong program analysis & transformation[C]// International Symposium on Code Generation and Optimization, 2004: 75-86.

[11] Bachrach J, Vo H, Richards B, et al. Chisel: Constructing hardware in a scala embedded language[C]// DAC Design Automation Conference, 2012: 1212-1221.

[12] Sharifian A, Hojabr R, Rahimi N, et al. uIR-An intermediate representation for transforming and optimizing the microarchitecture of application accelerators[C]// IEEE/ACM International Symposium on Microarchitecture, 2019: 940-953.

[13] Weng J, Liu S, Dadu V, et al. DSAGEN: Synthesizing programmable spatial accelerators[C]// ACM/IEEE 47th Annual International Symposium on Computer Architecture, 2020: 268-281.

[14] Flynn M J. Some computer organizations and their effectiveness[J]. IEEE Transactions on Computers, 1972, 100 (9) : 948-960.

[15] Liu L, Zhu J, Li Z, et al. A survey of coarse-grained reconfigurable architecture and design: Taxonomy, challenges, and applications[J]. ACM Computing Surveys, 2019, 52 (6) : 1-39.

[16] Budiu M, Venkataramani G, Chelcea T, et al. Spatial computation[C]//Proceedings of the 11th International Conference on Architectural Support for Programming Languages and Operating Systems, 2004: 14-26.

[17] Mei B, Vernalde S, Verkest D, et al. ADRES: An architecture with tightly coupled VLIW processor and coarse-grained reconfigurable matrix[C]// International Conference on Field Programmable Logic and Applications, 2003: 61-70.

[18] Mishra M, Callahan T J, Chelcea T, et al. Tartan: Evaluating spatial computation for whole program execution[J]. ACM SIGARCH Computer Architecture News, 2006, 34 (5) : 163-174.

[19] Parashar A, Pellauer M, Adler M, et al. Triggered instructions: A control paradigm for spatially-programmed architectures[J]. ACM SIGARCH Computer Architecture News, 2013, 41 (3) : 142-153.

[20] Swanson S, Schwerin A, Mercaldi M, et al. The wavescalar architecture[J]. ACM Transactions on Computer Systems, 2007, 25 (2) : 1-54.

[21] Nikhil R S. Executing a program on the MIT tagged-token dataflow architecture[J]. IEEE Transactions on Computers, 1990, 39 (3) : 300-318.

[22] Prabhakar R, Zhang Y, Koeplinger D, et al. Plasticine: A reconfigurable architecture for parallel patterns[C]//ACM/IEEE 44th Annual International Symposium on Computer Architecture, 2017: 389-402.

[23] Govindaraju V, Ho C, Nowatzki T, et al. DySER: Unifying functionality and parallelism specialization for energy-efficient computing[J]. IEEE Micro, 2012, 32(5): 38-51.

[24] Clark N, Kudlur M, Park H, et al. Application-specific processing on a general-purpose core via transparent instruction set customization[C]//The 37th International Symposium on Microarchitecture, 2004: 30-40.

[25] Sankaralingam K, Nagarajan R, Liu H, et al. TRIPS: A polymorphous architecture for exploiting ILP, TLP, and DLP[J]. ACM Transactions on Architecture and Code Optimization, 2004, 1(1): 62-93.

[26] Bouwens F, Berekovic M, Kanstein A, et al. Architectural exploration of the ADRES coarse-grained reconfigurable array[C]//International Workshop on Applied Reconfigurable Computing, 2007: 1-13.

[27] Voitsechov D, Etsion Y. Single-graph multiple flows: Energy efficient design alternative for GPGPUs[J]. ACM SIGARCH Computer Architecture News, 2014, 42(3): 205-216.

[28] Chin S A, Anderson J H. An architecture-agnostic integer linear programming approach to CGRA mapping[C]//Proceedings of the 55th Annual Design Automation Conference, 2018: 1-6.

[29] Chen T, Srinath S, Batten C, et al. An architectural framework for accelerating dynamic parallel algorithms on reconfigurable hardware[C]//Annual IEEE/ACM International Symposium on Microarchitecture, 2018: 55-67.

[30] Nowatzki T, Gangadhar V, Ardalani N, et al. Stream-dataflow acceleration[C]//ACM/IEEE International Symposium on Computer Architecture, 2017: 416-429.

[31] Watkins M A, Nowatzki T, Carno A. Software transparent dynamic binary translation for coarse-grain reconfigurable architectures[C]//IEEE International Symposium on High Performance Computer Architecture, 2016: 138-150.

[32] Liu F, Ahn H, Beard S R, et al. DynaSpAM: Dynamic spatial architecture mapping using out of order instruction schedules[C]//ACM/IEEE International Symposium on Computer Architecture, 2015: 541-553.

[33] Park H, Park Y, Mahlke S. Polymorphic pipeline array: A flexible multicore accelerator with virtualized execution for mobile multimedia applications[C]//IEEE/ACM International Symposium on Microarchitecture, 2009: 370-380.

[34] Pager J, Jeyapaul R, Shrivastava A. A software scheme for multithreading on CGRAs[J]. ACM Transactions on Embedded Computing Systems, 2015, 14(1): 1-26.

[35] Man X, Liu L, Zhu J, et al. A general pattern-based dynamic compilation framework for coarse-grained reconfigurable architectures[C]//Design Automation Conference, 2019: 1-6.

[36] Josipovi C L, Ghosal R, Ienne P. Dynamically scheduled high-level synthesis[C]//ACM/SIGDA International Symposium on Field-Programmable Gate Arrays, 2018: 127-136.

[37] Nicol C. A coarse grain reconfigurable array（CGRA）for statically scheduled data flow computing[EB/OL]. https://wavecomp.ai/wp-content/uploads/2018/12/WP_CGRA.pdf [2020-12-25].

[38] Li F, Pop A, Cohen A. Automatic extraction of coarse-grained data-flow threads from imperative programs[J]. IEEE Micro, 2012, 32（4）: 19-31.

[39] Maggs B M, Matheson L R, Tarjan R E. Models of parallel computation: A survey and synthesis[C]//Proceedings of the Twenty-Eighth Annual Hawaii International Conference on System Sciences, IEEE, 1995: 61-70.

[40] Asanovic K, Bodik R, Catanzaro B C, et al. The Landscape of Parallel Computing Research: A View From Berkeley[R]. Berkeley: University of California, 2006.

[41] Svensson B. Evolution in architectures and programming methodologies of coarse-grained reconfigurable computing[J]. Microprocessors and Microsystems, 2009, 33（3）: 161-178.

[42] Stanier J, Watson D. Intermediate representations in imperative compilers: A survey[J]. ACM Computing Surveys, 2013, 45（3）: 1-27.

[43] Tseng H, Tullsen D M. Data-triggered threads: Eliminating redundant computation[C]//IEEE International Symposium on High Performance Computer Architecture, 2011: 181-192.

[44] Liu L, Deng C, Wang D, et al. An energy-efficient coarse-grained dynamically reconfigurable fabric for multiple-standard video decoding applications[C]//Proceedings of the IEEE Custom Integrated Circuits Conference, IEEE, 2013: 1-4.

[45] Dehon A E. Fundamental underpinnings of reconfigurable computing architectures[J]. Proceedings of the IEEE, 2015, 103（3）: 355-378.

[46] Zhuang R, DeLoach S A, Ou X. Towards a theory of moving target defense[C]//Proceedings of the First ACM Workshop on Moving Target Defense, 2014: 31-40.

[47] Nowatzki T, Gangadhan V, Sankaralingam K, et al. Pushing the limits of accelerator efficiency while retaining programmability[C]//IEEE International Symposium on High Performance Computer Architecture, 2016: 27-39.

[48] Thomas J, Hanrahan P, Zaharia M. Fleet: A framework for massively parallel streaming on FPGAs[C]//International Conference on Architectural Support for Programming Languages and Operating Systems, 2020: 639-651.

[49] Zhou S, Kannan R, Prasanna V K, et al. HitGraph: High-throughput graph processing framework on FPGA[J]. IEEE Transactions on Parallel and Distributed Systems, 2019, 30（10）: 2249-2264.

[50] Bhatia E, Chacon G, Pugsley S, et al. Perceptron-based prefetch filtering[C]//ACM/IEEE 46th Annual International Symposium on Computer Architecture, 2019: 1-13.

[51] Lockerman E, Feldmann A, Bakhshalipour M, et al. Livia: Data-centric computing throughout the memory hierarchy[C]//International Conference on Architectural Support for Programming Languages and Operating Systems, 2020: 417-433.

第 3 章 硬件架构与电路

Accelerator design is guided by cost—Arithmetic is free (particularly low-precision), memory is expensive, communication is prohibitively expensive.

加速器架构设计取决于硬件开销——算术运算(特别是低精度运算)的开销几乎可以忽略不计,而存储的开销很大,通信则意味着更加昂贵的开销。

——Bill Dally, MICRO 2019

硬件设计从根本上决定了芯片的基础属性(性能、能量效率、并行度、灵活性等)。编译与编程方法本质上都是为了使用户更有效、更方便地发挥硬件潜力。近年来,新型应用场景层出不穷,大数据计算、神经网络加速、边缘计算等领域的快速发展对硬件架构的计算性能和功耗等指标提出了更高要求。而软件定义架构的硬件结构有着多维度的复杂设计空间,每个维度都有多种设计选择,不同的方案往往能够提供截然不同的指标,因此只要设计人员能够选择合适的架构设计方案,软件定义架构就能够满足多个领域的需求。

经过二十余年的研究,软件定义架构的架构级设计空间已经相对完善,各个维度的设计方向基本都已经被广泛探索,软件定义架构硬件的研究重心正在逐渐从架构级阵列设计转移。目前,研究热点正逐渐转向:①建立敏捷硬件开发框架,从高层次编程语言自动化生成领域定制的软件定义架构,并进行相应的设计空间探索;②融合新型计算电路与传统阵列结构,充分发挥软件定义架构计算模式和新型计算电路潜在的高性能、高能效优势。作为快速发展的高效计算架构,随着敏捷开发工具的逐步完善,软件定义架构的设计周期将大幅缩短,并且能够与新型计算电路相融合,在各种领域占据越来越重要的地位。

本章将从架构设计原语、硬件设计空间、敏捷开发方法等方面出发,系统地讨论软件定义芯片的架构设计方法,探索如何设计一款优秀的软件定义芯片。3.1 节首先介绍软件定义芯片的架构层设计原语,包括计算、存储、互连、接口和配置等。这些硬件原语是组成芯片的"积木",每种都可以进行软件抽象,并在专用和灵活之间进行权衡以适应用户的需求。此外,3.2 节将会介绍目前学术界中典型的敏捷开发框架,讨论如何快速利用架构设计原语构建软件定义架构,并进一步介绍目前已获得的指导性架构设计方法和探索结论。最后介绍电路级计算模式的研究前沿,包括可调电路、模拟计算、近似计算、概率计算等,并讨论新型计算电路在软件定义架构中的潜在优势和应用前景。

3.1　软件定义架构的设计原语

　　软件定义芯片的架构由计算、存储、互连、接口和配置等硬件原语组成。从软件角度看,编译器将设计原语作为对硬件执行模型的抽象表达,并根据设计原语提供相应的编程模型,因而编程时无须考虑硬件架构细节。从硬件角度看,设计原语是对硬件结构的模块化表达,不同的设计原语对应了不同的硬件模块。如图 3-1 所示,在软件定义芯片中,计算原语对应着阵列中计算单元的结构,存储原语对应片上存储结构,互连原语对应计算单元之间的互连结构,接口原语对应着模块级和芯片级的接口,配置原语对应着片上配置系统。通常,每一种设计原语在硬件上对应着多种实现方式。不同的实现方式能够提供不同的指标,如某些实现方式具有更高的性能,而另一些实现更关注功耗降低。设计软件定义架构时,需要根据场景需求、应用特性,为每一种设计原语选择相应的硬件模型,不同硬件模型的组合就构成了适应不同场景的软件定义架构。本节对软件定义架构的设计原语进行广泛的介绍,对每一种设计原语的实现方式进行分类概括,并以典型架构为例综合比较不同类别实现的特点。

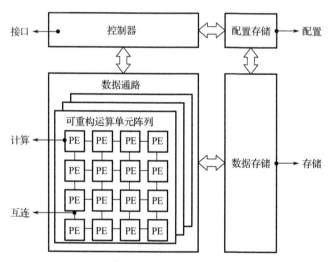

图 3-1　典型的软件定义架构的模块组成以及各模块对应的硬件设计原语

3.1.1　计算和控制

1. 软件定义的计算分类

软件定义架构中的计算原语在硬件上由可重构处理单元阵列(processing

element array，PEA)实现。通常，软件定义架构中可以包含一个或多个 PEA 作为计算核心，每一个 PEA 由多个 PE 以及 PE 之间的互连组成。PE 负责执行计算指令，互连用于 PE 之间的通信。PEA 的计算模型包括空域计算和时域计算两种，这两种计算模型是软件定义架构区别于其他架构，实现高能效、高性能计算的关键。目前，PE 的内部结构设计有多种方式，简单的 PE 可以只包含单一个功能单元(function unit，FU)，复杂的 PE 可能包含指令调度和流控制等机制。其中，指令调度机制的不同是导致 PE 内部结构差异的主要因素。PE 中指令调度主要可以分为静态调度(static scheduling)和动态调度(dynamic scheduling)两大类，而动态调度中根据是否支持多数据流驱动，又可以分为静态数据流(static dataflow)和动态数据流(dynamic dataflow)两类。本节将对 PE 计算模型的相关概念进行介绍，在随后的章节讨论每种计算模型对应的 PE 结构设计。

1)空域计算和时域计算

空域计算(spatial computation)和时域计算(temporal computation)是计算阵列实现并行计算的两种主要方式。空域计算是指将不同的计算指令映射到空间位置不同的计算单元中，由计算单元之间的互连完成不同指令间数据传递的运算方式。在软件定义架构中，时域计算包含两种含义，一是指指令在多个计算单元形成的流水线上完成运算，二是指多条指令在单个计算单元内部以时分复用的方式执行。软件定义架构以高效的方式同时支持空域和时域计算，因此能够挖掘利用应用中多种并行机制，包括指令级并行(instruction-level parallelism，ILP)、数据级并行(data-level parallelism，DLP)和线程级并行(thread-level parallelism，TLP)等。

(1)空域计算

如前所述，空域计算是将多个算子在空间上展开，映射到不同的 PE 中去，由互连完成指令间数据传递的计算模式。由于阵列中包含有空间分布的大量计算单元和互连资源，空域计算是软件定义架构的主要特征之一。

图 3-2 以向量点积为例展示了在软件定义架构中进行空域计算的典型方式。循环展开(loop unrolling)是空域计算用于挖掘循环内部指令并行的常见做法。在上述例子中，向量点积运算的循环体以 4 为因子进行了循环展开。展开之后每次迭代完成 4 组数据的运算，对应的数据流图如图 3-2(b)所示。数据流图中的节点代表指令计算，边代表指令之间的数据依赖。在阵列配置时，图中的节点被空间映射到不同的计算单元，节点中的操作对应着计算单元中的指令；图中的边被映射到阵列中的互连网络。由于该例子中互连结构非常简单，部分数据传递需要计算单元进行转发(图 3-2(c)中的 R 操作)。运算开始后，数据从内存中被加载到对应的计算单元，随后沿着互连在阵列中传递，经过计算后最终由输出单元将结果写回内存中去。

需要说明的是，图 3-2 中的例子仅仅作为展示空域计算的典型方式，暂时忽略了一些细节讨论。实际上，该例子中包含循环间依赖，即变量 c 需要在不同迭代中

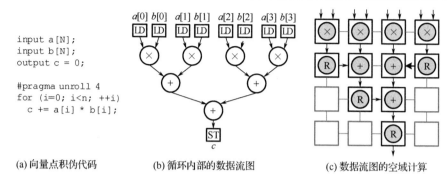

```
input a[N];
input b[N];
output c = 0;

#pragma unroll 4
for (i=0; i<n; ++i)
  c += a[i] * b[i];
```

(a) 向量点积伪代码　　　　(b) 循环内部的数据流图　　　　(c) 数据流图的空域计算

图 3-2　软件定义架构的空域计算示例((b) 中的 LD 代表从内存中加载数据，
ST 代表存储；(c) 中的 R 操作代表对应的 PE 进行数据路由)

保持同步，在数据流图中并没有画出对应的依赖关系。满足这种依赖关系的做法和阵列中对控制流的支持方式有关，在后续章节中将会详细介绍。同时，这种映射方式虽然直接，但并不是最优的，例如，图 3-2(c) 中存在数据流动路径不平衡、计算单元利用率低等问题。

在传统乱序执行(out-of-order execution，OOO)的处理器中，指令间依赖通常由计分板(scoreboard)等机制动态记录，指令窗口的大小限制了指令级并行的多少，且指令间数据传递通过寄存器完成。相较而言，空域计算模式具有以下优势：

①阵列配置中直接包含了指令的并行度以及指令间的依赖关系等信息，并行度的大小由计算阵列的规模决定，不需要再使用大功耗的计分板来记录依赖关系。

②多个计算单元并行执行指令的方式，具有比处理器更高的计算带宽。

③指令间数据依赖直接由分布式互连上的显式数据传递来满足，相比于使用寄存器作为中间存储，能提供更高的数据带宽。

因此，空域计算模式是软件定义架构区别于通用计算架构的关键特征，是其实现高性能、高能效计算的主要因素。

(2) 时域计算

软件定义架构能够支持多层次的时域计算模式。首先，计算单元的输入和输出接口通常包含寄存器或者数据缓冲单元，这些单元可以作为流水线寄存器，实现指令级流水线计算模式。在图 3-2(c) 中，每一个计算单元都可以看成流水线的一级，整个阵列以全流水化的方式进行计算，每个周期都可以接收 4 个 a 数组和 b 数组中的数据。流水线是软件定义架构中最普遍的时域计算方式。

阵列还可以通过运行时重配置来实现时域计算。例如，针对图 3-2 中的例子，如果阵列想要完成长度为 32 的向量点积，那么可以先采用之前的配置分别计算 8 次长度为 4 的向量点积，得到 8 个中间结果 $c_0 \sim c_7$。想要获取最终的点积结果，还需要对 $c_0 \sim c_7$ 进行累加。由于这两个步骤所需的阵列计算功能不一样,在计算完 $c_0 \sim$

c_7后，需要将阵列进行重新配置为可以实现 8 输入累加的功能。该过程如图 3-3 所示，输入端的 4 个计算单元的功能在重配置前后由乘算子变为加算子。

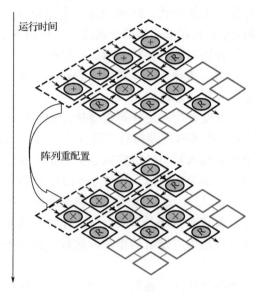

图 3-3 阵列重配置过程示意

此外，单个计算单元内部可以包含多条指令，由指令的动态切换实现时域计算。这种情况下，多条指令能够在运行过程中以时分复用的方式共享计算单元内部资源。例如，对图 3-3 中的例子，输入端(虚线框内)的 4 个计算单元内如果同时具有加法和乘法指令，并通过调度逻辑使得它们在计算点积时执行乘法指令，在执行累加时自动切换到加法指令，那么整个阵列的功能等效地随着计算时间发生变化，而无需阵列的整体重配。

作为更典型的例子，图 3-4 展示了如何只使用一个多指令计算单元进行完整的向量点积运算。图中计算单元的输入数据在外部输入($a[i]$、$b[i]$)和内部寄存器(r、c)之间切换，功能单元的计算指令在加法和乘法直接切换。运行过程中，计算单元在一个周期计算 $a[0] \times b[0]$，并将结果存放在寄存器 r 中，在随后的周期里计算 $c=c+r$。因此，计算吞吐率为每两个周期消耗一组输入数据。如果同时使用多个计算单元对不同的向量计算点积，则计算吞吐率能够随着计算单元数量提升。

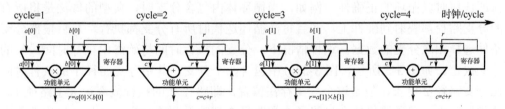

图 3-4 多指令计算单元时域计算向量点积过程示例

　　根据以上讨论，软件定义架构的时域计算主要由计算单元间流水线执行、阵列动态重配置、计算单元内部多指令切换三种方式实现。流水线执行是所有软件定义架构进行高效率时域计算的主要方式，阵列动态重配置和多指令计算单元需要额外的控制逻辑和调度逻辑,关于配置系统和指令调度的设计将在后续章节中详细讨论。时域计算和空域计算的组合能够形成多种灵活的计算模式，一般而言，应该结合应用的特点和应用场景的需求，选择合适计算模式的软件定义架构。

　　2)计算单元的静态调度和动态调度

　　在软件定义架构中，调度是指确定计算指令执行和数据传递的时序。例如，在图 3-4 的例子中，计算单元在哪些周期执行乘法操作、哪些周期执行加法操作、数据在何时会到达计算单元的输入端口，这些问题都是指令调度需要解决的。指令调度可以在编译时完全由编译器静态完成，类似于 VLIW 处理器中编译器静态分析代码并决定指令执行时序的做法[1]，这种做法称为静态调度。指令调度也可以在运行时由计算单元动态决定，就像是乱序处理器[2]在运行时记录每个指令操作数的就绪情况，通过硬件机制动态决定可以发射的指令，这种方式称为动态调度。

　　(1)静态调度

　　静态调度适用于规则的循环体，包括计算规则、访存规则、通信规则等方面。编译器需要预先知道每一种操作所需的时间，如计算指令所需的周期、访存操作的延时、数据通信的路径和延时等，才能做出高效的调度策略。如图 3-2 和图 3-3 中向量点积的运算，循环体内的所有操作都是规则的，在阵列中流水线稳定运行期间，编译器可以确定每个周期可以从内存中读取 $a[i]$~$a[i+3]$ 以及 $b[i]$~$b[i+3]$ 共 8 个数据，每个计算单元可以在每个周期收到一组新的数据进行计算，若向量长度为 32，则计算 8 次中间结果后需要进行一次重配置，并在重配置后累加操作完成的特定周期将结果写回一次到内存。这种情况下，硬件运行过程中的所有行为都是编译器可以预测的，编译器就可以采用循环展开、软件流水[3-5]等技术优化调度策略[6, 7]，提升计算的吞吐率和效率。

　　然而，当要加速的循环体中存在不规则特性时，如存在分支或者访存延迟不固定时，编译器做出的静态调度策略通常会过度保守，导致性能下降、硬件利用率低等问题。主要原因在于编译器通常需要根据最坏情况对各种操作进行延时估计，以保证任何时候循环的正确性。例如，当循环体内包含分支时，典型的做法是将所有的分支路径都映射到硬件上，并且每次循环迭代时所有分支都执行，最后根据分支条件选择相应分支的数据。这种情况下，分支的执行时间将始终由执行时间最长的分支决定。如图 3-5 所示，图 3-5(a)中包含两个分支，其中分支路径 1 的执行时间比分支路径 2 更长，但是这个分支存在偏置，即路径 2 的执行概率远大于路径 1。这种情况下，编译器仍然会将路径 1 和路径 2 都映射到阵列中，并且在每次迭代中同时执行两个分支，最终由多路选择器选择当前迭代的正确数据。显然，每次迭代的分支执行时间都由路径 1 决定，尽管大多数时候实际数据由路径 2 提供。这会使得性能明显下降，并且会有额外的功耗被消耗在执行路径 1 上，从而降低硬件利用率和能效。类似地，当存在不规则的访存特性时，如使用 Cache 等结构导致延迟不确定，通常编译器都需要根据最坏情况来估算数据加载和存储所需时间，这也会导致硬件执行效率显著降低。

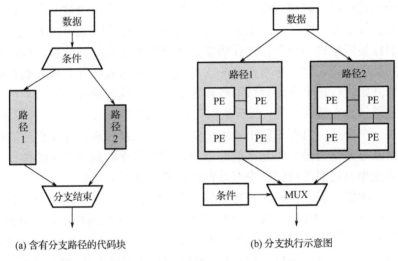

(a) 含有分支路径的代码块　　　　　　　　(b) 分支执行示意图

图 3-5　含有分支的应用执行示意图

(2) 动态调度

软件定义架构中的动态调度是指在运行时由硬件决定指令执行时序的机制。动态调度通常使用数据流 (data-flow) 计算模型。在传统控制流 (control-flow) 计算中，指令根据编译器决定的相对地址顺序决定计算顺序。而在数据流计算中，计算单元中包含数据检测机制，即当指令所需的所有操作数都就绪时，指令即可执行。操作数就绪的多条指令可以并行、异步地执行。指令执行的相对顺序完全由数据的流动来决定，无需额外的控制机制就可以充分挖掘指令级并行度。

在软件定义架构中支持数据流机制的方法并不复杂，只需要在每个计算单元内部增加数据检测机制，以检查指令操作数对应的所有输入通道中数据是否到达。在运行过程中，每个计算单元只根据自己本地的数据就绪情况，动态决定本地指令何时触发，并将结果通过互连发送至其他计算单元以激活后续指令。这个过程不断循环，所有计算单元异步执行，通过显式数据传递相互协作，直到整个程序执行完毕。乱序执行处理器中也采用了数据流机制提升性能，它通过全局的状态板记录指令的数据依赖，使用集中式寄存器堆进行指令间数据通信。相较而言，软件定义架构中对于数据流的实现方式是分布式的、异步的，无须集中式的控制设计，更为符合数据流计算的语义，因此是一种更为直接、简单且高效的实现。

数据流模型可以分为静态数据流和动态数据流两类。两者的主要区别在于是否是阻塞运行，以及是否允许循环的多个线程[①]之间乱序执行。静态数据流中线程是顺序执行的，即必须等一次迭代执行之后，才能开始下一次迭代。并且，静态数据流的运行是阻塞式的。静态数据流中的所有通信路径都不包含缓存单元，这代表着生产者[②]必须在前一次迭代的数据被消费者消耗之后才能被允许发送下一次数据，否则即使输入数据已经就绪，操作也会由于输出通道被占用而被阻塞。相对地，动态数据流会在每个数据令牌中增加额外的线程标签(tag)用于标识不同线程的数据，并有相应的标签匹配机制以保证操作所需的多个数据来自相同线程，因此它可以支持多线程的乱序执行。这意味着任何一次迭代只要数据就绪并且输入数据的标签匹配了就可以开始执行，也允许后续的线程先于前一个线程执行。同时，动态数据流中的通信通道包含有缓存单元，所有数据先被存入缓存单元中，再被计算单元读取。这使得任何一个操作，只要它输出通道的缓存单元未被占满，操作就可以执行，因此动态数据流通常称为是非阻塞式的。当然，如果操作的输出通道的缓存单元被完全占用，该操作也需要等待缓存中有数据被消耗后才开始执行。

图 3-6 中的例子展示了静态数据流和动态数据流的区别。该例中含有顺序化的两个运算操作(OP1 和 OP2)，其中 OP1 接收从内存中加载的数据 $a\#i$ 和 $b\#i$，其中#后面的标号 i 是循环的迭代编号。该例中，OP1 加载 $b\#1$ 时出现了访存延迟(如发生了缓存未命中、端口冲突等)。在图 3-6(a) 中的静态数据流执行中，OP1 由于操作数未就绪，必须等待 $b\#1$ 到达后才能开始运算。而在图 3-6(b) 中的动态数据流运行中，每个操作的输入通道都具有缓存单元，不同迭代的数据会被存放在缓存单元的不同位置。当 $b\#1$ 未命中时，OP1 可以接收下一次迭代的数据(即 $a\#2$ 和 $b\#2$)并开始运算。这样，输出结果中，$v\#2$ 将会先于 $v\#1$ 输出，从而缩短 OP1 的等待周期。此外，假如 OP2 完成一次运算的时间比 OP1 长，即 OP1 的数据产生率大于 OP2 的数据消耗率，那么在静态数据流中 OP1 会由于输出通道中的数据未被消耗而被 OP2 阻塞。相对地，由于有缓存单元的存在，OP1 无须等待 OP2 实际消耗掉数据，只需要缓存单元中仍有空间就可以发送数据并开始后续运算。通过支持多线程乱序执行以及非阻塞运行机制，动态数据流就可以挖掘比静态数据流更多的并行度，实现更高的性能。

(3)静态调度与动态调度的对比

如前文所述，静态调度的主要优点在于其硬件结构设计简单直接，且对于规则应用的计算性能和能效都很高。而由于其计算单元内控制逻辑过于简单，静态调度对于控制流的处理效率较为低下。相对地，动态调度对于控制流支持更灵活，能容

[①] 循环的每一次迭代都称为一个线程。
[②] 在数据流模型中，一般将产生数据令牌的操作称为生产者(producer)，而接收数据的操作称为消费者(consumer)。

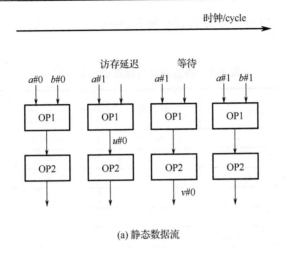

(a) 静态数据流

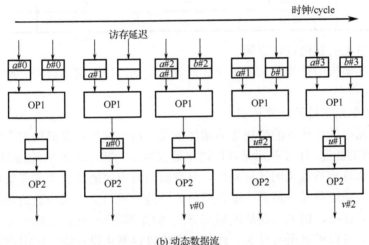

(b) 动态数据流

图 3-6　静态数据流和动态数据流执行流程示意图

忍应用中的动态特性，包括不确定的访存和通信延迟、计算指令中的分支等，因此对于不规则的应用采用动态调度能取得比静态调度更高的性能。其缺点在于，计算单元内需要支持额外的复杂逻辑：静态数据流中需要动态检测输入通道中数据是否就绪以及输出通道是否被占用；除此之外，动态数据流中还需要再在每一条通信路径中增加缓存单元，增大数据令牌的位宽来存放额外的标签，以及相应的标签匹配机制等。这些额外代价使得动态调度的计算能效通常低于静态调度。

表 3-1 列出了静态调度和动态调度的特性对比，其中灵活性是指可适应的应用范围。由于不同的调度机制具有不同的设计指标和代价，在设计软件定义架构时，必须根据所面向的应用特点和需求选取合适的计算单元调度机制。例如，面向的应用是计算规则、静态可预测的，如矩阵乘法等，采用静态调度能获取最高的性能和

能效；而对于计算不规则、行为具有不确定性的应用，如图计算等，动态调度能够提供更高的性能。

表 3-1　静态调度与动态调度的比较

比较项		静态调度	动态调度	
			静态数据流	动态数据流
指令调度方式		编译器	硬件单元	硬件单元
硬件设计复杂度		低	中	高
是否支持多线程乱序执行		否	否	是
目标应用的灵活性		低	高	高
计算性能	规则应用	高	高	高
	不规则应用	低	中	高
计算能效	规则应用	高	中	低
	不规则应用	低	中	高

3)计算单元的其他设计空间

软件定义架构的计算单元还包含其他设计空间，以下简单讨论一些值得注意的设计要点。

(1)功能单元支持的计算种类

计算单元中进行计算的模块称为功能单元。由于软件定义架构通常针对特定算法、特定领域的加速，计算单元无须像通用处理器中的算术逻辑单元(arithmetic logic unit，ALU)那样支持通用的计算功能，只有面向通用加速的软件定义架构才需要采用 ALU 作为功能单元。通常，最为简单的功能单元只支持极少数的功能就可以高效地完成计算任务，例如，在加速矩阵算法(如矩阵乘法)时，功能单元只支持乘法和加法运算就可以满足所有要求。此外，还可以定制化设计特定应用中需要的计算单元。例如，在加速神经网络推断算法时，可以在阵列中增加额外的 softmax 计算功能以高效完成神经元的计算任务。在一些浮点计算应用中，功能单元中还需要包含浮点数计算功能。

设计计算单元时,功能单元支持的操作需要同由面向算法和领域的需求来确定。应用需求的操作类型越少，功能单元结构越简单，所获得的计算性能和能效通常也就越高；反之，功能单元支持的操作越多，结构就越复杂，在运行中所需要消耗的功耗就越高，使得计算能效下降。

(2)数据的粒度

尽管面向多算法加速的软件定义架构通常选择 32 位作为数据位宽，但在很多场合下，数据粒度同样应当根据应用需求来选取。计算阵列面向的数据类型可以分为 4 种粒度，即位(bit)、字(word)、向量(vector)、张量(tensor)。位类型一般用于传递谓词(predicate)以实现控制流；字类型可以灵活选取，如许多加密算法(如 AES)只对 8 位数据进行计算，这时可以只支持 8 位字长的数据。向量类型主要用于实现 SIMD 模式的数据并行计算，许多架构会使用可变字长的向量，例如，一个 128 位的向量可能包含 8 个字长为 16 的数据或 16 个字长为 8 的数据，典型的应用如神经网络加速，算法本身具有鲁棒性，舍弃一定精度使用更小的数据粒度能显著提高计算和通信吞吐率。张量类型即矩阵或高维数组类型，通常在计算时转化为向量运算。

一般而言，数据粒度的选取需要权衡计算精度和计算效率。数据粒度越小，计算精度越低，但是计算、通信和存储单元都可以同时处理数量更多的数据，计算、通信和访存的吞吐率都会更高，计算需要消耗的功耗和能量也会下降。因此，数据粒度需要根据算法的精度需求来确定，对于数据精度需求低的应用(如神经网络)，可以使用较低的数据位宽；而对于精度要求很高的算法(如科学计算领域)，位宽降低带来的精度损失会导致显著的计算误差，这时需要使用更高的位宽。

(3)寄存器的设计

计算单元中可以包含一定数量的寄存器用于存储本地数据，也可以不包含任何寄存器以保持结构简单。一般而言，对于支持多指令执行的计算单元，内部需要包含有寄存器用于内部指令间数据共享；而对于单指令计算单元，数据传递主要通过外部的互连完成，因此无须使用寄存器。也有些结构，会在计算单元中使用特定功能的寄存器，典型的如输出寄存器，即寄存器只保存上一次计算的结果。在图 3-4 的例子中，使用单个输出寄存器就可以保留向量点积运算过程中的中间结果。

局部寄存器使计算单元可以本地存储数据，减小和其他单元的通信频率，也可以降低存储中间结果引起的全局内存访问；此外，寄存器还可以增加编译器的灵活性，为多指令的映射以及数据共享提供更多选择。但是，寄存器会使得计算单元的结构复杂化，因为功能单元的操作数可能来自外部互连或是内部寄存器，这需要特定的选择逻辑来保证操作数来源的正确性。同时，寄存器使得指令映射更为灵活，但也会导致编译器的探索空间显著增大，提高编译难度。

4)计算单元的设计空间小结

在之前的小节里介绍了软件定义架构设计中的常见概念，包括空域计算和时域计算，静态调度和动态调度等。相对应地，计算单元设计空间中最为重要的两个维度是：①单指令和多指令；②静态调度和动态调度。对于第一个维度，是否支持多指令执行直接决定了计算单元能否内部支持时域计算。同时，单指令和多指令的计算单元有显著差异，前者只需要包含单一的功能单元，但对于规则的应用能够提高性能和能效；后者需要计算单元内包含指令缓存、内部指令调度、寄存器等额外单元，但具有更灵活的计算模式，能高效支持不规则应用。因此，单指令和多指令的选择，是在计算单元的设计复杂度、计算效率、计算灵活性等指标上进行折中权衡。对于第二个维度，表 3-1 中已经列出了多角度的对比。静态调度能够以高效、简单的方式实现规则应用的计算；而基于数据流的动态调度则更为灵活，针对不规则应用有更好的适应性，但设计复杂度更高。

这两个设计维度很大程度上决定了计算单元的设计方式、计算模式、计算性能和效率，以及能支持的应用种类等重要方面。因此，这两个维度是软件定义架构设计空间中最重要的因素，它们在某种程度上给出了架构设计空间的边界。由这两个维度组成的设计空间如表 3-2 所示，表中还给出了每种结构的典型架构。在本章节后续的内容中，将更深入地探讨这些架构由计算单元的指令数量和调度方式不同而导致的硬件设计及应用场景的差异。

表 3-2　计算单元的设计空间及典型架构

调度方式	单指令计算单元	多指令计算单元
静态调度	脉动阵列，如 Warp[8]、FPCA[9]、Softbrain[10]、Tartan[11]、PipeRench[12, 13]等	粗粒度可重构架构，如 MorphoSys[14]、Remarc[15]、ADRES[16]、MATRIX[17]、Waveflow[18]等
动态调度	静态数据流，如 DySER[19]、Plasticine[20]、Q100[21]等	动态数据流，如 TRIPS[22]、SGMF[23]、TIA[24]、WaveScalar[25]、dMT-CGRA[26]等

除了这两个主要维度，前面还介绍了设计时需要注意的其他维度，如数据粒度和功能单元支持的操作种类等。总之，这些维度组成了软件定义架构庞大的设计空间。在这个设计空间中，没有普遍意义上最优的架构，不同的场景下有着不同的最优架构。设计架构的最重要原则是：必须根据具体的应用场景需求来分析每一个维度的选取，权衡每一种机制在目标应用中的优势与相应的代价大小。按照场景需求决定设计，结合应用特性，才能找到最合适的软件定义架构。

2. 计算单元的功能重构维度

本节将以典型结构为例来介绍单指令和多指令计算单元的硬件架构差异。

1) 单指令计算单元

单指令计算单元主要利用空域计算和流水线计算的优势充分挖掘规则应用中的数据级并行度。而由于计算单元内只含有单条指令，无须额外的指令缓存和调度逻辑，因此单指令计算单元通常只提供能够满足应用需求的最核心的计算功能。这保证了其结构上的精简，从而在规则的应用中能够取得最高的性能和能效。

采用单指令计算单元的软件定义架构有很多，如 Softbrain[10]、DySER[19]、HReA[27]、Tartan[11]等，它们都使用了结构简单、相似的计算阵列，这里以DySER(dynamically specializing execution resources，DySER)为例介绍其硬件架构，其结构框图如图 3-7 所示。整体而言，DySER 架构的设计思想是将计算阵列融入处理器流水线中，作为更为灵活高效的粗粒度计算级(execution stage)，处理器的其他流水线级在运行中主要功能是加载指令和数据。处理器的流水线和计算阵列之间通过 FIFO 缓冲器进行数据通信，处理器通过扩展的指令集在运行中对 DySER 进行配置。以下详细介绍各个模块的设计。

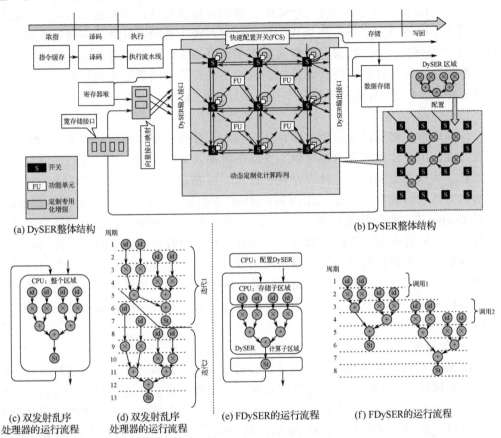

图 3-7　DySER 结构图和运行流程图

（1）计算单元和计算阵列

DySER 中的计算阵列是整个架构中的计算核心，阵列中的计算单元只包含一个功能单元，功能单元可以被配置为支持多种计算指令，但不支持任何控制逻辑。每个功能单元和相邻的 4 个开关（switch）元件连接，这些开关形成了网格状的静态互连网络。功能单元可以从相邻的开关中读取输入数据，并将输出结果发送到相应的开关以传递到其他单元。在计算过程中，DySER 使用了典型的静态数据流机制，即每次操作需要先检测操作数是否全部就绪（valid 信号），计算完成后检测输出端是否可以发送数据（credit 信号），两个条件满足时指令才能完成计算并发送结果，否则功能单元的计算被阻塞。

图 3-7（b）中展示了点积运算的配置方式，例中的功能单元和开关配置与图 3-2

类似。计算过程中，点积的不同迭代之间可以完全流水化执行。在图 3-7(d)中，双发射乱序处理器每个周期只能包含 2 次计算，两次迭代之间的平均间隔为 6 个时钟周期；而在图 3-7(e)中，由于 DySER 计算的并行度更高，点积运算的启动间隔被减小到 2 个时钟周期。当多次迭代交替进行时，流水线的吞吐率提升接近 3 倍。同时，由于 DySER 一次配置可以包含很多条计算指令，这些指令不需要处理器进行重复的指令加载、译码和提交等操作，且指令计算的中间数据无须每次都读写寄存器进行存放，因此 DySER 平均每条指令的计算能效更高。

(2) 访存与控制

数据从寄存器和内存的加载和存储，以及计算指令顺序都由外围处理器的流水线来完成，因此计算阵列内部可以不支持任何形式的控制流，只支持对数值进行高效运算。从概念上来说，这种设计属于计算、控制和访存的解耦。相比较而言，处理器因为具有预测执行(speculative execution)等机制，对于控制流的计算性能更高，且对 Cache 等内存结构兼容性更好；而 DySER 计算阵列则具有突出的计算吞吐率和并行度，但对控制流支持不够高效。因此，将计算任务放到 DySER 阵列中，而将控制指令和数据加载任务交由流水线来处理，两部分硬件都只需要保留自己的核心功能，而无需额外逻辑来弥补自身缺陷。因此，这种功能解耦后重映射能够使得不同架构协同工作，充分发挥优势而互相弥补劣势，最终形成计算能效更优的新型结构。

(3) 阵列配置

DySER 的阵列配置由编译器产生。编译器首先识别程序中计算密集的区域，针对这类区域使 DySER 能够进行高效加速。编译器将这些区域代码编译为相应的配置信息，并在指令流对应位置插入扩展指令。处理器执行到该扩展指令时将触发阵列配置以及加载相应数据，启动 DySER 阵列的计算。在运行过程中，DySER 的性能开销主要来源于阵列配置所消耗的时间。如图 3-8(a)所示，如果所有计算都能映射到阵列，那么在初次配置后阵列可以在多个迭代之间流水化执行(如向量点积的例子)，此时能够实现最高的计算效率；而若计算区域规模超出了阵列规模，则计算区域会被编译为多个配置，这些配置之间往往需要串行执行，如图 3-8(b)所示。这种情况下，配置和计算的高度串行化很难充分发挥流水线执行的优势，导致阵列利用率和计算效率都大幅降低。

DySER 使用了多种机制来避免配置与计算的串行化问题。首先，在编译时，编译器根据计算区域大小进行不同处理，对小规模区域使用循环展开来使得指令数量和阵列规模区域相匹配。对于规模较大的区域，DySER 编译器对数据流图进行子图匹配，将结构相同的计算子区域合并，减小指令数目，在运行时时分复用这部分区域对应的计算单元，降低重新配置的次数。其次，DySER 还提出快速配置切换(fast-configuration switching，FCS)机制来减小动态配置切换所需的代价，即在每个

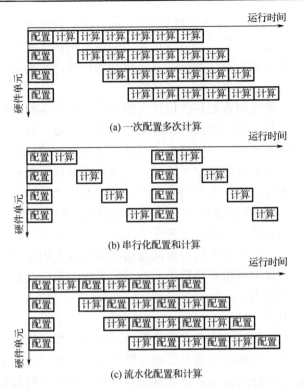

图 3-8　典型的单指令计算单元的配置与计算流程（图中假定数据加载与存储由处理器完成）

开关内部都存储着多个配置和一个有限状态机。在运行时，状态机会检测本次配置的计算是否完成，在计算完成后自动切换本地配置并进行后续计算。通过 FCS 机制，每个开关和计算单元的重配都在运行时独立进行，而不影响其他单元的运算。这意味着配置和计算可以并行进行，以此掩盖配置代价。如图 3-8(c)所示，通过配置与计算的流水化执行，硬件利用率远远高于串行化配置。即使应用规模超出了阵列规模，也可以通过这种机制实现高吞吐率的计算。

(4) 单指令计算单元设计要点

上述内容介绍了 DySER 的阵列结构，以及它对于访存、控制流和配置问题的解决方案。事实上，由于采用单指令计算单元的软件定义架构通常都具有相似的计算阵列，其他结构也都需要相应的机制来处理控制流和配置等问题。

针对如何高效处理控制流的问题，将控制与计算解耦，以计算阵列作为计算核心，而使用其他架构处理控制流是一种广泛采用的方案。例如，SGMF[23]使用计算阵列代替了 GPU 中的计算单元，MANIC[28]使用计算阵列作为高效、灵活的向量计算单元，而 ADRES[16]、RAW[29]等结构将计算阵列作为处理器的外围协处理器，它们都使用传统的基于程序计数器(program counter, PC)的顺序执行方式来处理控制流。Softbrain 则在阵列外围设计了基于流(stream)抽象的调度逻辑,任务之间的所有控制流都被转换为数据依赖,然后通过流之间的数据传递来实现任务控制。在这些架构中,软件定义架构只执行数据并行、规则的运算,充分发挥其高能效、高吞吐率计算的优势。

针对单指令计算单元频繁配置代价过大的问题,如图 3-8(c)所示让阵列的部分重配和计算并行进行是一种主要的解决方案。通常做法是,首先在编译时,将规模较大的应用分为多个规模较小的子任务,每个子任务的规模要能够和阵列规模相匹配。硬件上,计算阵列被分为多个子阵列,子阵列在计算完所分配到的子任务后需要能独立重配并开始执行下一个任务。例如,HReA[27]允许阵列每行独立配置以使配置和计算流水化,且提出了配置信息压缩机制以减小单次配置所需的时间。Tartan[30]提出了硬件虚拟化机制,根据预先设定的目标函数,将子任务动态地映射到最优的硬件资源上,子任务在运行时动态切换来完成大规模的应用。总之,当应用无法完全映射时,使用单指令计算单元就必须考虑如何降低配置代价,否则将无法充分发挥硬件计算能力。

2) 多指令计算单元

多指令计算单元内部结构比单指令计算单元复杂许多。除了基本的功能单元,典型的多指令计算单元内部还需要具备指令缓存用于存储本地指令,需要指令调度机制来动态决定指令时序,需要寄存器堆来存放指令间的临时数据。功能的复杂化会使得计算单元计算能效降低,硬件开销也更大,但这些代价使得计算单元能够内部支持时域计算,灵活适应程序中的控制流,且无须重新配置就能执行远大于硬件规模的应用。此外,如果允许不同的输入数据选择不同的指令执行,那么多指令计算单元还可以支持多线程运行。

在增加的所有模块中,最为关键的是指令调度器的逻辑设计,它直接决定了指令的运行时序。出于能效和复杂度考虑,计算单元内的指令调度通常是轻量级的。一般而言,调度器可以视为一个有限状态机,每一种状态对应一条指令的执行。状态转移(即指令切换)的条件通常取决于输入数据、输出通道以及其他结构状态标识。采用多指令计算单元的软件定义架构中较为典型的有 TRIPS、WaveScalar、dMT-CGRA、TIA 等。本节以触发指令结构(triggered instruction architecture,TIA)为例介绍多指令计算单元的设计要点。

(1)指令集定义

TIA 的计算单元内部结构框图如图 3-9(a)所示。 TIA 使用了基于触发条件(trigger)的指令调度机制,即除了运算操作,每条指令内部还指定了指令触发所需的结构状态。在 TIA 中,每个计算单元的结构状态由以下几部分组成:①数据寄存器(reg0~reg3);②谓词寄存器(P0~P3);③输入通道数据(in0~in3); ④ 输出通道状态(out0~out3)。其中每个谓词寄存器存储 1 位数据,条件计算指令(如比较数据大小)以谓词寄存器为输出。指令中的触发条件可以指定除数据寄存器之外的所有结构状态,指令中的操作则可以修改这些状态。例如,图 3-9(b)中的指令示例,在 when 关键词后是指令的触发条件,可以指定某个谓词寄存器的值或者是指定某个输入端口包含特定标签(tag)的数据,如指令 1 指定了谓词寄存器中 P0 为 0,并要求输入通道 in0 和 in1 中包含数据;do 关键词后代表指令的具体操作,除了对数据进行运算,还可以修改结构状态,例如,指令 2 中指定从输入通道 in0 中移出数据,并将谓词寄存器 P0 置为 1。实际上,指令的操作中还隐含了对输出通道的要求,例如,指令 2 需要写 out0 通道,那么指令隐含的触发条件是 out0 通道可以接收数据,即处于未满状态。

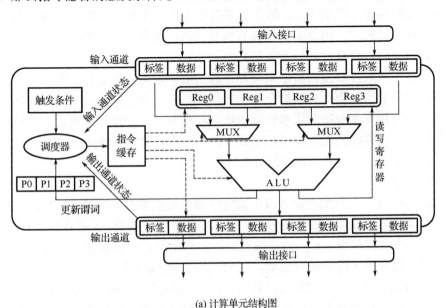

(a) 计算单元结构图

```
//when condition do operation

//instruction 1
when (!p0 && %in0.tag != EOL
        && %in1.tag != EOL) do
    cmp.ge p1, %in0.data, %in1.data (p0:=1)
//instruction 2
when (p0 && p1) do
    enq %out0, %in0.data (deq %in0, p0:=0)
//instruction 3
when (p0 && !p1) do
    enq %out0, %in1.data (deq %in1, p0:=0)
```

(b) 指令示例

图 3-9　TIA 的计算单元结构图和指令示例

(2) 指令调度

TIA 的指令定义中显式地指定了指令的触发条件，调度器(scheduler)在每个周期将计算单元当前的结构状态与所有指令的触发条件进行匹配，触发条件满足的指令都可执行。例如，对图 3-9(b)中的指令，当谓词寄存器 P0 和 P1 都为 1 且 out0 未满时，指令 2 可以触发。本质上，谓词寄存器中的值可以视为状态机的状态标识，而对输入和输出通道的要求则是数据流执行的前提条件。谓词寄存器的值发生变化就代表着状态机产生状态转移，也意味着下一次要执行的指令发生了变化。例如，指令 1 执行完毕后，P0 被置为 1，P1 由 in0 和 in1 通道数据相对大小决定，P1 的值将会选择触发指令 2 或指令 3。指令 2 或指令 3 执行完毕后，P0 被重新置为 0，在输入数据再次就绪后，指令 1 将被触发执行。运行过程中，结构状态不断改变，指令能够按指定的逻辑被循环触发执行。

由于指令本身可以显式指定谓词寄存器的值，也可以将条件计算结果写入谓词寄存器，相当于当前指令可以指定下一条要执行的指令。因此，TIA 中的指令调度可以认为是由指令本身决定状态转移的状态机模型。通过这种方式，计算单元内部的多条指令可以按照预先设定的顺序执行，而分支计算被转换为谓词执行，从而动态决定指令顺序，实现内部的时域计算。

(3) 多线程运行

在图 3-9(a)中，TIA 的输入输出通道中每个数据都有对应的 tag 值，而指令的触发条件中也可以指定数据的 tag 值，只有当指令中指定的 tag 值和输入数据的 tag 值匹配时指令才能触发。tag 值是编程时静态指定的，可以包含各种含义，这使得 TIA 可以支持多种多线程执行机制。例如，如果把 tag 指定为循环的不同迭代，那么 TIA 就可以支持多次迭代的乱序执行。此外，还可以用 tag 标识不同任务的数据，让计算单元内同时含有多个任务的指令，运行时根据输入数据的 tag 选择相应的任务执行，使用这种方式可以让多个独立任务时分复用同一块计算阵列。从状态机的角度看，这等效于计算单元内含有多个独立的状态机，不同的数据会选择不同状态机中的对应状态。要注意的是，由于多任务共享同一片硬件状态(如谓词寄存器)，多个任务的指令对硬件状态的读写应该避免冲突，否则会导致指令执行顺序错误。

(4) 多指令计算单元设计要点

相比于单指令计算单元，多指令计算单元内的模块更多且更复杂，它的设计重点不再是保持结构的简单，而是增加内部调度逻辑以使计算单元更为灵活。TIA 的计算单元是典型的多指令结构，类似的还有 WaveScalar，它们也有类似标签的机制，根据输入数据的标签选择要执行的指令，TRIPS 则使用新型的指令集，在指令之间显式地指定数据通信用以触发指令。总之，计算单元内部指令调度的实现方式有许多种，它们的核心都是构建指令状态机，并用输入数据或指令本身动态进行状态转移，以此驱动指令切换。

　　多指令计算单元的一大优势切换在于时域计算模式能够使用少量的计算资源支持更大规模的应用，而无须频繁配置。一般来说，多指令计算阵列能够支持的操作总数为计算单元数量和单个计算单元内最大指令数量的乘积。此外，通过上述分析可知，多指令单元还能够支持更灵活的计算，能够在单元内使用谓词机制来支持控制流，也可以通过标签匹配机制来支持多种形式的多线程执行。然而，指令调度逻辑会使得计算单元的功能复杂很多，从而增大阵列的整体功耗，且计算能效往往低于单指令单元。减小调度开销的关键是保证调度逻辑的轻量级实现。由于一种软件定义架构通常只应用于单个或某几种有限的应用场合，往往使用简单的逻辑就能够进行有效的指令调度，而无须使用通用的调度逻辑导致计算单元过于复杂。

　　3. 计算单元的指令调度维度

　　前述章节以典型架构为例介绍了单指令计算单元和多指令计算单元的设计要点。在多指令计算单元内部模块设计中，提到了单元内部指令调度的概念，它是指如何决定运行时计算单元内部多条指令之间的执行顺序。本节所述的指令调度是指确定不同计算单元之间的指令相对执行顺序，注意其和前文概念上的区别。前文也介绍了静态调度和动态调度的概念，并比较了其优缺点，下面介绍它们对应的计算单元结构设计。

　　1) 静态调度

　　与单指令计算单元类似，静态调度的主要设计原则也是使计算单元的内部结构尽可能简单。这类软件定义架构中，指令的调度工作主要由编译器完成。对于规则的循环体，如果其内部计算不包含任何控制流，编译器可以使用模调度 (modulo scheduling)[4, 31]、整数线性规划 (integer linear programming，ILP) 等优化算法，在满足硬件资源约束和应用中循环间依赖 (inter-loop dependence) 的前提下，计算出启动间隔 (initiation interval，II)[32, 33]最小化的软件流水线，再将其映射到硬件阵列中，从而得到吞吐率最高的指令调度方案。例如，对图 3-2 中向量点积的例子，对变量 c 的累加计算存在循环间依赖，长度为 1。这意味着想要保持运算结果正确，下一次循环必须在上一个循环的 1 个时钟周期后开始计算。因此，该例中向量点积的最小启动间隔为 1。当编译器静态计算出启动间隔后，循环中的所有指令将会在第几个硬件周期开始执行都可以完全确定。流水线在刚开始建立时，操作需要等待特定的时间后才能开始第一次运算；而一旦开始流水化执行，所有操作每经过 II 个周期就会重复执行一次。因此，计算单元中的任意指令执行的所有周期可以写为 $cycle = II \times n + d, n = 0, 1, \cdots$，其中 d 代表建立流水线时初始化延时，n 的含义是运行的迭代次数。类似地，也可以计算出互连网络中开关元件每次传递数据的时刻，以此静态配置开关切换时序。

　　(1) 静态调度的计算单元

　　通过这种预先计算启动间隔的方式，运行前就可以完全确定所有操作的执行时序信息，硬件的所有行为都可以静态预测。因此，静态调度无需硬件上复杂的控制逻辑，只需要计算单元能够配置 d 和 n 或类似的参数，让其能够在配置完成后，每经过固定周期执行一次计算指令即可。图 3-10 展示了典型的静态调度计算单元结构图，其中上下文寄存器(context register)中存储了和执行时序相关的参数，当然依据不同的软件定义架构的需求还可以存放一些其他和计算有关的特殊信息。对于多指令的计算单元，上下文寄存器一般需要为每一条指令保存参数，让多条指令按照预先设定的顺序交替运行。总之，通过编译器为每个计算单元产生合适的时序参数并配置到上下文寄存器中，阵列中所有的计算单元就可以以正确的指令顺序完成运算任务。这种结构的计算单元被许多静态调度的软件定义架构采用，如 MorphoSys[14]、HReA[27]、Softbrain[10]等。除了在计算单元内部放置上下文寄存器，有些结构(如HReA)在计算阵列外围也设计了上下文管理器(context manager)，主要作用是控制不同行的执行时序，同一行内的计算单元同步执行，而这种执行模式在脉动阵列计算中普遍存在。此外，这种更粗粒度的控制方式能够减少要保存的时序信息，但对编译时的映射增加了额外约束，即要求数据必须从前一行的计算单元传递至下一行。

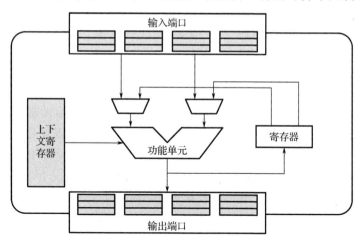

图 3-10　静态调度计算单元结构图

(2)静态调度中的延时匹配

在静态调度中，延时匹配是影响硬件吞吐率性能的重要因素。在图 3-10 中，输入端口和输出端口中的缓冲单元一般用 FIFO 实现，用于增加额外延时。以图 3-11 中的例子说明 FIFO 和计算如何影响延时匹配性能。图中，左上角 PE(记为 PE_s)的数据通过两条路径发送到右下角的 PE(记为 PE_d)，假设每经过一次开关或者计算单元转发的延时为 1 个周期，那么两条路径上的延时分别为 5 和 2，而 PE 输入端的FIFO 深度为 2。如果设定 II 为 1，那么如图 3.11(b)所示，PE_s 每个周期发送一次数据，在第 4 个周期时 PE_d 只能接收到一个操作数，无法开始运算，而路径上所有的缓冲单元都已占满，这导致下一次 PE$_s$ 发送数据时，较短的路径上会发生数据丢失，无法正确完成运算。这种情况下，如图 3-11(a) 中的 (3) 将 II 等效设置为 3/2，即 PE$_s$ 每运算两次后插入一个空操作，就能够保证运算的正确性。可以看到，延时不匹配将会导致可以实现的 II 增大，从而降低吞吐率。而增加 FIFO 的深度有助于平衡路径延时，一般而言，若一个计算单元所需的两个输入操作数的路径延时之差假设为 m，

(1)静态调度计算单元的延时匹配

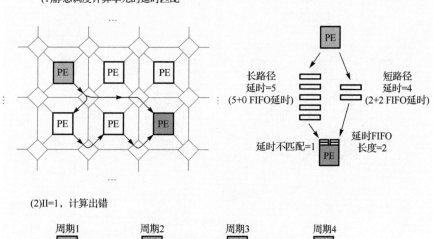

(2)II=1，计算出错

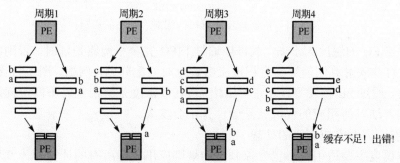

(3)II=3/2(每3个周期1个气泡)，计算正确

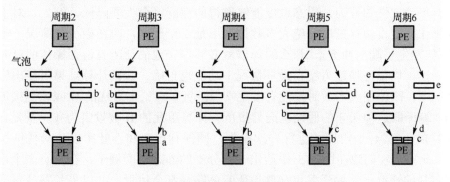

(a)延迟不匹配导致吞吐率下降

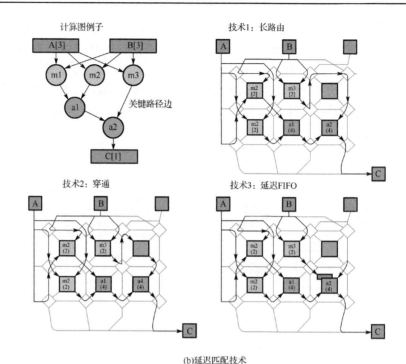

(b)延迟匹配技术

图 3-11　静态调度中延时匹配对吞吐率的影响

那么如果 FIFO 的深度大于 m，就可以通过 FIFO 完全平衡路径延时，否则将会影响吞吐率。有些映射算法能够一定程度上缓解延时匹配问题，例如，图 3-11(b) 中的长路径路由、通过 PE 转发等技术[34, 35]。增加 FIFO 深度是解决延时不匹配问题最为直接有效的方法，而相应的代价就是硬件开销会变大。

(3)静态调度中控制流的处理

静态调度主要适用于不包含控制流的规则应用，即所有的计算行为都可以静态预测，这种情况下静态调度能够用简单的硬件实现最高效的计算。反之，如果应用中具有不确定性的行为，静态调度能够取得的性能将会大幅降低。例如，对于一次访存操作，假设访存延时在绝大多数情况下是 1 个周期，而在极少数情况下是 4 个周期(如发生了端口冲突)，那么编译器就必须保守地估计所有访存操作的延时都是4 个周期，以保证调度方案在最坏情况下功能也正确，否则计算结果可能出错。这种情况下，即使在大多数时候没有发生端口冲突，理论上最优的 II 应该是接近 1 个周期，编译器这种保守的假设也会导致所有计算单元的 II 被设定为 4 个周期，所有的计算单元每 4 个周期才进行一次操作，硬件利用率和吞吐率仅为最优情况下的25%。此外，我们曾在图 3-5 中给出含有分支的静态调度例子，在含有多个可能的执行路径的情况下，编译器也会假设所有的路径都会执行，并以最长路径对应的最坏情况下的 II 作为总体的启动间隔，同样会导致利用率和吞吐率的大幅降低。

(4)静态调度的设计总结

通过以上介绍，静态调度主要依靠编译算法解决复杂的指令调度问题，从而保持硬件上的简洁和高效。因此，静态调度的软件定义架构的研究重点在于调度算法，在计算单元上都采用了相似的简单结构。静态调度的主要适用场景是计算规则的应用，例如，在数字信号处理、神经网络加速等行为可预测应用领域中，许多加速器[36, 37]使用了静态调度来实现高效的流水线或者脉动阵列执行模式。但也由于编译器无法获取应用运行时的一些动态特性，这种内在的缺陷导致应用中的不确定性会大幅降低静态调度的计算性能和能效。此外，编译法产生的静态调度方案严重依赖于硬件结构，如改变 FIFO 的深度，或更改寄存器的数量，都可能会使编译器产生性能完全不同的调度方案。

2)动态调度

动态调度是比静态调度更为灵活的策略。不同于静态调度，动态调度中，编译器只需要根据指令的数据依赖关系，配置相应的数据通信路径和计算单元指令，而无须事先为指令安排具体的执行顺序。数据流驱动指令执行的机制可以确保指令在数据就绪并且无资源冲突(主要是输入输出通道)的情况下执行。尤其是针对具有动态特性的应用(如图计算)，动态调度能够取得远高于静态调度的性能。

相应地，动态调度的硬件结构要比静态调度更复杂，它至少需要额外的机制来检测数据通道和其他硬件资源的状态，以保证指令执行正确。前文曾从运行流程上介绍过静态数据流和动态数据流的区别，以下将以典型架构为例讲解其对硬件结构的要求。

(1)静态数据流的计算单元

静态数据流是实现动态调度最简单的方式。实现静态数据流需要在计算单元内增加基本的结构状态检测机制，以动态触发指令。需要检测的结构状态至少包括以下几点：

①输入通道非空。由于静态数据流中不允许乱序执行，线程间的数据将按照程序顺序先后到达输入通道。这确保了一个计算单元所需的多个输入数据一旦到达输入通道，就一定是来自同一个线程。因此，静态数据流中计算单元只需要检测输入通道是否包含数据，而不需要对输入数据进行标签匹配。

②输出通道非满。若计算单元 A 中指令要将计算结果发送到计算单元 B，则必须保证输出通道未被填满，否则 A 中的计算指令也将无法执行。例如，如果 A 中指令比 B 中指令执行快，那么 A 发送的数据会在 B 的输入通道中逐渐堆积，无法被及时消耗，这最终会导致计算单元 A 也被阻塞。如果在 A 之前有其他计算单元向 A 发送数据，那么它们也将会逐渐被阻塞，直到路径中有空间时才被允许执行。这种机制通常称为反压(backpressure)，即后续执行较慢的消费者(如 B)将会阻塞它之前所有的数据生产者(如 C)。反压的存在确保了计算结果传递的正确性，但同时也使

得阵列中吞吐率最低的计算单元成为限制平均迭代周期的瓶颈。

③功能单元未被占用。如果功能单元的某些操作需要多个周期来完成,那么功能单元被占用的周期也将阻塞新指令的执行。

在讲解单指令计算单元设计时,前面曾详细介绍了 DySER 架构。DySER 也是一种经典的静态数据流结构。DySER 中使用 valid 和 credit 信号组成了一组握手信号,用于保证①和②中对输入和输出状态的检测。类似地还有 Plasticine[20],尽管可能有不同的信号定义,但本质上,它们都是采用了相似的硬件设计来检测结构状态。值得注意的是,静态数据流结构也可以包含数据缓存通道,功能主要用于增加延时以匹配不平衡路径,以及减少数据阻塞。这些通道通常以 FIFO 实现,且无标签匹配机制,因此它仍然要求数据按顺序到达输入通道,否则计算将会出错。因此,并不能单纯地以是否包含输入缓冲来区别静态数据流和动态数据流。

(2)动态数据流的计算单元

动态数据流和静态数据流的本质区别在于动态数据流允许线程的乱序执行,允许不同线程的数据乱序到达(在缓存深度允许的范围内)计算单元的输入通道。这使得阵列能够更加充分地利用细粒度的指令级并行,代价就是远比静态数据流更为复杂的硬件结构。动态数据流的设计要点是如何以较小的代价保证乱序执行的正确性,以及解决由线程数据乱序带来的异步访存、死锁等关键问题。下面以 SGMF[23]为典型架构,介绍动态数据流的硬件结构。

①标签匹配。动态数据流中的数据令牌中包含标签(tag),用于区分和匹配不同任务或线程的数据。标签匹配机制是动态数据流硬件开销的主要部分,它对性能有重要影响。SGMF 中的计算单元结构如图 3-12 所示,这里重点关注其输入缓存区。在缓存区中,每个数据栏包括 1 个线程标识(thread identifier, TID)和 3 个操作数(op1~op3)。其中,TID 实现了标签功能,每个线程标识符都是唯一的。注意,这里的数据缓存并不是使用 FIFO 实现,数据并不按照到达顺序先后存储和读取。当数据到达时,数据在缓存区中的具体存放位置由它的 TID 决定。例如,图中的缓存区深度为 4,那么当数据到达时,TID 的低 2 位即数据应当存放的位置地址。线程标号为 0~3 的数据,无论它们以什么顺序到达,都将独立地被存放在适当位置。通过这种方式,只需要对缓存区中的每个区域进行计数,就可以等效地并检测具有相同 TID 的数据个数。当某个 TID 对应的所有操作数都到齐后,整组数据会被同时从缓存区读出,指令可以开始执行。这种机制称为显式令牌存储(explicit token store, ETS),它能够高效地实现标签匹配和数据检测逻辑,形成先到先服务

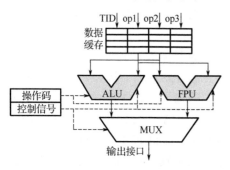

图 3-12　动态数据流计算单元结构

(fist come first service，FCFS)的模式，是动态数据流能够实现乱序执行的基础。事实上，在图 3-6 中介绍动态数据流执行流程时，也使用了这种机制。

②动态数据流的内存接口。由于计算指令是乱序执行的，计算结果也将乱序传递出去，这导致阵列中所有单元输入端的数据都将乱序到达。因此，阵列的访存单元的输入通道也必须有类似的缓存区以支持乱序访问。SGMF 中的访存单元如图 3-13 所示，输入数据同样以 TID 为地址存放到缓存区的对应区域。注意，图中在 LDST 的出口处含有一个保留缓存区(reservation station)，它的作用是缓存已经发送访存请求的指令 TID，使得多个线程能够并行访存。例如，如果线程 A 和 B 的访存请求先后被发送到 Cache，但线程 A 加载数据时发生了 Cache 未命中，而后发送的线程 B 直接命中，B 加载的数据将先于 A 返回。通过对比内存返回数据对应的 TID 和保留缓存区中保存的线程 A 和 B 的 TID，就可以将访存返回的乱序数据正确地和线程对应起来。注意这里的保留缓存区和 OOO 处理器中重排序缓存区(reorder buffer，ROB)的区别，它们用于暂存指令，但 ROB 主要是为了将计算结果以指令序顺序返回，而保留缓存区则是用于增强数据乱序返回的并行度。保留缓存区使线程之间的访存请求可以无阻塞地执行，从而有效增大访存指令的并行度，但缺陷在于乱序访存会打破数据的局部性，容易降低 Cache 命中率。

③动态数据流死锁问题。理想情况下，如果缓存区的深度无限大，那么所有线程都能够在缓存区中有唯一的对应区域，这种情况下可以充分利用应用中所有的指令并行度。实际上，缓存区的深度是非常有限的，这不仅会限制可达到的并行度，更为严重的是线程乱序会导致死锁[38]问题。图 3-14 给出了一个死锁发生的典型例子，图中缓存深度为 2，两个 LD 单元分别加载计算单元的两个操作数。图中造

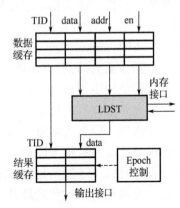

图 3-13　动态数据流的访存单元结构

成死锁的主要原因在于线程乱序造成的数据循环等待。例子中，线程 2 和线程 0，以及线程 3 和线程 1 都具有相同的存储位置。如果其中一个操作数线程 0 和 1 的加载操作发生了 Cache 未命中，线程 2 和 3 的数据先返回，而另一个操作数线程 0 和 1 的操作数先返回，那么此时缓存区被填满，但是由于对应数据的标签不匹配，计算单元始终等待数据标签匹配后才能开始运算，而内存返回的数据在等待计算单元释放对应的缓存区域，从而造成死锁。死锁的本质原因是线程的乱序长度超出了缓存深度允许的范围。解决办法之一是增加线程乱序的限制条件。SGMF 中以缓存深度将线程分组(Epoch)，如图中深度为 2，则将相邻的 2 个线程分为一组，如线程 0 和 1 为一组，线程 2 和 3 为一组。同一个组内的线程可以乱序执行，但组之间必须

顺序执行，即线程 2 和 3 必须等待线程 0 和 1 的数据从缓存区中排空后，才允许进入缓存区。这种机制能够有效解决死锁，但分组大小以及缓存区的深度大小将对并行度有重要影响。

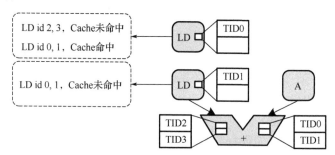

图 3-14　动态数据流中的死锁现象

④动态调度设计小结。本节介绍了动态调度的计算单元结构设计，其中以 SGMF 为例重点讲述了动态数据流结构的设计要点。前述内容介绍的标签匹配、缓存区和死锁问题是所有采用动态数据流软件定义架构都必须考虑的问题。TRIPS[22]是另一种经典的动态数据流结构，它使用了显式数据图执行（explicit data-graph execution，EDGE）指令集，直接在指令定义中存放操作数并声明数据通信的目标指令地址。TRIPS 使用帧（frame）来存放不同线程的指令和数据，通过编译器来避免死锁问题。尽管由于指令集的区别，TRIPS 和 SGMF 有着明显的架构差异，但从数据流的角度来看，它们结构中的许多单元都实现了相似的逻辑。例如，帧和缓存区都是用于在空间上隔离不同线程的指令和数据。

一般来说，静态数据流可以看成缓存深度为 1 的动态数据流的特殊情况，因此它的实现要比动态数据流简单，但能实现的计算并行度也比动态数据流要少。动态数据流设计时最关键的结构参数就是数据缓存区的深度。数据缓存区越深，计算性能越高，但硬件的面积和功耗开销随着深度会超线性增大，甚至经常会大于功能单元的开销，这会使得计算能效下降。因此，数据缓存区的深度选择需要设计者在性能和能效之间进行适当的权衡。此外，死锁问题是限制动态数据流性能的一个重要瓶颈，典型做法是以牺牲一定的并行度为代价避免死锁问题（如 SGMF），但这通常会使硬件无法充分发挥计算潜力。

4. 计算单元结构设计小结

在上述内容中，我们重点介绍了以单指令和多指令、静态调度和动态调度两个维度组成的计算单元设计空间，并以典型架构为例介绍了设计空间中不同类别软件定义架构的设计要点。以下从结构复杂度、计算性能、计算能效几个角度总结本节内容。

1) 结构复杂度

从第 2 部分和第 3 部分中可以明显看出，多指令、动态调度的计算单元比单指令、静态调度的计算单元复杂得多。本质原因在于后者将指令映射、指令调度等任务交给编译器或是外围其他单元(如 DySER)完成，阵列本身只具备核心的计算功能，而没有控制逻辑。最为复杂的是动态数据流逻辑的设计，在空间分布的阵列中以低代价解决乱序执行带来的死锁等问题非常具有挑战。

2) 计算性能

对于小规模的规则应用，不同结构的软件定义架构通常都能充分挖掘应用中的数据并行度，高效利用硬件计算能力达到较高的吞吐率。对于具有控制流等不确定特性的不规则应用，动态调度的计算单元由于能够在运行时动态处理依赖关系和不固定延时，相比于静态调度更能充分挖掘指令级并行度，取得更高的性能。对于大规模应用(指令数超出阵列规模)，多指令计算单元能够通过时分复用的方式使用计算单元，只需初始配置完成全部计算任务；而单指令计算单元只能通过多次重新配置完成计算，引入额外配置时间，并且会使得应用无法完全流水线执行，明显降低性能。

3) 计算能效

Revel[39]中的实验结果表明，单指令、静态调度的计算单元能效相对较高，尽管不规则特性会降低它们的计算性能和能效。主要原因在于，多指令和动态调度的计算单元中通常使用开销较大的数据缓存和指令缓存，以及相应的数据匹配和指令调度逻辑。而这些额外的单元虽然能提高灵活性和性能，但通常利用率不高，大多数非关键路径上的计算单元都存在比较严重的资源浪费，它们消耗的静态功耗会使得架构整体的计算能效降低。

通过以上对比，可以总结出软件定义架构的几条规律：

(1)随着计算单元复杂度的提高，架构对动态特性的处理更灵活，可适用的应用领域更广，但计算能效会随之降低。

(2)硬件结构的简化意味着编译算法的复杂化。例如，对于单指令、静态调度的计算单元阵列，编译器需要完成控制流处理、指令调度等复杂任务。

(3)不存在最优的架构选择，只有最适合特定场景的架构。应用特性和使用场景的需求决定了应该选择怎样的软件定义架构。

4) 计算单元设计的发展现状

近年来，软件定义架构更多地被作为领域定制加速器(domain-specific accelerator, DSA)使用。而由于特定领域内的应用通常具有相似的计算特征和简单的控制模式，硬件上只需要支持这些特定模式即可完成高效加速。因此，出于能效目的，许多软件定义架构(如卷积神经网络加速器[36, 37])采用单指令静态调度计算单元来完成规则的脉动阵列计算。而在部分面向多领域加速的软件定义架构(如 DySER、

Plasticine、MANIC)中，单指令静态数据流的设计被广泛用作计算核心。总体而言，由于目前的关键架构指标在于计算能效，并且目前的前沿应用中通常不包含或仅包含简单的控制流，这些原因使得多指令、动态数据流的复杂计算单元逐渐偏离了研究热点。此外，计算单元的设计空间已经探索得比较完善，新型计算单元结构的提出也已经不再是近年来的研究重点。主流的软件定义架构倾向于使用已有的简单硬件结构，使用编译算法进行各类领域定制化的调度优化，以优先保证计算的高能效。

3.1.2 片上存储

软件定义架构实际能达到的计算性能主要由计算吞吐率和访存吞吐率共同决定。理想情况下，并行增加更多的计算单元将能够使得软件定义架构的处理能力成正比提高。但在许多应用场景下，计算单元很难完全达到其峰值计算能力，原因在于存储系统所能提供的数据带宽无法满足计算的需求，导致大量的计算资源由于等待数据而被迫停滞，从而造成资源的利用率严重降低。并且，近年来计算速度的增长已远远超过访存速率的提升，计算与存储之间存在几个数量级的时间差异，存储器是大部分高性能计算架构中的性能瓶颈。不仅如此，片上存储器通常是计算架构中面积和功耗占比最大的一部分，这使得存储系统成为目前软件定义架构中最为关键的模块之一。

如图 3-15 所示，典型的计算软件定义架构具有多层次的片上缓存结构用于缓解存储瓶颈。

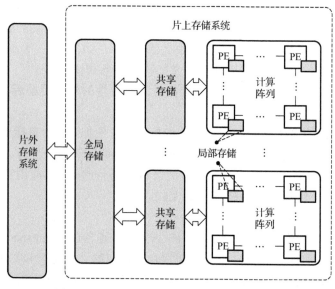

图 3-15 软件定义架构片上存储结构示意图

（1）在计算单元内部，通常含有少量的存储器，用于存储指令之间的临时数据，或是计算所需的常数。这里存储的变量只被单元内的几条指令使用，局部性最好，重复利用率最高。

（2）在阵列级，阵列中的互连网络中具有许多缓存单元，可以临时存放并传递多个计算指令之间的中间结果，这有别于处理器等其他架构中使用寄存器堆存放临时数据的方式，使用网络进行临时数据的传递比使用寄存器堆具有更高的数据带宽，效率更高。此外，阵列中还可能含有额外的存储器，用于存储阵列中需要的局部数据，从而减少全局存储器的访问。

（3）在阵列外部通常还包含有一个全局的缓存。这部分缓存有两个主要作用，一是用于在阵列之间共享数据，二是作为阵列和片外存储系统通信的接口。出于能效和带宽考虑，软件定义架构使用和 GPU 类似的由软件管理的便签存储器（scratchpad memory，SPM），很少使用更为通用的 Cache 系统。

关于计算单元的内部设计，已经在前文中详细描述，而互连网络的设计将在 3.1.3 节介绍。本节详细介绍基于 SPM 的片上存储系统，同时也会简单介绍软件定义的 Cache 系统在软件定义架构中的应用情况。

1. 软件管理的 SPM 便签存储器

SPM 是由软件显式管理、独立寻址的高速片上存储器。和 Cache 相比，SPM 的最主要特点是它并不是编程透明的，读写 SPM 需要在软件中显式插入特定的指令，访存行为完全由程序员控制。SPM 直接存储所需的数据，而不需要额外空间存放类似 Cache 中的 tag 位，同样也不具备 tag 匹配、替换逻辑和一致性协议等复杂设计。正由于其结构简单，SPM 相比于 Cache 的访存能效会更高，在同样面积、功耗的预算下可以使用更大容量和带宽的 SPM。并且，由于不具备数据隐式替换策略，SPM 具有相对固定、可预测的延时，这对于依赖静态调度的架构尤为关键。SPM 的主要缺陷在于：一方面，程序员需要了解硬件结构才能正确、高效地控制 SPM 的行为，这增加了 SPM 的使用门槛；另一方面，SPM 不具备一致性协议，当用于分布式场景时，用户很难通过控制时序保证一致性；此外，SPM 存在兼容性问题，例如，当 SPM 的容量等结构参数发生变化时，往往需重新编写代码以适应新的结构。由于有这些缺陷的存在，SPM 目前并未在通用处理器中得到应用，而在 GPU、领域定制加速器中被广泛使用。软件定义架构通常被用于特定的领域中，而相同场景下的应用一般具有相似的访存特征，用户或者编译器可以更有针对性地预测访存行为，对存储的通用性没有太多要求，因此软件定义架构通常使用 SPM 作为片上存储器，以追求更高的能效和数据带宽。

1）SPM 的主要指标

SPM 的主要指标有延时（latency）、带宽（bandwidth）、吞吐率（throughput）和容

量(capacity)等。其中，延时是指访存请求发出到数据返回所需的时间，包括单向延时(one-way latency)和往返延时(round-trip latency)。在处理器中，延时对性能有重要的影响[40]，甚至可能超过带宽的影响。但是在软件定义架构中，由于应用通常是高度流水化执行的，只要指令并行度足够，延时就能够被流水线掩盖，对性能不会造成显著的影响。相较而言，带宽和吞吐率是更为关键的指标。带宽是指存储器单位时间内能够处理的最大数据宽度，吞吐率是存储器运行过程中实际处理的数据量。由于软件定义架构广泛应用于加速数据并行的规则应用，而阵列中又包含充足的计算资源，在这种场景下 SPM 能够提供的数据带宽就直接决定了架构能够达到的最高性能。此外，容量也是 SPM 的重要指标之一。如果能将更多的数据，甚至理想情况下将应用中所需的全部数据都装入 SPM 中，那么就可以完全避免片外低速存储系统的访问。然而，容量会直接决定存储器占据的面积和静态功耗，且访问大容量的 SPM 引起的动态功耗以及延时也会更高。因此，在满足应用的需求下，必须对多种指标进行复杂的权衡才能选择合适的容量。

2) 多 bank 的 SPM

如前所述，随着 SPM 容量的增大，相应的延时和访存功耗会显著增大。通常的做法是使用多个独立的小容量存储块组成大容量 SPM，其中每个存储块称为一个 bank。图 3-16(a)展示了一个 8-bank 的 SPM 结构，bank 外围的控制器负责将访存请求按照访存地址映射到对应的 bank 中去。在图 3-16(b)中，数据按照低位地址被均匀存放在不同的 bank 中，而每个 bank 具有独立的访存端口，这意味着如果同时有8 条访存指令，并且这些指令访问的是不同 bank 中的数据(如访问数据的地址为0～7)，那么 8 条指令可以在单周期内并行地完成请求，获取相应的数据，如图 3-16(b)所示。容易看出，bank 的数量决定了最多能够并行处理的指令数目，也因此直接决定了 SPM 的带宽。一般来说，SPM 的带宽和 bank 的数目呈线性关系。

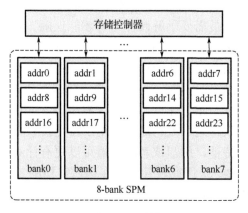

(a) 多bank SPM结构

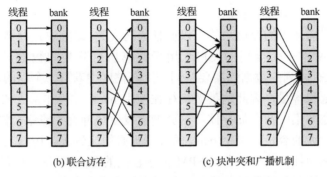

(b) 联合访存　　　　　　　　　　(c) 块冲突和广播机制

图 3-16　多 bank SPM 并行访存示意图

3) 联合访存与块冲突

充分利用 SPM 带宽的关键在于并发的访存请求要访问不同块中的数据。如图 3-16(b) 中的例子，并行访存请求访问的是连续的数据块，并且数据分布在所有的 bank 中，这种情况称为联合访存(coalesced access)。联合访存是最为高效的访存方式，通过一次访存操作就能完成所有请求需要的数据，吞吐率能够达到 SPM 的带宽上限。另一种极端情况如图 3-16(c) 所示，某周期所有的访存请求都访问同一个bank，这种情况称为块冲突(bank conflict)。在块冲突发生时，受单个 bank 带宽的限制，原本并行发出的访存指令会按顺序串行执行，一次访存只能返回单个指令所需的数据，其他指令需要停滞额外的周期等待数据，共需要 8 个周期才能完成所有请求。此时，SPM 的带宽利用率最低，只有一个 bank 处于工作状态，其他 bank 始终空闲。频繁的块冲突将导致程序性能下降、带宽浪费等问题。此外，块冲突还会使得访存的延时不固定，在本例中同时发出的 8 条指令获取数据经历的延时各不相同。而不固定的延时对于依赖静态调度的计算架构，会导致编译器按照访存的最坏情况决定时序，从而严重降低计算性能。

在静态调度的软件定义架构中，由于指令按照静态分配的时间步工作，可以通过编译算法或是程序员编程时优化，合理安排访存指令的顺序，避免块冲突。此外，部分软件定义架构(如 HReA)在内存控制器中实现了广播机制，即如果并行地请求访问同一个地址的数据导致块冲突，那么内存控制器会只向 bank 发送一次访存请求，并将结果广播到所有指令。而对于动态调度的软件定义架构，由于数据流的动态执行机制，多条访存指令异步到达 SPM 端口，很难预测指令的具体访存时序。通常而言，由于计算单元独立发送访存指令，即使某几条访存指令发生了块冲突，只要访存指令的并行度足够，其他请求仍然可以使用其他空闲 bank，维持较高的带宽利用率。同时，数据流机制本身就具有容忍不固定延时的特点。因此，块冲突在动态调度的软件定义架构中对性能的影响不显著。

4)集中式存储和分布式存储

软件定义架构使用的存储系统可以概括为两大类,即集中式存储和分布式存储。集中式存储即使用一个全局的 SPM 用于共享所有阵列的数据, 典型的结构如 SGMF。由于所有阵列的数据都需要从同一个存储区中获取,全局的 SPM 必须能够提供充足的带宽和容量,因此这类架构往往使用 bank 数目非常大的 SPM。然而,所有的访存指令都集中在全局存储,这会增大发生块冲突的概率;同时, 由于全局存储必须保持较大的容量,单个 bank 的容量也必须比较大,访问大容量的 bank 将引起更大的动态功耗;此外,全局 SPM 依赖较大的 bank 数量以提供带宽,但 bank 的数量很难和计算单元的数量相匹配,如果有许多并行的访存需求,那么全局 SPM 能够提供的数据带宽仍然是架构的性能瓶颈。

为了追求充足的带宽,一些软件定义架构采用了分布式存储。如图 3-17(a)所示,TIA 将多个容量较小的 SPM 分散到计算单元内部, 每个计算单元都可以使用本地 SPM 用于数据存储。由于阵列中每个 SPM 都非常小,且计算单元距离存储的路径非常短,因此访问本地数据的效率很高。同时,分布式存储能提供足够的带宽, 每个计算单元访问本地数据不会受其他访存指令的影响,不会出现块冲突。然而, 分

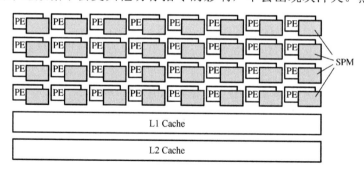

(a) TIA的存储结构

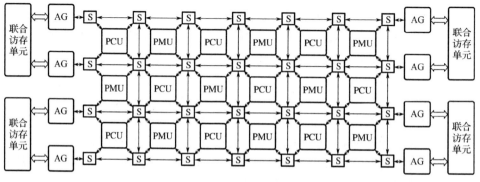

(b) Plasticine的存储结构

图 3-17　分布式的 SPM 存储结构

布式存储也具有一定限制。首先，如何将数据均匀划分到不同的计算单元中是一个关键问题，若数据分配不均匀，则只有少部分计算单元内的 SPM 被有效利用，其他大部分 SPM 空闲，将会导致利用率的降低。而对于编译器，许多应用中数据的均衡划分始终是难以解决的问题。其次，部分数据需要在多个计算单元内共享，这就需要计算单元增加额外的指令，频繁地在 SPM 之间搬运数据，这部分额外的访存和通信指令会使得计算效率下降，尤其是当阵列规模较大时，通信开销过大甚至可能超过计算的时间，导致性能反而下降。尽管 TIA 中使用了 Cache 系统解决数据共享的问题，但 Cache 的使用仍然会导致能效的降低。由于这些问题，阵列内的分布式存储结构仅被少数软件定义架构采用，它们大多具有多指令、较为复杂的计算单元结构，当单个计算单元就能够完成对本地所有数据的相对复杂的计算时，内部的 SPM 才能发挥明显的作用。

目前，软件定义架构主要根据应用场景需求设计多样化的存储系统。尽管仍未出现统一的结构标准，但存储系统设计的主要趋势是多层次化。图 3-17(b) 中给出了 Plasticine[20] 的架构，阵列由模式计算单元(pattern computation unit，PCU)和模式存储单元(pattern memory unit，PMU)两种单元互连而成，其中 PCU 主要完成向量计算任务，而 PMU 负责数据加载和存储管理。这里重点关注其存储结构，Plasticine 包含多种层次的存储架构：

(1) 4 个双倍数据率(double data rate，DDR)通道用于和片外内存的交互，每个通道含有多个地址生成器(address generator，AG)和合并单元(coalescing unit，CU)，如图 3-17(b) 最左侧和最右侧。其中 AG 可以配置为产生特定模式的访存地址序列，这些地址经过 CU 合并为粗粒度的访存指令后，通过 DDR 通道访问片外存储器。片外访存的速度最慢、频率最低、数据粒度最大，因此 CU 对稀疏的访存请求合并后，粗粒度的片外访存能够提高效率。

(2) 阵列中的 PMU 是分布式的片上缓存，其内部包含可配置的数据路径，用于计算本地访存的地址序列，还含有一个 4-bank 的 SPM 用于缓存数据。PMU 可以支持高吞吐率地访问标量(scalar)数据以及宽度与 bank 数量相同的向量数据。PMU 主要利用分布式 SPM 的优势，提供充足的带宽，保证计算效率。并且，由于 PMU 直接接入互连网络，需要共享的计算数据可以直接在 PMU 之间传送，而无须占用 PCU 中的计算资源。

(3) PCU 内部是由功能单元组成的 4 条并行的计算流水线，流水线的入口处含有 FIFO，用于缓存计算所需的标量和向量数据，流水线内部除流水线寄存器，不含其他存储单元。PCU 内缓存的是计算所需的临时数据，数据粒度最小，访问最为频繁，因此使用 FIFO 存储数据。

可以看到，Plasticine 中的不同存储层次对应了不同的访存代价、特征和数据粒度，这也反映了目前绝大多数软件定义架构设计存储系统时的最主要原则，即首先需要考察目标应用中访存模式、数据粒度、存储布局等信息，再通过这些信息对数据进行分区域存储，使用频率越高、访存粒度越小的数据越靠近计算阵列。类似于Plasticine，目前在主流软件定义架构中通常采取每个计算阵列(如 4×4 个功能单元)配置一个 SPM 作为数据缓存，而在多个阵列之间的 SPM 形成分布式存储结构，这种结构相比于集中式，或是类似于 TIA 中的完全分布式结构更加层次化，可以视为两者的折中选择，具有更为平衡的硬件开销，并且能提供较高的数据带宽。

5) SPM 的动态管理

SPM 的管理完全依赖于程序指令控制，本质上它不具备像 Cache 那样动态管理数据的能力。也有部分工作研究如何以轻量级的方式赋予 SPM 一定的动态特性，以使其能运行时根据任务的实时需求自适应地调整自身资源。本节对部分工作进行简单介绍。

在多任务的计算系统中，在多个任务同时使用硬件资源的情况下，任务之间存在固有的计算负载的差异，因此对资源的需求也存在静态差异。如果任务具有动态特性，计算负载在运行时随着时间发生变化，这将使得单个任务对资源的需求存在动态差异。当存在差异时，均匀分配硬件资源会导致计算性能降低、资源浪费等情况。例如，同时运行两个任务 T_1 和 T_2，其中 T_1 是控制密集型任务，对数据带宽需求不大，只需要 2 个 bank 即可满足需求；而 T_2 是数据并行的任务，带宽是其性能瓶颈，bank 的数量越多越好。假设目前系统中有一个 16-bank 的 SPM，如果无视计算差异为 T_1 和 T_2 分配同等的资源，各分配 8 个 bank，那么无疑 T_1 会浪费一些 bank，而 T_2 则会因为带宽不足而性能受限。

对于静态差异，编译器可以通过静态分析(static profiling)更为合理地分配任务初始资源，一定程度上避免负载不均衡的问题。而对于动态差异，编译器无法获取任务的实时资源需求，因此通常需要硬件上的动态机制才能解决。ROHOM[41]对 SPM 的 bank 分配问题提供了一种动态机制。它针对 Cache 和 SPM 共存的系统，利用任务对 Cache 访问的缺失率来评估该任务需要使用多少 SPM 资源。若 Cache 的缺失率很低，则说明该任务需要的数据块不大，Cache 已经能够很好地满足任务需求，无需更多的 SPM；反之，缺失率变高说明该任务所需的数据块超出 Cache 容量，或是任务访存不规则，此时 Cache 无法满足任务需求，应当使用更多的 SPM 来缓存那些频繁缺失的数据块以减少对 Cache 的访问，从而降低由 Cache 缺失带来的动态开销。

此外，SPM 中动态管理的典型工作还有 OCMAS[42]，它的主要目标是对多 bank 的 SPM 进行动态功耗管理。根据数据被访问的频率，应用中的数据可以分为热和冷两类。如果能将所有的热数据和冷数据放到不同的 bank，那么 SPM 中存放热数据的 bank 的利用率将会很高，而存放冷数据的 bank，由于偶尔才接收访问请求，大多数时候可以进入低功耗状态，从而减少 SPM 的总体功耗。基于这种思想，OCMAS 以页表为粒度对数据访问频率进行计数，并提出算法动态设置阈值，以阈值区分热数据和冷数据，并将其分别调整存放到不同的 bank 中，从而尽可能地使用较少的 bank 存放更多的热数据，让更多的 bank 存放冷数据而进入低功耗状态。

此外，在许多的领域定制加速器中，尤其是神经网络加速器，如 DRQ[43]，动态的数据粒度管理机制被普遍采用，即可以配置 SPM 中存放的数据宽度和单次访存的数据数量。当位宽配置较小时，一次加载可以访问多个数据，增大向量的宽度，这可以增大后续计算的吞吐率；反之，若位宽较大，尽管计算速度变慢，但计算精度可以提升。提供粒度配置机制后，用户可以根据需求选择性能优先或是精度优先的模式，而无需硬件上进行改动。

SPM 在功耗、带宽等方面优势的最主要来源是其显式指令控制带来的行为的简化。使用动态机制管理资源会使 SPM 的行为变得更为复杂，设计开销也会增大。因此，一定要注意减小由额外动态逻辑引起的开销，应该尽可能使用轻量级的动态机制，否则这部分开销很可能会超出它带来的性能或功耗上的收益。目前软件定义架构中 SPM 动态管理机制的研究并不广泛，主要原因一方面在于使用编译器进行静态分析已经可以很好地适应大部分场景的需求，另一方面在于引入复杂的动态管理机制通常会使得计算的能效有所降低，而能效是软件定义架构的最关键指标。

2. 软件管理的 Cache 系统

Cache 技术最初被提出主要是为了解决处理器计算性能与存储性能之间的不匹配问题。目前，计算与存储性能之间的差异日益增大，Cache 仍是缓解该问题的主要解决方案。经过多年的研究，多层次 Cache 系统已经较为完善，整体架构已经基本固定，这里不对 Cache 系统的基本结构进行赘述。目前，学术界对 Cache 的研究热点之一在于软件定义的 Cache 系统，即 Cache 能够随着应用的变化自适应地动态调整内部结构和关键参数，以期获得比传统 Cache 更优异的性能和功耗指标。下面以 Jenga[44]的研究工作为例简单介绍软件管理的 Cache 系统的研究。

通过对多种程序的访存行为进行分析，Jenga 发现不同程序达到最优性能所需的 Cache 层级结构和容量各不相同，例如，部分应用只对小规模数据集进行计算，规模能够容纳所有数据的 L1 Cache 为最佳选择，而部分应用数据集较大，采用更大的 L2 Cache 将更多数据存放在片上则是更好的选择。此外，由于多核系统的并行特性，多个存储需求完全不同的应用可能会同时使用 Cache 系统。

为了动态调整 Cache 资源使其符合应用需求，Jenga 提出了几点关键解决方案。首先，Jenga 在软件应用和物理存储之间构建了一层虚拟的 Cache 系统，称为虚拟层（virtual hierarchy）。虚拟层主要有两个功能：一是将实际存储系统虚拟化为一个多层次的 Cache 系统，从而维持 Cache 编程透明的特性；二是虚拟层能够根据应用运行时的特性，自适应地更改实际存储系统结构，以满足应用的需求。图3-18是 Jenga

中虚拟 Cache 层次的典型例子，该例中并行运行 4 个应用，即 A～D，底层硬件含有 36 个分布式的 SRAM bank。该例中，每个应用对 Cache 的需求不同，其中 A 对 L1 Cache 容量需求很大，应用 B 和 D 需要大容量的 L2 Cache，应用 C 对 Cache 要求最低。传统的 Cache 系统将资源平分给 4 个应用，那么 A、B、D 都将因资源不足而性能低下，而应用 C 则会浪费部分资源。而 Jenga 依赖于动态检测机制，能够增量式地调整每个应用的运行情况，达到最优性能。

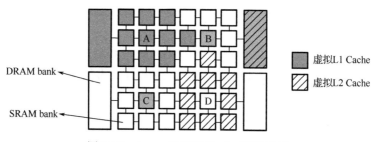

图 3-18　　Jenga 中虚拟 Cache 系统示例

　　初始状态下，每个应用被分配单独的 SRAM bank 作为其私有 Cache。运行时，Jenga 监测所有应用的 Cache 缺失率，当缺失率高于某个阈值（可静态指定或采用算法动态确定）时，Jenga 将尝试增加该应用的 L1 Cache 或 L2 Cache 的容量和带宽，即分配更多的 bank 资源给该应用。在图 3-18 的例子中，应用 C 对缓存需求最小，初始 Cache 已经达到很高的命中率，Jenga 不会为其分配额外资源。而对于应用 A，Jenga 将会不断为其增加 bank 直到其 L1 Cache 命中率低于阈值。而对于应用 B 和 D，由于它们运算所需的数据集非常大，增加 bank 作为其 L1 Cache 并不会显著降低缺失率，Jenga 将尝试为它们增加 L2 Cache。此外，若 SRAM 资源仍然无法满足应用需求，Jenga 会将部分 DRAM（dynamic random access memory）bank 作为 L2 Cache 分配给应用，尽可能地增大容量，如图中应用 A 和 B。若增大 Cache 的容量无法降低缺失率，则 Jenga 还会为该应用尝试调整 Cache 的替换策略等。

　　通过动态缺失率检测以及增量式的资源调整，Jenga 能够灵活地分配应用资源直到所有应用的缺失率都在阈值之下，此时可认为应用性能都接近最优值。Jenga 只需要硬件上支持简单的 Cache 缺失率检测机制，因此其硬件代价很低。而从软件上看，尽管 Jenga 最终形成的 Cache 结构可能非常复杂多样（图 3-18），但用户在编程时却无需更改任何代码，不同应用对不同 Cache 系统的访问都由 Cache 系统自动化管理。此外，若某个应用在运行时对 Cache 的需求不断变化，即其访存模式存在动态特性，Jenga 都能通过缺失率变化快速为其调整资源，跟踪应用的实时需求。

　　近年来，存储墙和功耗墙的问题愈发严重，尽管 Cache 始终是领域研究热点，其性能被充分挖掘，但是 Cache 始终无法解决其功耗问题，因为 Cache 中完成一次数据加载或写入需要额外的标签匹配、数据替换等附加操作，这些操作无法避免。

而软件定义架构尤其注重功耗，且应用场景也基本无需 Cache 的通用性，因此 Cache 目前很少被软件定义架构采用。

3. 软件定义存储小结

目前，由于计算和存储之间的速度差距越来越大，存储逐渐成为各类计算架构中的瓶颈，存储系统的设计也是架构设计时的重中之重。有别于其他架构，软件定义架构的计算目标不是追求通用性，而是在某个或几个场景下取得高效计算。正因如此，软件定义架构对存储的需求并不关注通用性，能效和带宽才是片上存储设计时更关键的指标。这种情况下，SPM 就成为软件定义架构中使用最广泛的片上存储器，而 Cache 的应用相对较少。

在前面两个小节中，讨论了如何合理地设计片上缓存的层次，重点比较分析了集中式、分布式的存储系统，以这两种结构作为存储设计空间中的边界，可以在这之间设计出多层次、更为折中的结构。其中，片上缓存设计时最重要的原则就是，一定要详细分析应用场景的特点，包括访存模式、数据重用性、数据容量、带宽需求等，往往不同的数据块会具有不同的需求，此时我们就需要对不同的数据块进行差异化处理，将重用性更高、粒度更小的数据放到离计算阵列更近的缓存区，以减少对全局存储器的访存。事实上，软件定义架构中的存储系统越来越多样化和复杂化，如 Plasticine 中存储单元和计算单元是完全耦合在一个阵列中的，甚至存储单元也具有通信和完成简单计算的能力。尽管不同的软件定义架构中存储系统可能看似差距很大，它们的设计大都是通过存储与计算并行、分布式存储等机制，让缓存系统提供充足的数据带宽，避免计算资源等待数据而造成的性能损失。

3.1.3　对外接口

在上述章节的介绍中，软件定义架构能够取得高加速比和能效比最主要有两点原因：一方面是其时域和空域相结合的高效计算模式；另一方面则是其针对计算阵列、控制逻辑和存储系统都做了许多领域定制化的设计，而这些设计都是以牺牲通用性为代价的。目前来看，软件定义架构主要被定位于领域定制加速器，而很少被单独应用到通用计算场合。和其他加速器类似，软件定义架构在实际系统中通常作为协处理器，与通用处理器相互耦合(如 DySER)，协同完成应用计算任务。运行时，处理器负责执行程序控制指令，当遇到计算或数据密集的代码区域时再将计算任务发送至计算阵列，计算完成后处理器负责接收结果并存储到对应位置。软件定义架构和处理器之间的通信媒介称为架构的对外接口。根据软件定义架构与处理器之间协作方式的差异，对外接口也有多种类型。以下详细介绍软件定义架构与其他架构通信接口的几种典型方式。

1. 紧耦合与松耦合

软件定义架构与通用处理器之间的耦合方式可以分为松耦合(loosely coupled)和紧耦合(tightly coupled)两类[45]。在松耦合的实现中,软件定义架构作为独立的加速器与 CPU 进行互连,两者之间的通信主要通过直接内存访问(direct memory access,DMA)完成。这种做法的优势在于软件定义架构与 CPU 各自独立完成计算和访存,并行的工作模式可以带来更高的并行度与性能。例如,软件定义架构和 CPU 可以同时使用缓存的不同区域,充分利用存储器带宽。图 3-19 给出了 MorphoSys 作为一个加速器与 CPU 松耦合的方式。TinyRISC CPU 负责执行非循环的程序以及对软件定义架构进行配置和数据的加载。松耦合机制的主要问题在于:一方面 DMA 进行数据传输带宽有限,而频繁的数据通信很可能会成为系统中的性能瓶颈;另一方面,编译器必须尽可能地将应用划分为独立的两部分并合理地映射到对应架构上,否则 CPU 和软件定义架构之间的数据同步将会使程序的运行串行化,严重降低性能。

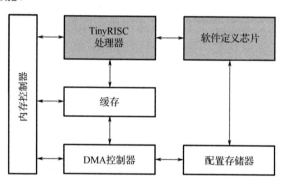

图 3-19　MorphoSys 的松耦合实现方式

在紧耦合的实现中,软件定义架构和 CPU 处在同一个芯片中,共享片上的所有资源,并且两者的计算交替进行,每个时刻只有一种架构执行计算任务。图 3-20 给出了 ADRES 的紧耦合实现方式,ADRES 有两种工作模式,即 CPU 计算模式和阵列计算模式。在 CPU 模式下,阵列最上面一行的计算单元和寄存器堆被配置作为 VLIW 使用,芯片其余部分则通过时钟门控、电源门控等方式关闭以节约功耗。在阵列模式下,所有单元都被激活以完成计算密集的代码区域。在这种紧耦合机制下,CPU 和阵列之间不需要通过 DMA 或总线等进行显式数据传输,CPU 只需要将数据写入寄存器堆中,在配置切换后阵列即可从对应位置获取正确数据。并且,CPU 和阵列工作交替进行,部分保持了程序代码的串行语义,无需数据同步,因此控制逻辑更为简单。其主要缺点在于 CPU 和阵列之间无法独立工作,损失了潜在的任务级并行度,并且 CPU 工作模式下许多阵列资源无法得到充分利用。

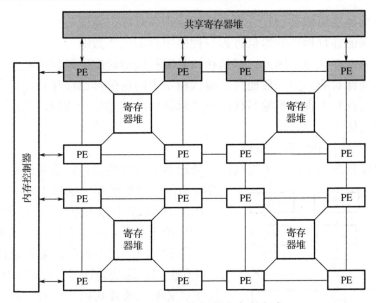

图 3-20　ADRES 的紧耦合实现方式

2. 共享存储与消息传递

在由通用处理器、软件定义架构、ASIC 等其他加速器组成的系统中，为了充分利用各种处理器在不同计算领域的优势，需要将并行程序划分为多个运算任务，分配到各个计算架构上执行。通常，多任务之间需要进行数据通信，对某些数据块进行共享，因此系统必须提供处理器间高效接口满足通信需求。为了在隐藏系统底层硬件实现细节，硬件通信模块通常被抽象为高级并行编程语言的通信接口。常用的对外接口模型可以分为共享存储和消息传递两类[46]。共享存储模型更加接近底层硬件实现，消息传递模型则主要通过系统调用、库调用等方式实现。

1) 共享存储模型

共享存储模型将多核计算系统上的任务并行虚拟为单处理器中的线程并行。在单处理器系统中，多个线程对处理器和存储器资源进行分时复用，每个进程都有一片私有的地址空间，不同线程之间也有共享的地址空间。多线程之间的数据传输主要通过对共享地址空间的数据读写完成，某个线程对共享数据的修改总能够被其他进程观察到。而在多处理器系统中，多个线程可能是在多个处理器上并行执行的，但编译器将保证线程的地址空间依然保持着类似单处理器上的关系，即分配一片共享地址空间被多个处理器同时使用。因此，基于共享存储模型的并行程序与串行程序十分类似，程序员可以使用普通的内存访问指令完成线程之间的数据传输。需要注意的是，尽管软件上共享存储模型将并行任务的通信抽象为对共享内存区域的读写，但实际上程序运行的底层流程和具体架构有关，例如，在由片上网络互连的多核系统中，编译器可能会通过合理安排通信指令时序来完成与共享存储相同的执行语义，只要保证并行程序的通信过程与程序中声明的一致即可，而硬件上并不一定必须有共享的内存区域。因此，通信接口是编程模型对底层硬件的抽象方式，并不一定和实际硬件对应。但一般而言，编程模型中的通信接口往往和硬件实际通信模型相对应，这有利于程序员编写代码时了解硬件的实际执行流程，从而对并行程序进行更合理的优化。

(1)内存一致性和缓存连贯性

在多处理器系统中，为了提高每个处理器的访存性能，计算系统中每个处理器通常都含有局部缓存，这样大部分访存请求可以在局部缓存中以较低的延迟得到响应。

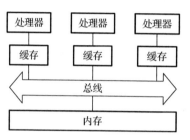

图 3-21　基于共享存储模型的多处理器系统结构示意图

图 3-21 给出了采用共享存储模型的典型加速系统结构示意图，三个处理器通过总线互连，共享内存空间。这些处理器可以是 CPU、GPU、软件定义架构或者其他加速器。每个处理器都有本地缓存，将频繁访问的共享数据保存在缓存中，从而降低访问这些数据的延迟。缓存与内存控制器一般通过总线相连进行数据传输。

共享存储模型对程序员非常友好，只需要读写数组就能完成正确的任务通信逻辑。但硬件上，多个缓存中数据的一致性(memory consistency)和连贯性[47](cache coherence)始终是共享存储模型中无法避免的问题，并且可能引起严重的性能开销。造成这两个问题的根本原因在于多处理器系统中的分布式缓存的结构。例如，在图 3-21 中，尽管共享数据在共享存储空间里只有一个版本，但每个处理器都可能将这个数据的副本保存在独立的私有缓存中。

共享数据的一致性问题是指不同处理器在读取同一个地址的共享数据时可能会观察到不一样的值。举例来说，假设共享变量 x 最初只保存在内存中，值为 0。处理器 1、2 依次对变量 x 进行读操作，并且将 $x=0$ 保存在各自的局部缓存中。随后，处理器 1 对变量 x 进行写操作将其值修改为 1。假如这个系统中的缓存都是采用了写回机制的，即对缓存中的变量的写操作不会立即导致对内存的修改，那么如果处理器 2 再次对变量 x 进行读操作，会读取值 0，而按照程序的串行语义，此时变量 x 正确的值应该是 1。于是共享变量 x 变得不一致了。

共享数据的连贯性问题是指当不同地址的共享数据被修改时，不同的处理器可能会按照不同的顺序观察到这些修改。例如，假设处理器 1 依次对共享变量 x、y 进行写操作，使它们的值从 0 变为 1。处理器 2 先读 y 的值，如果 y 的值为 1，那么再读取 x 的值。理论上，处理器 2 能够读取到的 x 的值应该为 1，因为对于处理器 1，x 的变化发生在 y 变化之前。然而，实际上很可能的情况是，尽管处理器 1 先执行

对 x 的写操作，但由于写缓冲的乱序或指令的乱序执行等其他原因，存储器中 y 的值变化发生在 x 的值变化之前。这种情况下，处理器 2 将会读取到的 x 的值为 0。此时，共享变量 x、y 之间不再保持连贯性。

为了解决一致性问题，需要多处理器系统在硬件设计时符合缓存一致性协议，以满足以下两个基本原则：①如果将对一个地址的读写划分为不同阶段，即将两次写之间的所有读与下一次写视为同一个阶段，那么在每一个阶段，任何设备都能读到上一个阶段的最后一次写的值；②在任何时刻，系统中最多有一个设备对一个地址进行写操作，此时其他设备均不能进行读写操作，但允许同时多个设备对同一个地址进行读操作。这样，即使共享变量可能在分布式的私有缓存中存在多份拷贝，但多处理器系统中的任何一个处理器总能够观察到共享变量的最新值。缓存连贯性则要求系统设计时指明内存模型，即规定哪些内存的执行顺序是合法的，程序员在设计程序时需要考虑到内存的执行顺序导致的程序运行结果的不确定性。

(2)基于共享存储的接口协议

CAPI[48]是 IBM POWER8 及以后的芯片推广的加速器标准接口。图 3-22 中，通过在 POWER CPU 端加入加速器一致性代理单元(coherent accelerator processor proxy，CAPP)，以及在加速器端加入 POWER 服务层(POWER service layer，PSL)的设计，POWER CPU 可以与加速器利用 PCIe 通道共享存储空间，加速器可以直接扮演类似 CPU 核心的角色，通过互连直接访问内存。

在传统的异构计算模型中，CPU 与加速器之间通过 PCIe 通道进行连接，但加速器只能作为一个 I/O 设备与 CPU 进行交互，其中需要大量驱动程序的调用，从而在 CPU 的地址空间和 FPGA 的地址空间之间完成地址映射。每一次调用都需要执行数千条额外的指令，这极大地增加了延迟，造成了性能的浪费。而 CAPI 使得加速器可以直接使用有效物理地址访问共享存储空间。这一方面降低了对加速器进行编程的难度，另一方面降低了加速器访问内存的延迟。

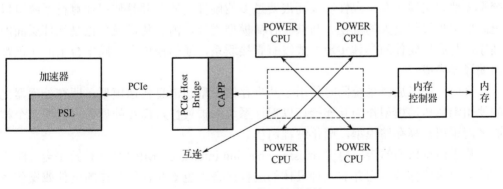

图 3-22　CAPI 接口协议框架

2) 消息传递模型

共享存储模型最大的优势在于其编程模型的简洁，相比于串行程序只需增加很少的修改即可实现并行程序。但随着处理器核心数目的增多以及加速系统规模的增大，共享存储模型的缓存一致性和连贯性问题也愈发严重，而接口协议实现的复杂度高且扩展性差，在许多场景下共享存储模型的性能无法满足应用的需求。相比之下，消息传递模型具有更好的扩展性，并且能够避免一致性和连贯性协议带来的硬件开销。因此，尽管编程更为复杂，消息传递模型在大规模集群、多处理器的复杂计算系统中得到了越来越广泛的应用。

在消息传递模型中，每个运算设备的存储空间都是相互独立的。程序员首先需要将应用分解成独立的多个任务，每个任务在不同的运算设备上使用本地数据集完成运算。由于不存在共享存储空间，任务之间无法通过共享变量完成数据同步，因此程序员需要使用编程模型提供的通信原语来完成，并明确指出任务需要通信的数据块和通信时间等信息。

消息传递模型的另一种典型应用是建立处理器间的静态连接，即在需要通信的处理器间指定数据生产者和消费者的关系。当连接建立后，生产者设备产生的数据会立即被消费者设备使用，此时两个设备之间通信无需额外指令来完成，而是直接通过固定的通道进行数据流传输。

考虑到消息传递模型的典型使用场景，例如，在大规模集群中，不同设备之间的通信开销极其巨大，程序员需要尽可能地降低不同任务之间的数据依赖性，平衡不同任务之间的负载。此外，消息传递模型中的存储器不是透明的，无论是对于本地数据集的分配，还是不同进程之间的通信与同步，程序员必须手动分配每个任务所需数据的存储空间，并指定数据的传输通道和通信路径。因此，消息传递模型所需的编程门槛更高，程序员必须对加速平台的硬件结构有所了解才能编写出高效的并行程序。但消息传递模型的优势也显而易见，通过程序员的手动调节，计算机系统不需要为实现缓存一致性协议而浪费过多的硬件资源，并且使得计算机系统可以更高效地扩展到更大的规模。与共享存储模型类似，消息传递模型也是软件层面的抽象，与底层硬件的具体实现方式没有直接联系，通信原语在不同平台上的实现都由编译器完成。

目前，许多加速系统同时使用了共享存储模型和消息传递模型，即在处理器之间使用消息传递模型作为互连接口以保证系统的扩展性，而在处理器内部的多个核心之间采用共享存储模型，简化编程门槛。

基于消息传递的接口协议（message passing interface，MPI）是一种跨平台、跨语言的接口协议标准。它并非一种具体的编程语言，也不和任何具体的硬件或操作系统绑定，因此具有很好的可移植性。尽管 MPI 是基于消息传递的，但它也可以在采用了共享存储的硬件架构的计算机上实现。在采用了 MPI 的并行程序中，每个进程都有着唯一的进程标识，这些进程各自有着独立的地址空间，无法直接进行数据共享。MPI 提供了 Send/Recv 等多种接口用于进程通信。由于程序员显式规定了数据在各个进程内的分布和数据通信的细节，编译器或是底层硬件无须对数据访问进行额外约束，因此可以避免共享存储模型中数据同步开销过大的问题。

3. 对外接口章节小结

软件定义架构在计算机系统中往往扮演着领域定制加速器的角色，需要与 CPU 等通用处理器通过对外接口进行交互共同完成运算工作。本节首先介绍了软件定义架构与通用处理器进行耦合的方式，然后介绍了共享存储模型和消息传递模型两种对外接口模型。目前，在规模较小或者适中的多核 CPU 中，往往采用共享存储模型以降低编程难度，以更低的门槛利用多核处理器的并行度。而在大型计算机集群等特殊场景，为了满足系统扩展性的需求，避免共享数据一致性和连贯性导致的系统并行度的浪费，往往采用消息传递模型。由于共享存储模型和消息传递模型是对对外接口的软件层面的抽象，因此在硬件允许的情况下，这两种模型可以同时采用，以更好地满足不同开发者与应用的需求。

3.1.4 片上互连

在 CPU 中，指令间的数据传输主要通过对寄存器堆的读写来完成。而在软件定义架构中，计算指令被映射到阵列中的不同计算单元，指令之间的通信是通过片上互连完成的。指令间的生产者和消费者关系由编译器静态分析，通信路径可以静态指定，即发送方的数据通过静态互连预先指定的路线发送到接收者，路径也可以动态确定，通过动态互连让数据包经由路由器选择转发路径后到达终点。片上互连作为软件定义架构内部通信的载体，它的带宽和延时等参数对性能有重要影响。在通信密集型的应用中，数据通信所需的时间甚至会超过计算时间，此时片上互连就是整个系统中的主要瓶颈。

1. 片上互连的拓扑结构

片上互连有多种实现方式[49]。第一种是总线(图 3-23(a))，即一条信息传输通道被多个设备分时复用，总线实现最为简单，但缺点在于随着设备数目的增多，分配到每个设备的总线带宽降低，扩展性较差。第二种是点到点互连(图 3-23(b))，即在每一对可能发生通信的设备之间建立连接，这种互连方式带宽最大，但缺点也在于扩展性差，随着设备数目增多，互连面积会以平方倍数增长。第三种是交叉开关(图 3-23(c))，与点到点互连的区别在于每个设备只通过一条链路连接到开关，而不是与其他每一个设备之间都有一条链路连接，其缺点同样在于扩展性差，开关的面积、功耗、延迟均会随着设备数目增多而迅速增加，并且对广播通信模式支持较差，很难实现一对多或者多对一的通信。第四种则是片上网络(network on chip，NoC)，每一个设备都与部分通过开关或路由器相连，网络可以采用 Mesh、torus 等拓扑结构，在扩展性、带宽、面积等之间相比前三种方案能够取得更好的平衡。

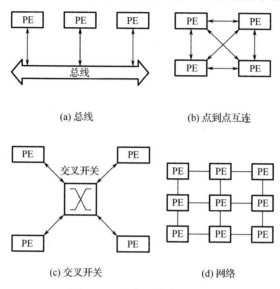

图 3-23　片上互连实现方式

对于软件定义架构的片上互连，在各种物理单元之间建立灵活的通信的网络对于提高通信带宽和计算并行度是十分必要的。软件定义架构中通常采用网络进行互连，且针对拓扑结构进行优化以取得带宽、面积和功耗等指标之间的平衡。例如，图 3-24 是 SGMF 的片上互连结构。SGMF 总共包含 108 个物理单元，其中有 32 个访存单元、32 个控制单元、32 个计算单元和 12 个特殊计算单元。图 3-24(b)给出了物理单元之间以及与交叉开关的连接方式，每一个物理单元都与相邻的 4 个交叉开关以及 4 个其他物理单元直接相连。图 3-24(c)给出了交叉开关之间的连接方式，每一个交叉开关都与 2 个相邻的交叉开关以及 2 个位于 2 步之外的交叉开关直接相连。

2. 软件定义架构对片上互连的特征分析

尽管软件定义架构的片上互连与多核 CPU 等其他场景的片上互连有着相似的设计空间，但由于软件定义架构领域定制的使用场景，其目标应用具有特殊的通信特征[50]，主要包括以下几点。

1) 软件定义架构中的存在粒度不同的通信

为了提高数据并行度，降低对软件定义架构控制和配置的成本，阵列中往往有许多运算单元采用了向量化的计算方式，这些单元的输入与输出均会导致大量向量化的通信需求，要求更高的互连带宽。但与此同时，阵列中依然存在许多标量化的

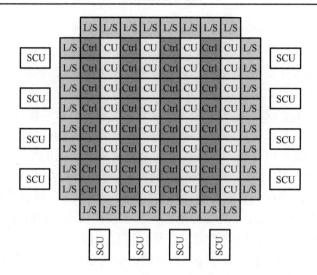

(a) SGMF的物理单元分布

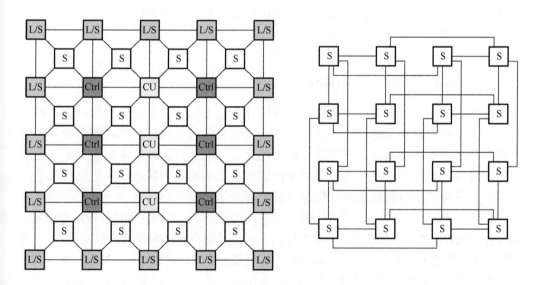

(b) SGMF的物理单元与交叉开关之间的连接　　　　　　　(c) SGMF的交叉开关之间的连接

图 3-24　SGMF 中的片上网络拓扑

通信，这是因为阵列中也需要进行控制、配置信息的传输，并且还存在许多非循环的计算以及一些归约操作。向量与标量两种粒度的通信对如何充分利用互连的带宽提出了挑战。如果简单地用更宽的互连同时完成向量通信与标量通信，则容易造成带宽的浪费。

2) 软件定义架构中对广播等通信模式的大量需求

最为简单的情况下, 生产者将数据发送给消费者, 两者之间保持着一对一的通信模式。但在软件定义架构中, 计算结果经常要被发送到多个接收者, 形成一对多的通信。例如, 分支语句计算出的谓词需要被发送到分支内的多条指令中。广播通信模式会对互连造成严重的阻塞, 但如果通过利用多条数据之间路径的重叠进行优化, 避免不必要的通信, 则可以显著提升软件定义架构的性能。

3) 软件定义架构存在大量运算单元与存储单元之间的通信

在多核 CPU 中, 每一个 CPU 核都会与一个私有缓存相连接, 这样 CPU 的大部分存储通信都能够在私有缓存中命中, 避免了一个 CPU 核到其他 CPU 核的远程通信, 因此多核 CPU 对片上网络的带宽需求往往比较小, 而对网络延迟更加敏感。在软件定义架构中, 运算单元通常没有私有缓存, 但有许多由便签存储器分布在阵列中作为共享存储。运算单元的每一次存储都会需要经过互连网络, 消耗互连的带宽。

4) 软件定义架构的通信模式是可以静态确定的

软件定义架构在编译阶段便能确定程序的数据流图, 通过将数据流图映射到物理单元上, 各个运算、存储单元之间的通信模式都是固定的, 编译器可以准确地判断片上互连中的哪一条链路是通信负载最大的关键链路。因此, 软件定义架构经常采用静态网络来实现物理单元之间的高效通信。

3. 动态网络与静态网络的选择

传统的多核处理器架构中, 片上互连往往是动态的。数据以信息包的形式动态传输, 信息包中记录了起点、终点等信息。当信息包到达路由器时, 路由器首先进行计算, 根据起点、终点选择当前要使用的交叉开关出口。然后进行交叉开关的端口使用仲裁, 与来自同一个入口或请求占用相同输出端口的其他信息包进行竞争。如果成功获得了端口的使用权, 信息包就能够从这个出口出去前往下一个路由器。

在软件定义架构中, 由于各个物理单元之间的通信路径能够在编译阶段静态确定, 因此在完成数据流图到物理单元的映射以后, 可以采用静态网络来实现片上互连。在静态网络中, 路由器内的交叉开关端口间在配置时建立了固定的连接。运行时, 从不同端口输入的信息包直接从静态连接的对应端口输出前往下一个路由器。因此, 信息包不再需要进行路由路径计算以及开关仲裁这两个步骤, 从而能够减少路由延迟, 降低由这两个步骤导致的额外功耗和面积, 往往能在相同的硬件约束下获得更大的带宽。

在设计软件定义架构的片上互连时, 可以同时分析静态网络和动态网络的设计要素[50], 针对不同应用的需求选择最优的组合。

1) 静态网络的设计要点

(1) 流控制

由于静态网络中数据在传输过程中不进行动态路由计算等过程, 所以无法像动态网络中那样在每次转发时进行流控制。在部分完全静态的软件定义架构中，互连网络中可以不含有流控制机制。这些架构面向计算规则的应用，所有的通信步骤都可以由编译器分析得到，因此只需要静态配置好通信顺序，合理分配资源，就能避免数据通道冲突。而在基于数据流的动态调度的架构中，流控制则是实现数据流的必备条件。在静态网络中，可采用的流控制方案主要有两种。第一种是在起点和终点之间直接建立基于 credit 的流控制，即在起点处使用 credit 信号记录终点处是否存在空闲缓存，存在空闲缓存时才允许发送数据，DySER 就采用了这种机制。第二种是在阵列中采用乒乓缓存，一个缓存负责接收生产者发送过来的数据，另一个缓存负责把数据发送至消费者。两个缓存并行工作，能够避免网络的阻塞。第一种方案只需要在计算单元输入输出端口处增加具有反压功能的寄存器，因此硬件代价相对较低，但由于起点和终点进行 credit 交流的路径较长，可能会降低通信性能。第二种方案需要通信路径中增加缓存单元，代价相对较大。在软件定义架构中，采用静态数据流的阵列通常使用第一种方案以降低代价，采用动态数据流的阵列往往使用第二种方案以提高性能。

(2) 带宽

通过增加静态网络中的交叉开关的端口数目，阵列中的计算单元之间可以建立更加灵活的连接，也可以并行传递更多数据，增加通信带宽。但随着端口数目的增加，交叉开关的面积会以平方倍数增长，并且其功耗、延迟也会显著增加。带宽的选择需要根据应用需求而定，在性能为关键指标且通信带宽限制了整体性能时，增加开关端口数目能有效解决系统瓶颈。

(3) 定制化的子网络

由于软件定义架构中往往同时存在向量通信与标量通信，因此如果采用宽度不同的两个子网络分别负责向量通信与标量通信，两个子网络可以采用不同的配置方式，则在网络总带宽不变的前提下，片上互连能够有更高的灵活性，互连带宽也可以得到更好的利用。

2) 动态网络的设计分析

(1) 路由算法

路由器使用特定的路由算法为每个输入数据包动态选择通信路径。路由算法有以下几种典型实现方式。最为常见的是采用节点路由表，即在每一个路由器节点上维护一个路由表，路由表记录从当前节点前往其他节点需要选择的出口方向，信息包通过在节点路由表上查找实现路由计算。节点路由表使用简单，且可以通过算法得到一条相对优化的路径来更充分地利用网络带宽，但缺点在于对于规模比较大的网络，路由表会占用较多面积。第二种是预先将路由路径在信息包内进行编码，信息包沿着指定的路径传输。这种方法会严重占用信息包内的编码空间，因此较少使用。第三种是自适应路由，为了到达终点，信息包通常有多个方向可供选择，信息包根据每个方向可能遇到的阻塞情况选择一个相对不阻塞的方向进行传输。这种方法虽然可以让信息包避开阻塞区域，性能最佳，但操作较为麻烦，与网络阻塞情况相关的信息传输与计算往往比较复杂，且容易增加路由延迟的关键路径。综合考虑，对于软件定义架构，采用路由表是最为合适的选择，这是因为阵列规模一般不会太大，通信路径数量不多，路由表配置可以静态指定。此外，使用节点路由表能够针对网络结构优化以提高性能。

(2)虚拟通道分配

信息包在网络中传输的本质是利用物理通道上的缓存进行位置的变动。通过将物理通道上的缓存在不同类型的信息包之间进行划分，一条物理通道就可以实现多条虚拟通道的功能。虚拟通道对于解决死锁、阻塞等问题至关重要。但引入虚拟通道的同时，也需要解决虚拟通道分配问题。虚拟通道分配通常有两种方式实现：一种是采用仲裁器进行选择；另一种是采用 FIFO，将空闲的虚拟通道 ID 存入 FIFO 中，每次取 FIFO 前端的空闲虚拟通道使用，这种方法相比采用仲裁器，更加节省面积、功耗，且能够降低关键路径延迟。

(3)输入端缓存大小

理论上随着缓存数目的增多，网络的吞吐率也会相应提高，但这种方式的边际效益是递减的，而且网络面积和功耗也会显著增加。当动态网络采用基于 credit 的流控制时，缓存的深度一般为 2~4，再加深缓存带来的性能提升有限。如果使用乒乓缓存等机制，尤其是对于动态数据流的阵列，缓存的深度则可能更大，因为此时并行度更高，对通信带宽的需求也更高。

(4)广播通信的实现方式

对于软件定义架构，由于网络的时序约束较紧，硬件资源有限，对于广播通信的常见处理做法是将信息包复制，并由编译器生成树状的通信路径，以降低数据包转发的出度。

(5)死锁规避方案

死锁是指当多个信息包之间对于路由资源的依赖关系形成依赖环时，任何一个信息包都因为等待其他信息包释放资源而阻塞，同时也无法释放自己占有的资源，因此所有的信息包都发生永久的阻塞。 片上网络领域已经有相当多的工作[51, 52]，研究如何避免路由死锁以及协议死锁。对于软件定义架构，由于要求保证信息包的点到点通信时序，以及面对通信资源预算有限的问题，一种可行的方案是采用虚拟通道区分来将不同的信息流分隔开以避免死锁。

4. 片上互连章节小结

软件定义架构通过将产生的数据在片上互连中传输，实现了时域计算中前后指令之间的数据交互功能。片上互连的带宽对于软件定义架构的计算潜力的挖掘意义

重大。为了在带宽、面积、功耗、延时等之间取得较好的权衡，软件定义架构往往
采用网络实现片上互连。相比多核 CPU 等片上网络使用场景，软件定义架构存在一
些特殊的通信需求，如多粒度的通信、广播通信的广泛存在等，对于充分利用片上
互连的带宽提出了很大的挑战。此外，由于软件定义架构往往可以在编译阶段静态
确定应用的通信特征，因此可以采用静态网络或者静态网络与动态网络的混合方式，
充分考虑两种网络各自的设计空间，选择最优组合以在增大片上互连带宽的同时获
得更好的灵活性。

3.1.5　配置系统

软件定义架构的主要特点之一是硬件功能由软件定义，而非像 ASIC 那样只能
针对单个应用场景，这主要依赖于硬件上的配置系统来实现。典型的配置系统结构
如图 3-25 所示。配置系统通过配置总线从内存中读取配置信息，再将配置信息经过
一定处理后，按照顺序发送到对应阵列中的计算单元和互连开关等模块，重写其内
部的配置信息寄存器，从而改变电路的运算功能。功能配置是软件定义架构运行流
程中附加的相位，它需要额外的时间周期以切换功能。如何处理配置与计算之间相
对关系对性能、硬件利用率等指标有着重要影响。在以下内容中，用重构来表示电
路结构的重新配置和功能的改变。

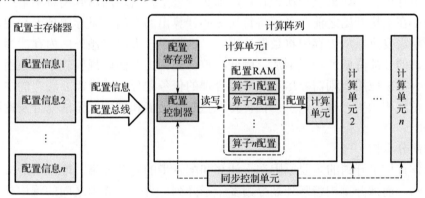

图 3-25　典型的配置系统结构

软件定义架构中的配置有多种形式。根据是否允许运行过程中切换配置，可
以将软件定义架构分为静态重构和动态重构两类。此外，根据软件定义架构是否
允许对部分资源进行重构，可以分为整体重构和部分重构。由于不同的计算单元
的配置信息大小、重构频率各不相同，因此配置系统的选取和计算单元的结构关
系密切。以下内容将对这些概念进行详细介绍，并简单介绍配置系统的其他优化
方向。

1. 整体重构与部分重构

1) 整体重构

整体重构是指阵列中所有单元同步配置,在配置完成之后开始运算。整体重构下,计算和配置相位完全分离,不会产生交叠,因此实现逻辑最为简单。3.1.1 节介绍单指令计算单元时简单提到了配置方式对运行流程的影响。对于整体重构的阵列,每次能够映射到阵列上的应用规模由阵列上的资源限制。当应用较小,所有指令能够一次性映射到阵列中时,映射之后应用可以完全流水化运行,此时计算效率最高。但通常应用规模大于计算阵列计算资源数量,此时就需要把应用分解为多个更小的计算核心(kernel),每个核心都要能够映射到阵列上。当一个核心执行完毕后,整个阵列以此重新配置,切换到下一个核心,再开始运算。以长度为 16 的向量点积为例,如图 3-26(a)所示,由于阵列规模限制,无法将向量点积一次性配置。这里将向量点积分解为两个步骤,首先对长度为 4 的向量进行点积,4 次点积之后能够得到 4 个中间结果。然后将阵列配置切换到加法规约(reduction),对 4 个中间结果进行一次加法树计算,得到最终结果。

如果应用规模远大于阵列规模,那么阵列将需要频繁在核心之间功能重构,这主要会引起两方面的代价:一方面在于每次重构时所有单元都需要停止运行,重构和计算串行进行,如果重构次数较多,那么频繁重构引起的总开销将不可忽视;另一方面,在重构开始之前,必须将每次核心计算出的中间结果存放到内存中,而重构结束后需要重新从内存中将数据读出。当数据量较大时,额外的内存读写开销会引起显著的性能降低及功耗增加。因此,整体重构主要面向规模较小的应用,如果要计算大规模应用,则需要尽可能考虑合理的任务划分,减少需要缓存的中间数据量,降低重构频率。否则,重构代价将严重影响性能和能效,无法充分发挥阵列计算优势。

2) 部分重构

整体重构中开销的主要原因在于计算和配置步的完全分离,配置时造成阵列的完全停滞。而部分重构将阵列划分为多个子阵列,每个子阵列之间的重构是独立进行的。这样带来的好处是当部分子阵列在进行重构时,其他子阵列仍然可以进行计算,从而实现计算和配置的交叠,以此掩盖配置代价。部分重构的另一个优势是使用子阵列执行计算时,应用中的算子被尽可能地压缩到子阵列上,使得子阵列的资源利用率更高,某些时候还能够提高计算性能。在图 3-26(b)的例子中,阵列被分为 4 个 2×2 的子阵列,每个阵列独立完成长度为 4 的向量点积。一次向量点积共包含 4 次乘法、3 次加法,共 7 个算子,因此子阵列需要两次配置才能完成一次点积运算。假设乘法和加法都需要 1 个时钟周期就能完成,那么子阵列共需要 1 个周期完成乘法,2 个周期完成加法。4 个子阵列并行的情况下,忽略配置时间,3 个周期

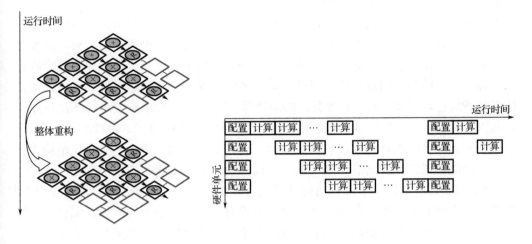

(a) 整体重构示意图

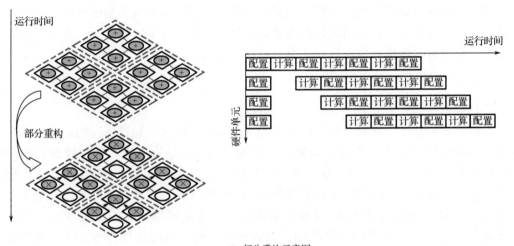

(b) 部分重构示意图

图 3-26 整体重构与部分重构运行示意

就可以完成一次长度为 16 的两个向量点积，即吞吐率最高为每周期 32/3 个数据，而整体重构中，阵列在每个周期最多只能接收 4 组数据进行点积。从这个角度看，子阵列并行运行、独立配置的模式能够取得比阵列整体重构更高的性能。当然，这里性能的对比仅仅作为粗略比较，并不准确，实际上应该考虑阵列切换配置的时间。但是，可以从图 3-26 看出，子阵列运行模式资源利用率更高，空闲的计算单元更少，且不需要计算单元进行数据路由操作，因此可能实现更高的性能。

由于部分重构的软件定义架构将硬件资源分成了几个部分，这几个部分都具备独立计算的能力，因此尤其适合多任务执行的场合，多任务可以互相独立地在子阵列上运行。整体上看，部分重构中子阵列的配置次数要大于整体重构，但因为子阵列的配置时间更短，且能和计算交叠，所以通常对性能的影响更小。目前，有部分软件定义架构能够支持动态地改变阵列工作模式，即可以让一个任务使用整个阵列的资源，加速单任务执行，也可以在任务较多时切换到子阵列运行模式，更好地支持多任务运行。例如，Pager 等提出的编译算法[53]能够进行配置信息转换，将原本面向固定规模阵列(如 4×4)的配置信息转化为面向子阵列(如 2×2)的配置信息，这样运行时无须重新编译就可以自动在两种工作模式下切换。PPA[54]的硬件结构中就包含了功能类似的配置信息转换电路，可以在硬件上完成阵列规模的变化。

实际上，部分重构中子阵列的划分可以有多种粒度。例如，BilRC[55]和 XPP-III[56]都使用了更细粒度的配置，即一次配置只完成对单个计算单元的配置，配置信息沿着计算单元之间的互连流动，直到完成对整个阵列的重构，而当某个计算单元在进行配置时，路径中已经配置好的单元可以开始工作。Chimaera[57, 58]和 PipeRench[12, 13]等软件定义架构使用了行配置技术，即以行为单位依次对阵列进行配置。通常阵列中的一行可以看成流水线的一级，当某一行完成计算任务将结果输出到后续行后，这一行可以开始重配，而后续流水线级仍在执行计算。行配置模式下，整个阵列的配置信息沿着行传播，能够以行为单位计算形成流水线，降低重构代价。

2. 静态重构和动态重构

1)静态重构

静态重构是指在计算开始之前先完成所有的配置任务，而计算开始之后由于配置时间代价相对过大而不进行功能重构的配置模式。最为典型的具有静态重构特性的架构是 FPGA。由于 FPGA 中的 LUT 和互连都需要在位级进行配置，这使得其配置信息量巨大(典型值为几百兆比特)，电路重构的时间过长(典型值为几十到几百毫秒)。因此，FPGA 需要在电路运行之前先加载所有的配置信息，然后才能开始工作。若要重构电路功能，则必须先中断当前的计算任务。尽管部分研究[59]将 FPGA 划分为多个部分，每部分独立控制以支持运行时配置，但由于其过于细粒度的位级配置的特性，重构开销仍然较大，甚至在许多应用中超过了完成计算所需的时间。由于这些原因，FPGA 通常只具有静态重构特性。对于静态配置的架构，应用规模不能超出硬件资源限制。例如，当应用规模太大时，电路无法被综合到 FPGA 中。

其他软件定义架构，如 3.1.1 节中介绍的多指令、动态调度的计算单元(如 TIA)，虽然它们以字级进行配置，但通常每个计算单元含有多条指令，阵列的整体配置需要对所有的指令都进行配置，所花费的配置时间也比较长。另外，也正由于它们的指令缓存，大多数时候都可以将应用一次性完整地配置到阵列上。因此，这一类的软件定义架构通常也都采用静态配置。

2) 动态重构

和静态重构相对，动态重构是指软件定义架构在计算过程中进行功能重构的运行模式。动态重构能够通过多次配置切换，使得小规模的阵列就能够完成大规模的计算任务。动态重构的前提是阵列的配置信息量要小，较短的时间内就能重构阵列功能，至少应当保证重构所需的开销在整个运行流程中占比远小于计算占比，否则动态重构反而会使得性能严重下降。典型的具有动态重构特性的软件定义架构是 CGRA。和 FPGA 相对的，CGRA 中的计算单元和互连网络的配置都以字为单位，并且阵列规模远小于 FPGA，因此配置信息量能够有效减少。一般而言，CGRA 能够在几十纳秒内完成依次功能重构，相比于计算任务基本可以忽略不计。

使用单指令计算单元的软件定义架构通常都支持动态重构，如前文提到的 DySER、Softbrain 等，主要是因为简单的阵列结构需要的配置信息也较小。当然，它们也都提出了相应的机制进一步减小配置代价，例如，DySER 中的快速配置机制、Softbrain 中以 Stream 触发不同阵列中任务异步执行的方式都利用了部分重构的优势，将配置与计算并行来遮掩配置时间。此外，HReA[27]使用了配置信息压缩技术，对比特流进行重编码以减小配置信息量，并在硬件上设计了解码电路，能够有效提高配置信息的加载效率。

3. 配置系统设计小结

配置系统是软件定义架构中的关键模块之一，它对架构的整体运行流程有重要影响。本节主要介绍了部分重构与整体重构、静态重构与动态重构的主要概念，以及它们的基本特点。一般而言，如果应用规模较小，那么使用静态、整体重构的软件定义架构最为简单，且能充分利用空域计算和阵列中流水线计算的高性能和高效率优势；而当应用规模较大时，动态、部分重构是更好的设计选择，它们能以更小的配置代价进行功能重构，直到完成整个应用。限于篇幅，本节没有对配置系统具体的硬件设计进行过多描述，感兴趣的读者可以参考相关资料[60]。

3.1.6　小结

本节重点讨论了软件定义架构的计算单元、片上存储、对外接口、片上互连、配置系统的设计。没有过多介绍电路层实现细节，而是在每个模块设计中尽可能详细地介绍和分析多种设计选择，构建一个相对完整的、多维度的架构设计空间。实际上，本节曾多次提到，每个维度的具体设计选择都应当按照应用场景的需求来决定。这也是软件定义架构目前最主要的发展趋势之一，即为不同领域的应用设计不同的架构，充分发挥其能效优势，而不是为了通用化而牺牲性能，或是像 ASIC 那样过度定制化而失去灵活性。此外，新型的软件定义架构更倾向于使用简单的硬件结构，而将复杂的逻辑功能交由编译算法解决，以获得更高的硬件能效。

在过去的二十余年时间里,软件定义架构的整体设计空间已经被探索得相对完善,但以上内容仅介绍了单个维度的设计选择,没有深入讨论各维度组合时要考虑的问题。在后续章节,将介绍如何合理地组合不同的维度,构建一个真正高效的计算架构。此外,在学术界和工业界目前已经有了敏捷开发工具,能够快速生成硬件架构,并支持自动化设计参数探索,可用于高效地从应用出发构建完整的软件定义架构系统。3.2 节将对典型的开发框架进行详细介绍。

3.2　软件定义架构的开发框架

3.1 节介绍了软件定义架构完整的设计空间,并在每个维度上给出了几种典型的设计选择。但实际构建高效的软件定义架构时,仅仅考虑单个维度的设计选取是不充分的。主要原因在于不同维度之间实际上并不是独立的,例如,不同类型的计算单元对存储系统的需求不同,同时也会影响配置系统的设计。由于多个维度之间往往是相互依赖、相互影响的,独立考虑每个维度并不一定能找到最合适的方案,还需要综合考虑多个维度之间的关系。此外,在同一维度下,3.1 节介绍的各种方案可以视为整个设计空间的边界,提出的多种设计选择往往是同一维度下的几种边界方案,它们具有截然不同的结构特点,关注的计算指标也是不同的。例如,多指令动态调度的计算单元和单指令静态调度的计算单元,前者对应用的适用性更强,但结构复杂、硬件开销大,计算能效相对较低;后者结构简单、硬件开销小,计算能效更高,但通常只面向计算规则的应用。这种情况下,往往可以通过合理地组合不同的结构,在几种方案之间进行折中化设计,保留几种结构的优势,互相弥补劣势,获取更平衡的计算指标。这种混合式的设计策略也是目前软件定义架构的发展趋势之一。

从以上分析可以看出,软件定义架构具有庞大的设计空间,每个维度都有许多种设计方案,且多个维度之间相互联系。因此,想要根据需求选择出最为合适的架构设计是非常复杂的工作。3.2.1 节首先介绍领域前沿的研究如何处理计算、控制与访存之间的关系,这三者是对性能影响最大的关键因素。随后以混合式阵列结构、混合式互连结构为例介绍如何有效地对单维度的几种设计方案进行平衡和探索。

此外,软件定义架构目前仍然没有统一的设计方案,这意味着针对每一个新领域的需求,都需要重新进行架构设计。当需要对自己设计的架构进行验证时,往往要编写行为级仿真器和 RTL 级代码,耗费大量的工程时间。为了缩短开发周期,目前学术界已经有研究提出了敏捷硬件开发框架,它们提供了完整的工具链,能够从高层次的行为描述语言自动生成底层的硬件架构,还允许快速地对架构参数进行探索和优化。3.2.2 节介绍两种典型的开发框架,它们能够帮助用户快速验证想法,节约设计的时间成本。当敏捷硬件开发框架进一步发展成熟时,掌握这些自动化的工具将成为每一位架构设计师必备的技能。

3.2.1　架构设计空间探索

本节以典型的架构为例,讨论如何合理地构建软件定义架构系统。对于多设计维度关系的处理,目前主要有两种设计思想,一种是解耦合(decoupling)设计,即将阵列的功能更加细粒度地划分为计算、访存与解耦,使用独立的功能模块分别实现这些功能。由于每种模块仅需支持有限功能,仅使用较为简单的硬件就可以实现预期功能。通过解耦,硬件电路可以由多个简单模块组成,多个模块之间通过特定的接口协同工作,而不是将所有功能都放置在阵列内部,使阵列过于复杂。另一种设计思想为紧耦合,如近存计算(near data processing,NDP)和存内计算(processing in memory,PIM),它们以存储器为主体,将计算尽可能地靠近存储单元,甚至嵌入存储器阵列当中,以解决存储瓶颈的问题。对于单维度的选择,重点介绍混合式设计,在几种互补的方案之间折中探索,最终选取最符合需求的设计节点。

1.　计算、控制与访存解耦

应用中所包含的指令可以分为计算指令、控制指令与访存指令。从软件的角度看,这些指令之间相互耦合,按顺序执行,直到正确完成整个计算任务。但从硬件的角度看,不同类型的指令对硬件资源的需求是不同的:计算指令需要对整数或者浮点数完成通用的算术运算,如加减乘除等;控制指令主要需要条件计算,如比较数字大小等;访存指令除了加载和存储,还包括地址计算相关的指令,而计算地址只需要整数的乘法与加法即可完成。如果将所有指令都放到计算阵列中,那么每个功能单元都必须支持所有的运算功能,但实际上指令所需计算资源只占一小部分,例如,被映射了控制指令的计算单元只会使用到条件计算,计算单元内的算术计算资源都将处于闲置状态。如果能够针对每种指令的特点为它们分别设计单独的模块,每种模块只提供该种指令所需的计算资源,那么就可以有效提高资源利用率。

此外,指令解耦合的另一个主要优势是并行度更高。许多应用中,用顺序执行语义的高层次语言描述应用,会附加额外的依赖关系,降低程序并行度。指令解耦后,每部分指令的数据依赖和控制依赖可以更为直接地分析。以稀疏向量点积(sparse vector-vector product,SPVV)为例,算法如图 3-27 所示,在图 3-27(a)中所示的源代码用高层次语言编写,循环体的内部包含对两个稀疏向量的 idx 和 val 数组的访存指令、对 idx 值的条件比较,以及乘法和加法算术计算。如果仅观察代码结构,代码中存在着循环级依赖(loop-level dependence),即必须在上一个循环计算并更新完 i1 和 i2 之后才能开始下一个循环。此外,循环体内部的指令之间也存在依赖关系,多个分支语句意味着密集的控制依赖,对数组的访问包含对 i1 和 i2 的数据依赖,而复杂的依赖关系将会严重降低指令级并行度。但如果从计算、访存与控制指令解耦的角度分析完整的运行过程,独立看待每部分指令块,再去分析指令块之间的依赖关系，往往能够挖掘更多的并行度。图 3-27(b) 展示了解耦运行的例子，图中的每个节点只负责单种指令地执行，它们之间的连线代表了通过数据传递来满足依赖关系。由于每种模块都可以相对独立的执行，只有在需要同步时才会等待数据到达，因此计算的并行度可以有效提高。以下两小节将更详细地介绍指令解耦机制。

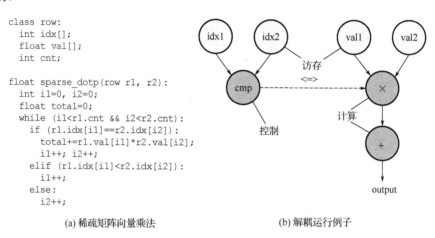

```
class row:
  int idx[];
  float val[];
  int cnt;

float sparse_dotp(row r1, r2):
  int i1=0, i2=0;
  float total=0;
  while (i1<r1.cnt && i2<r2.cnt):
    if (r1.idx[i1]==r2.idx[i2]):
      total+=r1.val[i1]*r2.val[i2];
      i1++; i2++;
    elif (r1.idx[i1]<r2.idx[i2]):
      i1++;
    else:
      i2++;
```

(a) 稀疏矩阵向量乘法　　　　　　　　(b) 解耦运行例子

图 3-27　计算、访存、控制的解耦：以稀疏向量点积为例

1) 计算与访存解耦

计算与访存解耦(decoupled access execution，DAE)能够让计算与访存并行执行，同时增大计算指令和访存指令的并行度。在图 3-27 的例子中，有 4 个内存加载模块分别加载向量 r1 和 r2 的 idx 和 val 数组的所有数据，而计算单元只接收有效数据进行乘法和加法操作。条件计算单元(cmp)接收并比较 idx1 和 idx2 的数据，根据比较结果控制访存和计算的行为。若条件为真，则计算单元开始计算，否则数据被忽略，计算单元无须计算；而加载单元则根据计算结果决定保留或丢弃 val1 和 val2 数组中加载的数据。

通过这种运行模式，计算指令和访存指令可以在不同的模块上运行。计算指令只需要等待接收数据，并开始相应的运算；而存储指令只需要按顺序对配置好的内存区域进行数据加载即可，两者之间的协作由条件指令来保证。在硬件上看，访存指令访问的地址都是连续的，它们所需的计算只是对地址进行递增操作，因此访存所需的计算操作在硬件上只需要简单的加法器就可以完成，而不占用计算阵列内的任何资源，这将使得阵列中更多的计算单元可以被用于算数运算。例如，原本 4×4 的阵列部分需要计算访存地址，只有少数计算单元能够进行有效的乘加运算；在解耦之后，所有的计算单元都可以用于乘加计算，在内存带宽足够的情况下，可以对原本的循环进行更多次的循环展开操作，大幅提高计算性能。

　　该例中的解耦运行机制也有一定限制。在不使用计算阵列的情况下，访存模块只能使用简单的整数运算电路生成几种固定模式的访存序列（如连续线性访存），因此需要将随机化的访存指令聚合为粗粒度、特定模式的访存指令序列才能够充分发挥访存模块中地址计算效率。在图 3-27 的例子中，从整体运行流程上看，解耦的执行方式实际上加载了所有可能需要的数据，对 val 数组执行了更多的加载命令，再将其中一部分按照条件抛弃；而顺序化执行只需要根据条件判断结果，加载那些实际计算需要的数据。这里的访存解耦采用了冗余加载的方式，将原本依赖于输入数据的访存指令扩展为对 val 数组中所有数据的访存，因此才能使用简单且高效的访存单元完成加载任务。总体而言，在软件定义架构面向的许多领域，应用中绝大部分的数据访问是规则的，且具有相似且简单的特征，因此指令与访存的解耦方式可以广泛应用到许多加速领域中。

　　目前，越来越多的软件定义架构采用了解耦合的设计思想。计算与访存解耦设计的典型架构有 Plasticine[20]、Softbrain[10]等。Softbrain 是具有多层次存储解耦的典型架构，图 3-28 为其架构框图，其中 SD 是任务的调度单元，负责处理流之间的依赖关系，将满足依赖的计算任务分发到其他模块开始进行计算。Softbrain 采用了 CGRA 作为计算核心，其内部只包含单指令、静态调度的计算阵列（类似于 DySER），只负责高效率地完成计算任务，但不执行任何与访存相关的指令，也不包含任何存储单元。架构中含有多个存储引擎，包括 MSE、SSE 和 RSE，它们负责根据配置自动生成访存地址，完成不同层次的访存任务。其中，MSE 将产生的地址发送到主存用于访问片外数据；SSE 内部含有 SPM 以缓存片上数据，它产生的访存请求主要访问内部的 SPM；RSE 则是暂存阵列在某次迭代中的临时计算结果，用于下一次迭代使用。这些单元内部都包含了可配置的地址产生单元，AG 中含有地址计算所需的整数加法器和乘法器资源，通过配置特定的参数，AG 就可以自动计算出相应的访存地址和访存指令。如图 3-28(b) 所示，通过配置起始地址、步长、单步尺寸和步数参数，Softbrain 可以支持线性、步进式、重叠式和重复式的访存模式，而这些模式对于其所面向的应用是完全充足的。

　　当使用 Softbrain 加速应用时，编译器会将访存序列按照其层次分配到对应的存储引擎中，并根据序列模式配置 AG，而将计算指令全部映射到 CGRA 上。在运行过程中，存储引擎独立访问内存，获取数据后发送到 CGRA 的向量接口中；在向量接口中的数据准备就绪后，阵列可以针对这些数据进行有效计算，计算结果经过输出端的向量接口后被存放到相应的内存中；整个过程不断循环直到任务计算完成。可以看到，访存与计算解耦在硬件结构中带来的最主要优势在于，它使得计算阵列和访存引擎的功能更为专一，只做特定的任务，从而使得模块结构更为精简，并且利用率更高。而在软件定义架构中，结构的精简往往意味着更高的计算性能和能效。此外，整体架构的硬件设计也更加模块化，如果有新应用需求新的计算

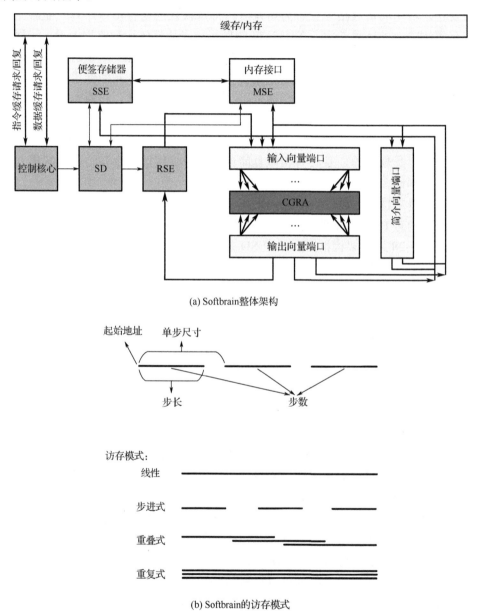

模式，那么只需要修改 AG 支持的参数，无须改动其他模块，从而降低架构设计迭代的时间成本。

(a) Softbrain整体架构

(b) Softbrain的访存模式

图 3-28　计算与访存解耦的架构示意：以 Softbrain 为例

2) 计算与控制解耦

前述内容介绍了计算与访存的解耦，实际上计算与控制指令也可以解耦，这样能进一步保持计算单元的功能简洁。3.1.1 节介绍过，在单指令和静态调度的计算阵列中支持控制流会降低计算效率，如果能将控制指令转移到阵列的外部用单独的单元实现，那么就可以更加充分地发挥简单阵列的优势。这种做法具有可行性，一方面在于软件定义架构面向的应用中只有有限的控制流，否则应用的潜在加速空间有限，使用处理器进行顺序执行会更有效；另一方面，一类应用中的控制流也符合特定的模式，而针对特定的控制流进行模块设计并不复杂。基于这些原因，至少可以将部分控制流从计算阵列中解耦。尽管如此，对于循环体内部过于细粒度的控制指令，如前述 SPVV 的例子，这些指令需要频繁地和计算指令进行交互，这种类型的控制流仍然是放到阵列内部更为合适，例如，Softbrain 中将 SPVV 中的这种控制流抽象为 stream-join 类[61]，通过在计算单元中增加简单的控制逻辑就可以取得很好的加速效果。

　　目前，软件定义架构中对计算与控制解耦的研究主要侧重于将循环级的控制流解耦，以支持不同的循环级并行模式。循环级的控制流影响了线程级的粗粒度并行，阵列对这类控制流的处理效率很低，会使得并行度大幅下降。而循环级控制流的模式相对更为固定，这使得硬件设计更为简单。例如，图 3-29 中是 Plasticine 对控制流的解耦，它使用了 3 种控制结构，分别支持串行化（sequential）运行、粗粒度流水线（coarse-grained pipeline）和流（streaming）控制三种模式。类似地，ParallelXL[62]中

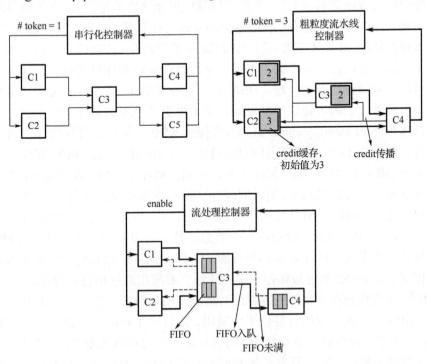

图 3-29　Plasticine 中的控制模式

采用连续传递(continuation passing)机制, 使用特殊指令在运行过程中动态地生成或消除任务, 且能够支持 fork-join、数据并行、嵌套递归等多种灵活的任务级控制流。DHDL[63]在编程模型上就提供了计数器、管道、串行、并行和元管道等原语用于描述任务级控制流, 以方便在硬件上生成解耦的加速架构。

2. 近存储计算: 计算与存储的紧耦合

与前述解耦的设计思想相反, 软件定义架构中的另一研究方向在于加深不同模块之间的耦合度, 尽可能将原本联系越密切、通信越频繁的模块放得越近, 以减少它们之间数据传递的频率和代价。这种思想最典型的应用便是计算与存储的紧耦合, 包括近存计算与存内计算。存内计算侧重于电路级的研究, 将在 3.3 节介绍。本节简单讨论近存储计算相关工作。

对于 NDP, 为了实现计算与存储的紧耦合, 减少数据移动的代价, 可以将计算下放到存储的附近, 也可以将存储放置得更靠近计算。对于后者, 现有的多级缓存, 或者将片上 SRAM 替换为嵌入式 DRAM, 都是将存储放置在离计算更近位置的方法, 前者还是一个有待探索的方向。这是因为如果将计算下放到存储的位置, 那么整个系统就具有多个计算区域, 不再是传统的冯·诺依曼架构了, 这需要对系统架构进行新的设计和探索。

主流的研究方向是利用 NDP 来提升领域应用加速器的性能。现在工业界最流行的方式是将 3D 堆叠的存储芯片利用硅上的互连与计算芯片连接。Nvidia 最新 GPU 加速器 A100 的 80GB 版本就使用了 HBM2e 技术的内存。HBM2e 通过将 DRAM 芯片堆叠在一起, 然后在一片裸硅上平铺这个堆叠(stack)和计算芯片, 在裸硅上制造互连从而将二者紧密结合在一起。HBM2e 内存能提供 1024 比特的位宽和每秒几百吉字节量级的带宽。因为知识产权原因, 学术界更多地使用另外一种工艺, 即混合存储立方体(hybrid memory cube, HMC)来探索 NDP 可能的优势与设计空间。HMC 是美光与三星在 2011 年共同研发的存储技术, 与 HBM 类似, HMC 同样利用过硅孔, 将多块 DRAM 芯片三维连接在一起。不同之处在于 HMC 在 DRAM 堆叠的底部还额外堆叠了一块逻辑芯片, 用于实现存储控制逻辑和输入输出转换。另外, HMC 对外接口不再是并行的, 而是使用了高速串行接口, 并支持多个 HMC 堆叠之间的直接通信。由于 HMC 结构天然具有 NDP 的特性, 许多研究工作探讨了在 HMC 底部的逻辑芯片中嵌入不同计算核心的可能, 如 CPU、GPU 或其他定制逻辑等。同样也有工作探索了 HMC 如何与软件定义芯片结合对应用进行加速的方法。

HRL[64]中考虑到在 HMC 的逻辑层对所承载的逻辑的面积和功耗都有比较严苛的要求, GPU 和可编程逻辑计算核不太适用。而针对不同应用其逻辑层也需要功能可重构, 专用电路难以提供重构能力。而软件定义芯片可以比较好地解决这一问题。另外, 如果使用细粒度的计算单元如 FPGA 中的 LUT, 面积代价会很高, 而如果全使用粗粒度的计算单元,那么互连的功耗会很高且控制流代价较大。如图 3-30 所示,HRL 在 HMC 的逻辑层上设计了一个细粒度单元与粗粒度单元相结合的软件定义芯片,既能达到细粒度可重构的功耗效率,也能达到粗粒度可重构的面积效率。对于图计算或者深度神经网络等应用,HRL 能提供专用芯片定制化的加速器 92%的性能。HRL 不但是软件定义芯片与近存储计算相结合的一个架构设计空间探索,也使用了后面将要着重介绍的粗细粒度混合的阵列结构。

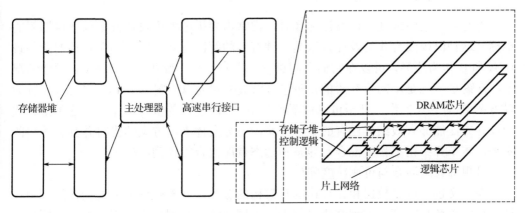

图 3-30 HRL 所使用的 HMC 存储系统

除了 HMC,研究工作 NDA[65]考虑了如何在商业标准内存模组上融入 NDP 功能。如图 3-31 所示,NDA 提出了在 DDR3 的数据通路中接入过硅孔,将数据导出片外的三种方法,分别是在 DDR 的不同数据层级上引出数据。过硅孔将 DDR3 芯片与基于软件定义芯片设计的加速器堆叠在一起,8 个这样的堆叠系统集成在印制电路板(printed circuit board,PCB)上形成一个具有计算功能的标准化 DIMM 模组。这个模组与普通的 DRAM DIMM 模组区别在于每个 DDR3 芯片上面堆叠了一个软件定义芯片加速器。在 NDA 设计中,这个加速器是由 4 个 PE 阵列组成的。这个 DIMM

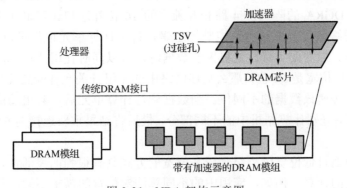

图 3-31 NDA 架构示意图

模组与控制处理器的数据交流同样使用标准的 DRAM 接口，但需要修改 ISA 以支持在加速器上执行计算的功能。NDA 对比了只有 CPU 和软件定义芯片作为协处理器的系统，发现对许多应用来说，利用 NDP 对能效和性能都有大幅度的提升。另外，NDP 还对这种 NDP 的软件定义芯片加速器进行了设计空间探索，考虑了其工作频率、数量以及三种不同的数据通路连接方式对不同应用的性能影响。

3. 混合式的阵列结构

当对某个架构维度进行设计选择时，常常需要折中考虑设计方案以获得期望的指标，这种时候混合式的设计方法是一种有效的解决方案。假设存在互补的两种设计 A 和 B 作为边界，可以在它们之间进行折中和组合，得到设计方案 C。理想情况下，方案 C 应当是动态可配置的，即它可以被配置为以方案 A 工作，也可以配置为以方案 B 的方式工作，甚至可以被配置为 A 和 B 之间的多种工作点。这种组合式的设计方法能够有效结合已有的多种方案，充分发挥不同方案的优势并弥补各自的劣势。本节介绍粗细粒度混合、静态和动态调度混合的阵列结构。

1) 粗细粒度混合与可变粒度阵列

在前文也强调过数据和计算粒度对架构的影响，许多软件定义架构在阵列中设计了可配置数据粒度的阵列结构。首先，不同算法对数据粒度的需求不同。例如，在 AES 等加密算法中，8 位数据计算即可满足要求，32 位的计算单元可同时对 4 个数据进行向量化处理；在深度神经网络计算中，常见的数据粒度为 8 位、16 位或 32 位定点数，部分算法甚至只使用 1 位数据表示权值[66]；稠密矩阵运算则需要尽量大的向量位宽来提高计算吞吐率。这些算法中，数据粒度直接影响了计算的精度、性能和能耗。因此，硬件中如果实现了粗细粒度混合的阵列结构，那么就可以使同一阵列在多种场景需求下使用。

有许多采用粗细粒度混合阵列的软件定义架构，如 DGRA[61]，其互连和计算单元结构如图 3-32 所示。DGRA 阵列支持 16 位、32 位或 64 位的数据通信和指令计算。实际上，DGRA 的阵列由 4 路相互独立的 16 位互连和计算单元组成，其中的每一组互连网络都具有单独的流控制等逻辑，每个计算单元也都可以独立处理 16 位数据的计算。当需要支持位宽更大的数据时，可以同时使用几路资源协作处理。例如，如果数据位宽是 64 位，那么互连网络中的 4 组开关元件配置相同，它们同时向相同目的地传递该数据的不同位。当数据到达计算单元后，4 组功能单元需要通过合适的配置，分别计算结果中的不同部分，最后将结果重新连接为 64 位数据发送到其他单元。

DGRA 中通过低位宽阵列组合成高位宽的方式具有很强的灵活性，它可以同时支持多种位宽的计算。例如，应用中的不同算法对位宽的需求不同，只需要将每部分算法对应的硬件资源配置成相应的位宽，就可以在不切换配置的情况下直接进行

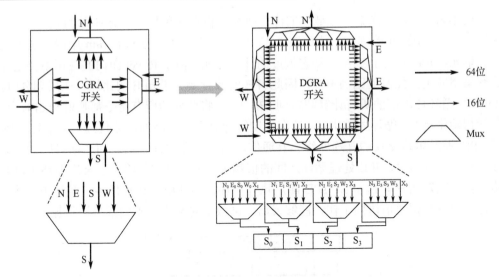

图 3-32　DGRA 中的混合粒度互连和计算单元结构

混合粒度的计算，尽管这对编译算法会有较高的要求。DGRA 的硬件开销主要在于独立控制每个子阵列带来的控制代价，例如，每个子互连网络都需要独立的数据寻址控制(如 Mux 单元)，每个子功能单元也都需要单独的操作数缓存单元。

软件定义架构中实现混合粒度阵列有多种形式，它们适应于不同的场景。例如，HReA 面向通用加速领域，许多应用中含有复杂的控制流，它的阵列中支持 1 位和 32 位的数据通信，其中 1 位的互连网络可以高效传递控制信号，而不占用数据通信使用的网络。Evolver[36]主要面向深度神经网络的加速，它的阵列可以支持 8 位、16 位或 32 位定点数的计算，并且具有片上的强化学习单元，可以根据使用场景对性能和功耗的要求，自适应地调整数据精度，且能够主动在片上重新训练网络。Morpheus[67]是一款由多种加速架构组合而成的 SoC 系统，它包含多种粒度的异构计算架构，如细粒度计算的 FPGA、32 位粗粒度数据的 CGRA、4 位中粒度的 PiCoGA 等。

2) 静态和动态调度混合阵列

3.1.1 节曾详细探讨过静态、动态调度计算单元的设计要点，并对它们进行了详细的比较。事实上，这两种调度机制在许多指标上是互补的，例如，静态调度对规则应用的计算性能和能效更高，动态调度对不规则应用的计算性能更高；静态调度硬件开销小，而动态调度所需面积和功耗都较大等。应用中一般都包含各种层面的控制流，如循环迭代的控制、访存的控制等，此外循环体内部指令中计算指令占据绝大部分。这种情况下，仅使用单种类型的计算单元无法满足整体应用的需求。如果能够在阵列中同时使用两种类型的计算单元，将应用进行合理的划分，那么计算密集的部分分配到静态调度的子阵列，而含有控制流的部分映射到动态调度的计算单元中，则可以很好地结合两种计算单元的优势，同时尽可能规避各自的劣势。

近年来，软件定义架构领域中的部分研究工作对这种静态、动态调度的混合阵列进行了探索。Revel 的阵列结构如图 3-33 所示，其中 sPE 为 Softbrain 中静态调度的计算单元，dPE 使用了 TIA 中动态调度的计算单元。由于 Revel 面向的应用主要是计算密集型应用，控制流比例不高，因此 sPE 的数量要大于 dPE 的比例。应用划分时，Revel 将循环体内部的所有计算映射到 sPE 上，而将此外的所有指令都映射到 dPE 上，包括初始化指令、循环控制指令、访存控制等计算占比不高的部分代码。硬件上，dPE 和 sPE 通过电路交换的互连网络相互通信，由编译器保证它们之间通信时序的正确性。在运行过程中，dPE 处理循环之间的依赖关系，一旦它们确定了某次循环可以开始执行，就发送令牌到 sPE，sPE 随后执行循环体内的所有计算任务。两种 PE 并行运行，通过数据通信协同工作，能够灵活、高效地对应用的不同部分进行加速。

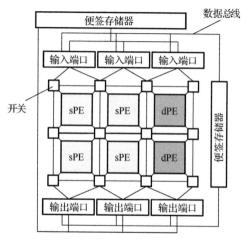

图 3-33　Revel 中的静态、动态调度混合的阵列结构

目前，采用静态、动态调度计算单元混合的软件定义架构并不是很多，可能原因主要有以下几方面。从软件角度而言，混合式的计算单元对编译算法的要求极高。一方面，编译器需要对应用进行合理的划分才能充分发挥异构阵列的优势，而子图划分问题仍然没有高效的算法；另一方面，如果通过编译器保证两种计算单元之间工作的正确性，编译器对指令调度的探索空间将会大大增加，找到最优调度方案的难度也将随之提升。从硬件角度来看，混合阵列结构也会使得设计空间太大，例如，如何分配两种 PE 的数量，如何以较小的代价设计两者之间的接口保证数据通信的正确性，解决这些问题仍然是关键而又具有挑战性的工作。

4. 混合式的互连结构

软件定义架构的主要特征是空域流水线执行，这种运行模型会引起频繁的数据通信，这对互连网络的设计提出了很高的要求。一方面，互连网络应该具有灵活性，若互连网络中不具灵活性，即数据传递的路径在编译阶段决定，就会造成网络资源利用率的不平衡，某部分开关在运行时频繁地传递数据，而其他开关可能很少被使用，导致利用率下降。另一方面，网络必须提供高带宽、高吞吐率的通信性能。目前，软件定义架构的数据路径宽度在不断增长，网络的带宽也必须随之增大，否则通信将会成为整个架构中的瓶颈。

互连网络可以分为静态或动态两个大类。静态网络是指基于电路交换(circuit switch)、由静态配置的开关组成的网络，数据通信路径在运行中不变；动态网络是指基于包交换(package switch)、由动态寻址的路由器组成的片上网络。静态网络主要特点是结构最简单，硬件实现的面积效率和能量效率(平均每位数据传递需要的面积和功耗)更高，因此在硬件开销相同的情况下传递大位宽数据(如向量)，采用静态网络能获得更高的能效和数据带宽。静态网络的缺点主要在于它严重依赖于应用特性，依赖于编译算法合理地将通信路径平衡分布到整个网络上，这会导致对于许多不规则应用中静态网络内通信不平衡问题，部分资源无法得到充分利用。此外，静态网络中的开关单元不能被多条通信路径共享，编译器必须将整个应用的所有数据传递映射到网络中的不同开关上以防止冲突，这使得静态网络提供的资源必须超出应用的最大需求才能确保应用正确映射，从而引起资源利用率降低。而动态网络的特点和静态网络截然不同，动态网络中的路由器结构远比开关单元复杂，需要动态寻址、流控制以及避免死锁等逻辑，因此动态网络的硬件开销更大，数据通信的面积和能耗效率更低。动态网络的最主要优势在于其灵活性，它无需编译器静态指定通信路径，而是由路由器中的算法根据运行时流的实时信息动态地查询路径，空闲的路由器也会分担一些通信任务，这使得动态网络的整体利用率较高。同时，路由器内部具有数据缓存，它可以同时被多个数据包共享使用，因此即使网络的规模小于应用中数据通信的需求，这种时分复用的方式也能确保应用映射后能够被正确运行，但代价就是网络可能会经常阻塞，甚至面临死锁等问题。

文献[50]对软件定义架构的互连网络设计空间进行了深入的探索，并提出了混合式的互连结构。和混合式阵列结构设计的动机类似，静态网络和动态网络在许多方面有着互补的指标，将两种网络混合在阵列中能获得良好的折中效果。文献中的工作将静态网络和动态网络同时放置在阵列中，为保证通信正确性，两部分网络并行工作，它们之间不含有通信接口。针对应用划分问题，编译器首先对所有的数据路径进行分析，先将通信频繁、带宽需求大、数据位宽较大的通信路径尽可能地放置到静态网络上，再将剩余的通信不频繁但数据路径不规则的标量通信分配到动态网络上。通过这种方式，静态网络作为大带宽、高效率的主互连网络能满足应用的通信性能需求，而动态网络分担了其余的通信任务，避免非关键的数据路径竞争静态网络的资源，两部分网络都能够得到高效的应用。实验表明，混合式网络能够在达到相同性能的情况下，实现比静态网络更高的面积效率和功耗效率。

将不同网络结构的各项重要指标对比列入表 3-3 中，其中部分比较参照了文献
[50]中的实验结果。需要说明的是，互连网络对整个软件计算架构的影响与多种因
素有关。整体而言，应用的通信特征、计算单元的结构是决定互连网络的最重要
因素。例如，动态调度的计算单元更多地使用动态网络，而静态调度的计算单元
更倾向于使用静态网络，混合使用则很难保证计算和通信的时序正确。此外，即
使对于同一种网络，其内部参数配置(如虚拟通道数量、流控制策略等)也会对整
体性能有非常大的影响，在文献[50]的实验中，对于同一应用使用动态网络，表现
最好和最差的配置引起了 8 倍的性能差异。总而言之，互连网络作为软件定义架
构中连接多个模块的重要组件，设计时必须综合考虑应用和其他硬件模块对通信
的影响，决定合适的指标，再去尝试和比较多种可行的方案，最终选择出最符合
需求的设计方案。

表 3-3　静态、动态、混合式互连网络的比较

指标	静态网络	动态网络	混合式网络
带宽(bandwidth)	高	低	中
延时(latency)	低	高	中
利用率(utilization)	低	高	中
灵活性(flexibility)	低	高	高
面积效率(area/bit)	中	低	高
能量效率(energy/bit)	中	低	高
可扩展性①(scalability)	中	低	高

3.2.2　敏捷硬件开发实例

随着集成电路工艺尺寸的不断缩小，芯片上可容纳的晶体管数量指数级增长，
片上架构的复杂度也在逐渐增加，使得计算架构的开发门槛变高，开发周期也不断
变长。此外，由于摩尔定律的增速放缓，通用处理器的单核性能遭遇瓶颈，这使得
面向特定领域的专用加速器逐渐成为研究热点。这种背景下，软件定义架构的开发
成本正成为阻碍其自身发展的最大障碍之一。首先，作为复杂的计算系统，且具有
多维度的庞大设计空间，想要设计出高效的架构必须实现多种备选方案，在其中比
较选择才能得到符合预期的软件定义架构,而这种架构探索将耗费大量的开发时间。
其次，近年来应用领域的算法变化迅速，软件定义架构作为典型的领域定制加速器，
需要快速更新自身结构以适应新兴领域的需求。

传统的硬件开发模式是典型的瀑布模型(waterfall model)，即将硬件开发周期分
为多个自上而下、相互衔接的基本活动，如问题定义、需求分析、编写代码、运行

① 可扩展性是指随着阵列结构的增大网络能够提供的性能提升。

测试等步骤。基本流程之间相互独立，按照时间顺序执行，只有在整个项目的生命周期末才能看到项目成果。典型的软件定义架构开发流程如图 3-34 所示，设计师首先要用高层语言(如 C++)编写功能级仿真器进行功能验证和设计空间探索。当功能仿真完成后，还需要使用硬件描述语言(如 Chisel、Verilog、SystemVerilog、VHDL 等)编写整个系统的 RTL 级代码并进行行为级的仿真和测试，一般还需要

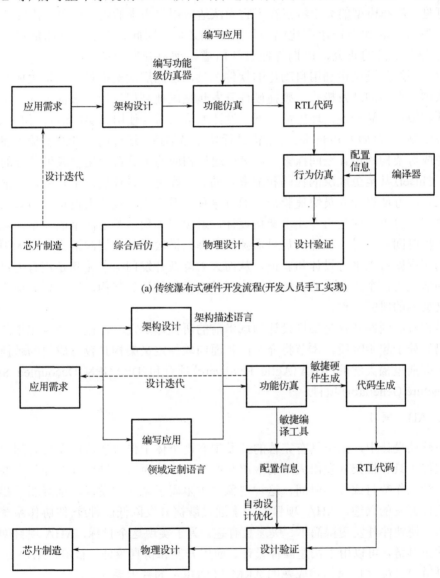

(a) 传统瀑布式硬件开发流程(开发人员手工实现)

(b) 敏捷硬件开发流程(敏捷工具自动完成)

图 3-34　传统硬件开发流程和敏捷硬件开发流程对比

将 RTL 设计综合到 FPGA 中进行验证。测试完成后，硬件工程师需要使用 EDA 工具对 RTL 设计进行综合与布局布线，确认后仿时序满足要求。而所有这些工作完成后，才能够将整体设计进行流片。整体工作流程冗长，步骤繁多，设计人员需要掌握多种语言、多种工具。并且这种开发模式效率低，迭代周期长，若某一步出现问题或是后续架构需求发生变化，往往需要重复整个流程，花费大量时间。可见，瀑布模型的突出特点在于它无法适应用户需求的快速变更，传统架构冗长的开发流程和如今快速变化的应用场景相矛盾。因此，产学两界都重点关注敏捷硬件开发工具的研究，以期降低设计门槛、缩短开发周期。

敏捷硬件开发是指利用自动化的软件工具，由高层次架构设计直接生成对应的低层次硬件电路的开发模式。敏捷硬件开发包括敏捷高层设计、敏捷验证、敏捷物理设计和敏捷产品开发。理想情况下，设计人员只需要使用高层次语言(如 Python)或领域定制语言(如 Halide 等)对架构进行功能级描述，通过简单地改变输入参数就可以完成对架构的设计空间探索，还可以通过相应的工具自动化生成可综合的 RTL 级(如 Chisel)甚至更底层的代码和配置。同时，在每种设计层次上都有对应的仿真验证工具，方便设计人员快速验证。通过这种开发方式，设计人员可以节省大量的开发时间，将更多的精力专注于架构设计，避免因烦琐地验证简单的方案而耗费大量的工程时间。同时，设计人员只需熟练掌握门槛较低的高层次语言，而无须熟悉完整的流程就可以进行设计和验证，从而大大降低开发门槛。尤其是在有大量开源工具的情况下，个人也能够在短时间内开发出完整的计算架构，这将极大地推动软件定义架构的研究工作。

尽管敏捷硬件开发是架构设计领域当前的研究热点之一，但开源且完整的开发平台仍然处于起步阶段。本节将介绍两种面向软件定义架构且较为成熟的敏捷开发平台，即斯坦福大学的 AHA(Agile Hardware)项目和 DSAGEN(Decoupled Spatial Architecture Generator)项目。

1. AHA 项目

在软件设计中，由于具有完善的开发生态，个体工作者也可以在短时间内使用各种软件工具和框架开发出大型的应用和产品。比较而言，硬件开发经常需要大型团队持续工作数月或数年时间，这种现象严重阻碍了硬件的发展，也减弱了相关人员对硬件开发的兴趣。AHA 项目致力于通过敏捷开发降低硬件/软件协作系统的开发门槛，使硬件开发变得简单、快速且有趣。为了实现这个目标，AHA 项目创建了开源的工具链，可以用于快速硬件设计、应用开发和仿真验证。目前，AHA 使用这些工具链已经能够快速构建成熟的 ARM 和 CGRA 的片上系统。

尽管如今的计算机辅助设计(computer aided design，CAD)工具已经非常强大，尤其是高层次综合等工具，已经能够让开发人员设计出复杂的系统。但对于软件定义架构的设计场合，硬件架构和应用算法都在不断变化，并且对性能和功耗等指标有着极高的要求，传统的 CAD 工具仍然显得效率不足。软件定义架构的敏捷硬件开发要求软件工具能够具备以下几点关键特征：

(1)提供轻量级的架构描述语言，让用户能够高效地进行高层次的设计空间探索。

(2)提供高层次的算法描述语言，让用户能够便捷地描述应用算法。

(3)提供自动化硬件生成工具，能够根据用户描述的高层架构快速生成底层硬件描述。

(4)提供编译与映射工具，能将应用算法映射到用户描述的硬件架构上并产生相应配置。

(5)提供多层次的仿真与验证工具，减少用户的测试周期。

AHA 为以上问题提供了相应的工具，构建了敏捷硬件开发的完整环境[68]。如图 3-35 所示，在 AHA 提供的开发流程中，用户需要使用领域定制语言描述硬件架构，包括 PEak、Lake 和 Canal，这些语言具有较高的抽象层次，直接对应了软件定义架构的各个模块。同时，AHA 提供了 Halide[69, 70]和 Aetherling[71]等工具用于描述应用，代码中包含了算法和硬件调度逻辑，以方便编译器进行相关优化。当硬件架构确定后，编译器能够使用架构的关键参数，高效地完成算法映射和指令调度工作，并生成相应的配置流。此后，如果硬件结构在后续迭代中改变，编译工具会自动地追踪每个模块的变化，分析这些改变对应用映射结果的影响，增量式地改变先前的映射结果，而不需要对应用进行重新编译。基于这些特征，AHA 能够适应迭代式开发流程的需求，高效地支持架构设计和迭代。以下内容将详细介绍每个模块。

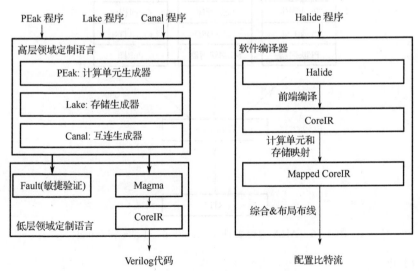

图 3-35　AHA 敏捷硬件开发框架

1) 敏捷架构描述

如图 3-36 所示，AHA 使用三种 DSL 描述软件定义架构：PEak 用于计算单元，Lake 用于存储器，Canal 用于互连网络。三种语言可以独立编写，每一种都有对应的编译器生成相应的中间表达形式，三者的输出可以使用相应的验证工具进行功能验证，也可以使用硬件生成工具生成 RTL 级代码。

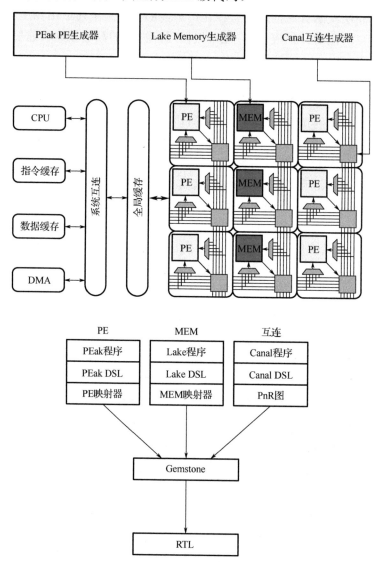

图 3-36　AHA 敏捷硬件生成：PEak、Lake 和 Canal

（1）PEak

PEak 是基于 Python 的 DSL，用于描述计算单元的功能模型。PEak 对象是对计算单元的高层次抽象化描述，它声明了指令集、结构状态以及每条指令的行为。每个 PEak 对象有多种用途，可以将其纯粹作为功能模型用于仿真，也可以在相应工具(SMT[72]、Magma)的配合下将其作为 RTL 生成器，或者在其他层次的测试中用作仿真模型。

图 3-37 展示了使用 Python 构建 PEak 对象的示例，其中每个 PE 类 init 函数定义了计算单元的组成模块，如寄存器、输入输出通道、结构状态等，而 call 函数则定义了计算单元的具体行为。例子中的计算单元含有一个数据寄存器和一个位寄存器，它能够根据配置执行求反、位与、乘法、加法以及输出寄存器值的功能。可以看到，使用 PEak 描述计算单元只需直接声明指令集、输入输出接口以及逻辑操作，无须考虑时序等复杂的问题。相比于使用 Chisel 或者 Verilog 等硬件描述语言，PEak 语义更清晰，易读性强，只需少量的代码就能快速构建可以用于仿真和硬件生成的 PEak 对象。如果需要复杂的计算单元结构，如扩展指令集、更改数据位宽等，则可以在简单的结构基础上进行迭代式的修改，从而大大缩短设计周期。

```
class Opcode(Enum):
    Add = 0
    And = 1
class Instruction(Product):
    op = Opcode
    invert_A = Bit
    scale_B = Bit
    reg_out = Bit
# Data is Bitvector
Data = Unsigned[16

PE 指令集声明

pe = PE()
inst = Instruction(
  Opcode.Add,
  Bit(0), # invert_A
  Bit(1), # scale_B
  Bit(0)) # reg_out
out,flag = pe(
  inst,
  Opcode.Add,
  Data(2), # A
  Data(3), # B
  Data(5), # C
  Data(0)) # c_in
assert out==Data(17)
assert flag==Bit(0)

PE Python执行
```

```
class PE(peak)
    def __init__(self):
        self.o_reg = Register(Data)
        self.f_reg = Register(Bit)

    def __call__(self,
                 inst: Instruction,
                 A:Data,
                 B:Data,
                 C:Data,
                 c_in:Bit
                 ) -> (Data,Bit):
        if inst.invert_A:
            A = ~A
        if inst.scale_B:
            B = B*C
        if inst.op == Opcede.Add:
            # adc = add with carry
            res,flag = A.adc(B,c_in)
        else: # inst.op == Opcode.And
            res = A & B
            FLAG = (res == 0)
        if inst.reg_out:
            res = self.o_reg(res)
            FLAG = self.f_reg(flag)
        return res,flag

PE 功能声明
```

图 3-37　PEak 对象示例

(2) Lake

与 PEak 不同的是，Lake 从相对底层的、以硬件为中心的描述中构建存储模型。

这主要是由于软件定义架构中的存储系统具有多种层次、多种结构，使用相对底层的描述能够让硬件设计者更精确地进行设计空间探索，以选择最为合适的存储系统。Lake 存储模块中包含有一个或多个存储单元，用于串并转换、地址生成等功能的子模块，以及这些单元或模块之间的互连结构图。图 3-38 中是一个由 Lake 构建的存储系统示例，其中包含三个存储单元和多个地址生成器。每个模块都具有特定的参数，如端口数、端口宽度、延时信息等，地址生成器还有额外的参数用于声明特定模式的访存序列。这些参数将被 Lake 编译工具分析，用于行为仿真以及生成符合要求的硬件结构。同时，用户只需改变参数，就可以快速生成各种类型的存储系统，也可以通过编程进行自动化的参数空间探索，极大地简化了存储系统的设计流程。

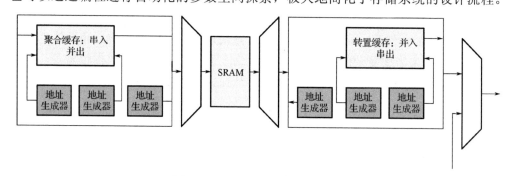

图 3-38　Lake 构建存储系统示例

（3）Canal

在用户定义了计算单元和存储系统后，Canal 工具可以产生互连将其连接起来。Canal 程序使用有向图表示互连结构，其中节点代表数据的接收方，有向边代表连接关系。一个节点可以有多条输入边，代表该节点可以收多种数据，硬件上一般对应着多路选择器。在 Canal 中，为节点定义合适的属性即可声明不同的网络拓扑。例如，在节点中定义二维坐标属性代表着网格状拓扑，定义类别属性代表了该节点是阵列的端口或是流水线寄存器。类似地，Canal 中的节点或者边都具有可配置的参数，用于指定位宽和延时等信息，方便设计参数探索。Canal 的工作流程如图 3-39

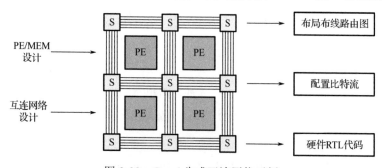

图 3-39　Canal 生成互连网络示例

所示，根据计算单元和存储器的数量及参数，Canal 为其产生互连信息，包括用于
布局布线的路由图、开关单元的配置比特流和互连的 RTL 级代码。

2) 敏捷算法描述

AHA 项目主要面向图像处理、机器学习等领域的前沿应用，它使用 Halide[69, 70]
语言描述应用。Halide 是一种数据级并行的 DSL，它将应用分为算法和调度两部分，
其中算法用 C++函数进行描述，代表了计算过程；而调度部分主要面向硬件，它指
定了算法中哪些计算需要加速、数据在内存中的层次，以及循环的并行度信息。通
过显示指定这些调度信息，编译器能够对数据分布和分块、循环处理等做出更合理
的优化。图 3-40 展示了 Halide 编译并映射 3×3 卷积运算的例子。Halide 对应用的
编译和映射由以下几个基本流程组成：

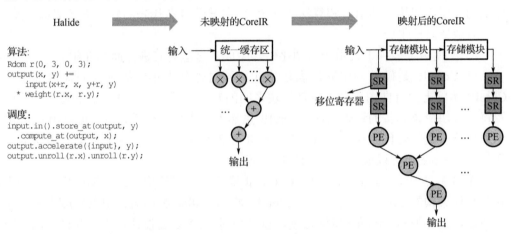

图 3-40　Halide 编译和映射 3×3 卷积运算

（1）编译器首先将用户输入程序编译成 Halide 内部的中间表示形式。这种中间
表示形式不考虑任何硬件信息，仅仅是存放了循环内部的计算核心指令，内存的操
作由对无限大多维数组的读写来表示。

（2）编译器将 Halide IR 转化为未映射的 CoreIR[73]（unmapped CoreIR，uCoreIR）。
这个过程中，编译器将计算语句转化为 CoreIR 的位向量计算原语，并提取出所有的
访存指令，转化为针对流式内存(称为统一缓存区，unified buffer)的操作指令。由
计算核心和流式内存组成的数据流图即 uCoreIR。uCoreIR 仍然只具备应用的信息，
而不面向任何具体的架构。

（3）Halide 编译器将 uCoreIR 输入映射器(mapper)进行初步映射。映射器会根据
硬件模块的参数信息，将 uCoreIR 中包含的计算指令映射到对应的计算单元中，将
对流式内存的访问指令映射到对 Lake 生成的存储器的访问。这个过程中编译器还将
对 uCoreIR 进行许多常用优化，如常数折叠、子表达式消除、死节点移除等。此时，

生成的数据流图将由硬件计算单元和存储模块组成，而不再是由指令组成，这种数据流图称为映射后的 CoreIR(mapped CoreIR，mCoreIR)。

(4)当 PEak、Lake 和 Canal 工具生成了具体的硬件架构和相应参数后，Halide 编译器将 mCoreIR 上的节点映射到实际硬件阵列中，并在节点之间完成布局布线，生成相对应的配置信息。

可见，在 Halide 编译器工具的帮助下，用户只需要使用 C++编写算法，并指定特定的调度方案，编译器就会自动根据架构生成对应配置，而无需用户的干预。此外，如果应用编译完成后，用户改变了硬件架构，如计算单元的架构发生变化，那么 PEak 工具会重写 Halide 所需的硬件信息，编译器会自动地根据重写后的信息，只更改计算指令到计算单元的映射，而不需要重新编译整个应用。因此，使用 AHA 提供的高层次架构描述语言和算法描述语言，尤其适合迭代式的软件定义架构开发。

3)敏捷硬件生成

AHA 使用了多种工具用于自动化硬件生成，这里对其进行简单介绍。

(1)CoreIR 是硬件的中间层表达形式，同时也是指相应的硬件编译器框架，CoreIR 实际上用有向图描绘了硬件模块之间的互连关系，它本身记录了硬件架构以及每个模块应该具备的逻辑功能。CoreIR 虽然不代表任何硬件，但是可以由 CoreIR 生成功能一致的硬件。因此，可以将 CoreIR 作为高层描述语言和硬件架构语言的中间件，由 CoreIR 可以编译生成 RTL 级代码。

在图 3-35 中，由 PEak、Lake 和 Canal 描述的高层架构，经过编译后最终输出就是目标架构的 CoreIR 表示，这个 CoreIR 将被 Halide 编译器调用以对应用进行布局布线，也将被 GemStone 编译器使用以产生对应的 RTL 设计代码。此外，CoreIR 提供了一系列的核心硬件原语，并留有接口用于扩展新型电路模块，这使得用户或者编译器可以针对这些原语进行特定的 IR 级优化。

(2)Magma 是基于的 Python 的硬件描述语言，它的抽象层次位于 Verilog 和 PEak 之间，类似于 Chisel[74]。Magma 是典型的元编程(meta-programming)语言，即使用 Magma 编写的程序，可以经过编译后生成 Verilog 文件，在硬件领域这种特性称为生成器(generator)。Magma 中的基本抽象是电路(circuit)，类似于 Verilog 中的模块(module)，但由于 Python 的高层次语言特征，Magma 的可读性要远好于 Verilog。同时，Magma 中的所有数据都是强类型的，需要指定位宽，只能进行限定的运算，因此任何合法的 Magma 程序都是可综合的。

AHA 中 Magma 是作为 PEak 和 Verilog 的中间件存在的。由 PEak 编写的语言，经编译之后会生成 Magma 语言文件，再经由 Magma 的编译器编译后生成 CoreIR 表示后用于 Verilog 代码生成。

(3)Gemstone 是基于 Python 的硬件生成器的框架，使用它可以轻松设计可配置且可重用的硬件模块。实际上，Gemstone 可以认为是多种生成器之间的编译器，例如，前文提到的 PEak 到 Magma 语言的转换就是由 Gemstone 完成的。Gemstone 是多级的编译框架，如果有多种抽象层次的生成器语言，它可以将高层的生成器语言转换到低一级的生成器语言。因此，可以分阶段使用 Gemstone，例如，在项目初期可以使用抽象层次较高的硬件框架，仅仅只做功能上的测试，快速搭建出完整的系统；而随着时间推移，可以使用 Gemstone 逐渐编译生成抽象层较低的硬件描述，进行更准确的时序仿真，以及面积和功耗估计，并最终生成 Verilog 设计后进行综合和芯片设计。

4）敏捷验证工具

在通用处理器或通用图形处理器（general purpose graph processing unit，GPGPU）等成熟的计算架构中，有 gem5[75]、GPGPUSim 等工具可以用于行为级仿真验证。对于软件定义架构，由于没有统一的硬件结构，当前仍然没有成熟的高层仿真工具。在传统的开发流程中，对硬件架构的测试通常需要在 RTL 级完成后使用 EDA 工具对 Verilog 进行仿真，而行为级仿真通常只能依靠设计师编写相应的仿真器，耗费大量时间。

AHA 项目提供了 Fault 工具，用于高层次的架构验证。Fault 是 Python 中的一个包，它可以用于测试使用 Magma 语言编写的架构。Fault 的主要目标是使用有约束的随机验证（constrained random verification，CRV）的方法，构建可以用于基于运行的仿真和形式验证的统一接口，它以仿真效率、可移植性和性能作为首要指标。Fault 的一大特征在于它的可移植性。例如，用户可以在使用 PEak 编写计算单元后使用 Fault 进行功能验证，随后 PEak 被编译生成 Magma 文件后，仍然可以使用 Fault 进行仿真，并且抽象层次越高，仿真的效率也就越高。这种方式使得测试代码在多个抽象层次上重用，并且编译器会确保生成硬件电路正确性，即如果高层次仿真结果符合预期，那么 RTL 级仿真结果也基本正确，因此使用 Fault 可以一定程度上用效率更高的行为级仿真替代耗时的 RTL 级仿真。

2. DSAGEN 项目

与 AHA 项目相同，DSAGEN[76]提出的初衷是针对当前 DSA 领域烦琐漫长的软硬件开发流程，它同样提供了工具链进行敏捷软/硬件迭代开发。与 AHA 项目所不同的是，DSAGEN 的主要目标是在给定的解耦设计空间中使用硬件原语进行开发探索，而不是提供高层次的架构描述语言。DSAGEN 注重软件定义各个组成模块的解耦合设计，其开发框架在软/硬件接口中提供了多种解耦的模块原语，开发人员使用高层次语言选择适当的模块，组合成完整的计算架构，以此提高架构开发效率。相比于 AHA 项目，由于支持的模块选择有限，DSAGEN 的设计灵活性有所下降，但模块化的硬件设计以及清晰明确的设计空间带来了许多便捷与优势。第一，使用有限硬件原语进行模块化的设计减轻了编译器的压力，编译器能够更高效地将输入程序编译成解耦的数据和指令流；第二，清晰明确的设计空间有助于开发工具进行自动化设计空间探索，即针对相应目标函数，对编译生成的硬件结构图进行迭代优化；第三，由于设计空间的缩小，软/硬件迭代周期能够有效缩短，设计效率大幅提升。

1) DSAGEN 整体开发流程

DSAGEN 中提供的基本模块涵盖了软件定义架构中多个维度的多种设计选择，开发者可以利用高级语言在 DSAGEN 开发框架下快速设计出多种领域专用加速器架构。

图 3-41 给出了 DSAGEN 开发框架的整体视图，包括软件编译、硬件综合、硬件设计空间探索和硬件生成。DSAGEN 使用 ADG 作为软件和硬件的中间件，它由计算单元、存储单元和互连单元构成，用于描述具体的架构实例。类似于 CoreIR，ADG 既可以被直接综合成硬件，也能用于在设计空间探索中迭代产生最优的体系结构描述图。以图 3-42 所示的循环程序段为例，DSAGEN 的自动开发流程如下：

(1) 解耦空间架构编译。图 3-42(a) 中的输入程序经编译后生成解耦的数据流和指令流，内存访问用粗粒度访存数据流表示，计算指令的算子通过数据流图表示。

(2) 硬件映射。图 3-42(b) 中的数据流图被映射到图 3-42(c) 中给定的拓扑架构中，数组被映射到内存中对应区域，数据读写操作被映射到存储访问单元中实现，计算指令被映射到计算阵列，指令间的数据路径被映射到互连网络中。

(3) 设计空间探索。图 3-42 DSAGEN 开发框架根据目标函数，采用相应训练算法，生成最优的体系结构描述图。

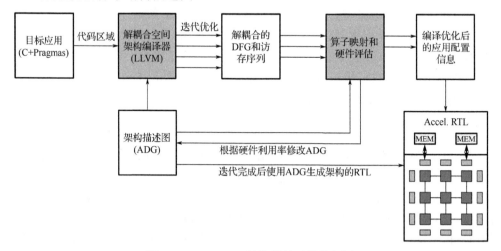

图 3-41　DSAGEN 敏捷设计开发流程图

2) 硬件设计空间

DSAGEN 开发框架限定了架构的整体设计空间，它将设计空间划分为五个维度，包括计算、控制、互连、存储和接口，并且为每个维度提供了参数化、模块化

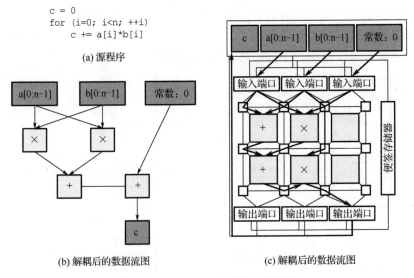

```
c = 0
for (i=0; i<n; ++i)
    c += a[i]*b[i]
```

(a) 源程序

(b) 解耦后的数据流图

(c) 解耦后的数据流图

图 3-42　DSAGEN 敏捷化开发示例

的多种设计选择。图 3-43 为 DSAGEN 完整的设计空间。总体而言，其设计原语与
3.1 节描述的基本一致：

(1) 计算原语用于描述计算单元，DSAGEN 中的计算单元支持单指令、多指令
和静态、动态调度，还可以指定寄存器、数据位宽等参数，这些选择让用户能够组
合出多种类型的计算单元，满足多种场景的指标需求。

(2) DSAGEN 使用开关来构建互连网络，开关模块可以指定内部缓存区大小，
让数据时分复用输出端口，开关中也可以含指令，如可以选择性滤除部分数据。指
定了开关种类，编译器将会生成通信连接矩阵，指定开关之间的互连关系。

(3) DSAGEN 可以基于 SPM 自动化生成内存模型，并且可以指定容量、bank
数量、端口带宽等关键参数。

(4) 延时模块主要适用于静态调度的计算阵列中，用于平衡路径延时，可参考
图 3-11。

(5) DSAGEN 中的接口[①]原语主要用于同步阵列的输入数据，例如，某阵列需要
N 个输入数据才能开始运算，接口模块可以检测数据就绪情况，保证阵列计算时序。

(6) 控制原语主要针对访存地址流控制，该控制模块能够通过配置生成多种模式
的地址序列。

通过设置合适的参数，DSAGEN 所提供的硬件模块已经能够满足软件定义架构
中绝大多数的设计需求。更为重要的是，DSAGEN 大幅降低了异构架构的开发周期，
例如，想要使用不同种类的计算单元，或是不同端口数量的存储模块，都只需要对

---

① 注意，本书 3.1.3 节介绍的接口原语主要指软件定义架构与其他架构间的接口，与此处的接口定义不同。

每个模块单独指定所需的参数即可，而无须重复完整的设计流程。并且，这些设计原语本身相互独立，参数明确，设计人员可以方便地对每个模块进行单独的多层次优化，编译器也可以在参数空间中搜索出最优参数。

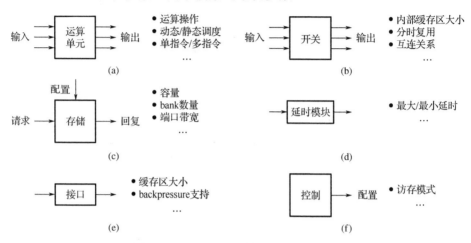

图 3-43　DSAGEN 硬件原语和相关参数

3) 敏捷硬件设计编译

由于 DSAGEN 生成的底层硬件随着输入参数而变化，且面向的应用领域也在变化，因此编程模型和编译器的设计是 DSAGEN 项目中的重点。理想情况下，即使底层架构参数发生的变化，编译器应当仍然能够将应用映射到阵列中，而不需要用户参与，且应当能够为新架构生成最优的配置方案。

```
#pragma dsa config
{ #pragma dsa decouple
  for (i=0; i<n; ++i) {
    #pragma dsa offload
    for (j=0; j<n; ++j)
      c[i*n+j] = a[i*n+j]*b[j];
  }
}
```

图 3-44　DSAGEN 编程模型示例

针对编程模型，DSAGEN 使用标注扩展了 C 语言，如图 3-44 所示，dsa config 声明了后续代码区域需要软件定义架构进行加速，在运行时对应阵列的初始配置；dsa decouple 声明循环体内不存在数据依赖，编译器将分析该循环体的访存序列，用存储控制器实现访存请求，在该例中即对应数组 a 和 b 的连续访问请求；dsa offload 应用于最内层循环，声明该循环体内部计算指令将被映射到计算阵列中，该例中即乘加操作，编译器将自动进行循环展开等优化。

对于编译步骤，DSAGEN 的编译可以分成四步：访存和计算解耦、数据依赖转换、模块化编译、指令调度及代码生成。

(1) 访存和计算解耦：编译器会分析 dsa decouple 标注的循环体产生的访存序列，利用 LLVM 中的 SCEV 模块将访存请求聚合为控制器支持的访存模式，从而将访存指令与计算解耦，并生成控制器中相应的配置信息。

(2) 数据依赖转换：编译器将 CDFG 的控制依赖全部转化为数据依赖，以利用阵列中的数据流或是谓词机制实现控制流。

(3)模块化编译：编译器编译每个模块，并检测模块是否符合 ADG 规定的要求，如检验动态调度的 PE 和静态调度的 PE 之间互连和通信时序是否正确等。若所有模块编译通过，且模块互连结构正确，编译器将生成相应的 ADG，该图即代表了完整的计算架构。

(4)指令调度及代码生成：给定架构的 ADG 后，编译器将 dsa decouple 标记的访存序列映射到控制器上，将 dsa offload 标记且经过依赖转换后的数据流图映射到计算阵列中。此外，编译器还需要决定指令执行的时序，并生成开关的配置信息。相关编译算法将在第 4 章详细介绍。

在整个编译过程中，编译器会根据用户需求生成多种配置方案，有些配置信息性能最优，有些配置能节省功耗等。此外，对同一个应用程序，若底层硬件发生了变化，编译器只需要重新对硬件描述生成新的 ADG，再将应用算法映射到新的硬件上，而无需用户手工修改。

4) 敏捷设计空间探索

DSAGEN 使用 ADG 描述硬件架构，这是一种简洁的对硬件结构的抽象。在生成 ADG 后，编译器通过对 ADG 和应用算法进行分析，可以自动化地修改原始 ADG 的结构，从而等效于改变了硬件结构。DSAGEN 中采用了软硬件协同迭代式优化策略，即在迭代中同时优化架构 ADG 和算法 DFG，总体流程如下：

(1)以预设的功耗和面积为约束，编译器首先尝试在初始 ADG 中增加或删除原件。例如，若当前硬件功耗小于预设功耗，编译器将尝试增加计算单元或是存储端口，以提供更高的硬件计算能力。这种尝试是随机式的，每次修改将会产生一个新的 ADG。

(2)编译器将所有应用算法的 DFG 和访存序列进行循环展开后尝试映射到新的 ADG 中，删除无法完成映射的 ADG，其余能够完成计算任务的 ADG 保留。

(3)编译器对步骤(2)中保留下来的所有 ADG 进行性能评估，选取其中性能最好的 ADG 作为该次迭代的结果，若更新后的 ADG 比初始 ADG 性能更好，则继续迭代。

由于 DSAGEN 中设计空间建立在给定的几种模块之上，编译器可以快速地搜索架构的最优参数。在对 ADG 进行评估时，DSAGEN 通过 IPC 评估性能，IPC 可以通过指令数目、关键路径长度等计算得到，而指令数目使用完全流水线执行时的最高 IPC 和内存带宽两者较小值来估计。对于 ADG 的面积和功耗评估，DSAGEN 为每个模块建立了回归模型，根据模块的参数快速预测其硬件消耗。尽管预测结果并不精确(误差约为 10%)，但已经足够用于快速比较不同 ADG 的相对开销。

总体而言，DSAGEN 基本实现了完全自动化的模块参数和硬件结构探索，开发人员只需根据应用场景设定功耗和面积约束，并给出初始硬件架构，编译器就可以不断迭代搜索更优架构，在约束内实现最优性能。在架构优化完成后，编译器还将针对最终的 ADG 优化配置，使配置信息传播的路径最短，加快配置速度。最后，DSAGEN 将根据优化后的 ADG 生成相应的 Verilog 代码，并为每个模块生成二进制配置流。由于架构的高度模块化和参数化，DSAGEN 框架中硬件生成任务要比 AHA 项目更为简单。

3.2.3　小结

本节首先对软件定义架构的设计空间进行了详细的探索，重点介绍了计算、控制和存储这三个维度之间解耦式设计，简单介绍了近存储计算的概念和实例。由于软件定义架构的结构多样，新型设计方案不断出现，本节主要以最为典型的结构为例介绍了每种设计方案。随后介绍了敏捷硬件开发的概念，并介绍了 AHA 和 DSAGEN 项目中的敏捷开发流程和相应工具。由于篇幅限制，关于工具的具体细节读者可以在项目主页上查阅。

在目前软件定义架构的结构设计中，处理计算和存储的关系依旧是研究热点问题。计算和存储解耦的设计模式已经被越来越多的架构采用，也将成为未来新型结构的主流设计框架。此外，随着新型存储器件的出现，不少研究工作开始探索如何将计算阵列靠近甚至融入存储器内部的方式，以期减弱计算与存储之间的性能代沟，缓解存储墙的问题。现阶段，新型存储器件的工艺发展仍不成熟，整体研究仍处于早期阶段。

此外，在软件定义架构的开发流程方面，敏捷硬件架构正在迅速成为研究热点。想要推动软件定义架构的发展，完善的敏捷开发平台意义重大，DARPA 的"电子振兴计划"2018 年的 POSH 和 IDEA 项目对该方向给予了高度重视和持续研发支持。近年来敏捷硬件开发工具发展迅速，AHA 项目开发人员使用其工具链创建了多种软件定义架构，而 DSAGEN 项目开发人员使用其框架针对深度学习、图计算等领域生成了相应的加速架构，且能达到 ASIC 80%的性能提升。但总体而言，由于软件定义架构设计的复杂性以及芯片设计的冗长流程，在硬件开发上想要做到像软件工程那样具有成熟的开发生态系统，仍然有不小的差距需要时间来慢慢追赶。

3.3　软件定义电路的设计空间

与硬件架构相比，软件定义电路的设计旨在对硬件在电路层进行重新配置，增加软件定义的设计维度，从而进一步提高设计的灵活性。软件对电路的定义既包括对供电电压及运行时钟等关键信号的控制，又包括对特定功能单元电路实现的配置，如计算单元等。采用软件重新定义电路的设计方法，可以满足多重应用对硬件性能、能效及计算精度的多种需求，在无须重复设计电路的情况下即可快速实现性能、能效及精度等指标的权衡。

3.3.1　可调电路探索

作为驱动电路的两个基本信号，供电电压和运行时钟对电路的性能及能效有着至关重要的影响，降低供电电压或时钟频率是获得低功耗电路最便捷直接的方法，同时，电路的供电电压与时钟频率又是密切相关的。当供电电压降低时，电子的移动速度也会相应变缓，电路的性能将会随之降低，从而使得系统运行速度变慢、性能降低，为保证系统的可靠性，往往需要降低其运行时钟的频率；当供电电压逐渐接近阈值电压时，三极管的状态可能会概率性地不翻转，从而产生错误的输出结果，最终可能会对可靠性要求较高的系统产生严重误差；当电路误差满足一定的特性时，其对多媒体处理及机器学习等容错应用的影响是可以忽略不计的，所以这些系统的电路供电电压和时钟频率也可进行相应的松弛调控；此外，阈值电压还受电路老化、温度及工艺偏差等因素的影响，在恒定供电电压下，电路的性能（最大时钟频率）将会改变，如果软件可以根据影响因素的变化对供电电压或时钟频率进行相应修改，便可以在保证电路鲁棒性的同时获得硬件上的最佳优化。综上所述，通过软件定义电路的供电电压及时钟频率不仅可以灵活地对其功耗及性能进行全面的权衡，同时又可以间接调控系统误差的概率及大小，使得其在满足容错应用中精度要求的基础上，进一步提高系统的性能及能效，从而达到系统的多维优化。

1. 灵活的多电压&近阈值电路设计与融合

灵活的多电压电路设计不仅可以支持宽范围的性能和功耗选择，还可以根据实际应用场景的性能需求，在满足基本需求的基础上，选择最小的供电电压，使电路功耗达到最低；此外，系统也可选择性地关闭非激活状态电路的电压及时钟，从而对系统的能效进行整体优化[77]。为最大限度地增加供电电压的可调范围，并最小化电路功耗，越来越多的研究开始着重于近阈值或亚阈值电压下的电路设计[78]。同时，由于容错应用可以容忍一些特定错误的存在，因此这也可以一定程度上降低对宽供电电压电路设计的要求[79]。另外，改变电路的供电电压及时钟频率，也作为一种补偿方法，以此来抵消电路老化等外部因素对电路产生的退化效应，从而保证系统稳定可持续地运行[80]。

事实上，通过软件控制供电电压及时钟频率来优化系统整体能效的方法由来已久，早在 2002 年 IBM 就已经设计了一款电压和频率可扩展的 PowerPC 处理器，该处理器旨在通过软件控制供电电压及时钟频率的方法，针对不同的应用需求使系统能效最大化[78]。在该处理器中，软件通过片上系统对片上电压管理器和锁相环（phase locked loop，PLL）分频器进行动态控制。当供电电压改变时，系统运行时钟将会随之相应变化，以保证整个系统的鲁棒性。同时，当软件检测到某些电路在一定时间段内处于非激活状态时，片上系统则会发布深度睡眠指令，将系统状态保存到外部

· 150 · 软件定义芯片（上册）

非易失存储器中，并关闭该部分电路电源，使其进入深度睡眠状态，以降低系统整体功耗。为保证电路能够在极低电压下正常工作，该处理器对传统的电路设计进行了必要的修改，如增加 pMOS 和 nMOS 宽度比等，同时，这些设计上的改变会对正常供电电压下的电路延迟及面积产生一定的负面影响。

随着集成电路的快速发展，其对片上存储的需求日益增加，因此如何降低存储器的静态功耗成为一个亟待解决的问题，而灵活的多电压设计可以在不改变加工工艺的基础上快速缓解这一难题。基于以上宗旨，MIT 设计了一款支持亚阈值电压供电的动态电压可调 SRAM[78]，该项目得到了 DARPA 的支持。这款 SRAM 支持 250mV～1.2V 的超宽动态可调电压，设计了可重构的辅助电路以完成对电压范围的调节控制，同时，为了支持亚阈值供电电压，SRAM 采用 8T 设计[81]，如图 3-45 所示，该设计在传统 6T SRAM 的基础上增加了两个 nMOS 三极管作为亚阈值电压下的读缓冲，以减小由低电压引起的读延迟；此外，为了保证不同电压下完成准确的读写功能，同时优化不同电压域下读写操作的功耗及延迟，这款 SRAM 对三极管的尺寸、宽长比等进行了整体的优化设计，并集成了三种可重构的写方法和两种读出放大器。测量结果表明，在可调电压范围内，该 SRAM 的静态功耗的最小值可以达到其最大值的 1/50。

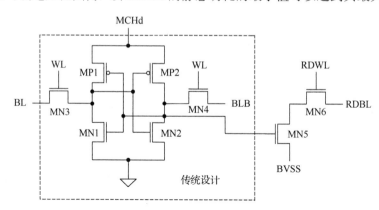

图 3-45　8T SRAM 单元电路

扩大电路供电电压的范围不仅需要对原有电路进行重新设计、增加额外的辅助电路，而且会导致正常电压下电路性能及能效的下降，然而，如果不对电路进行重新设计，由于三极管的阈值特性，电路在低电压下工作时可能会产生错误输出的结果。因此，利用容错应用对特定误差的容忍性，采用软件控制电路供电电压的方法，可以将传统的电路应用于容错系统中，而不会过多地增加额外的硬件消耗。在多媒体处理、数据挖掘或机器学习等容错应用中，控制模块中的错误一般是不被允许的，而数据流模块中的一些误差则可以被处理算法抵消，或者不会对最终的结果产生明显的影响，因此针对不同的应用需求，可以通过软件对计算电路的供电电压进行动态调节，从而控制计算的误差位置及范围等特性，最终在满足精度需求的基础上，使电路的性能及能效达到最优。利用应用的容错特性对电路进行电压缩放的研究尚未形成具体的芯片设计，但是与其相关的电路综合方法已经得到了一定的关注[79]。在 Intel 的支持下，得克萨斯大学奥斯汀分校提出了一种面向容错应用的电路综合方法。该方法对应用的算法及数据进行仿真分析，从而得到其具体的容错特性，在给定质量（误差）约束的前提下，选择性地对一些计算单元进行低位舍入（rounding），从而减小电路面积、功耗及延迟，最后根据延迟的减小相应地降低供电电压，以避免违反时序约束（timing violation）。此外，该设计采用了启发式的优化算法，以使电路获得最优的精度及能效特性，实验结果表明，该电路综合方法可以将容错应用中硬件的平均能耗降低 70%以上。需要指出的是，上述综合方法最终得到的是电路的RTL 实现结果，针对不同的应用，将得到不同的电路综合结果，所以这种方法得到的硬件只能用于特定的应用，硬件资源的灵活性极低。因此，采用软件定义电路的方法，将该综合方法集成在上层软件中，通过软件对计算电路的输入输出数据及供电电压进行动态控制，则可极大提高硬件的灵活性。

软件定义电路的电压及时钟还可以作为一种针对电路退化问题的解决方案。研究表明，电路的阈值电压受电路老化、电压噪声、温度及工艺偏差等因素的影响，随着电路的老化或温度的升高，阈值电压会随之升高，从而导致了电路的性能下降，为了保证电路的鲁棒性，传统方法一般将系统的最高运行频率设置为其最差环境下可运行的最大值，即加入保护频带（guardband），因此电路的性能无法发挥到最大。当电路的电压及时钟可以重新定义时，软件便可以根据电路的老化程度、运行环境及个体工艺偏差等因素，对不同的电路进行电压及时钟的分配，在保证鲁棒性的前提下，使每一个电路单元都可以在消耗最小功耗的同时达到最大的性能。基于降低保护频带及最大化平均性能和能效的考虑，Intel 设计了一款频率、电压和衬底偏置电压可动态自适应的 TCP/IP 处理器[80]。除了 TCP/IP 核，该处理器还集成了动态自适应偏置控制器、压降（supply voltage drop）传感器、热敏传感器、衬底偏置电压发生器和由三个 PLL 构成的动态时钟单元。动态自适应偏置控制器作为核心控制单元，接收各传感器的信息，并根据压降及温度的变化相应地驱动动态时钟单元、衬底偏置电压发生器及外部电压调节模块，动态调节系统的时钟频率、衬底偏置电压和供电电压，从而使处理器能够在给定的运行环境下获得最优的电路配置。同时，利用控制单元及时钟调节模块，该处理器还增加了门控时钟（clock gating）功能，以进一步减小系统的功耗。此外，该处理器还可以有效解决由老化效应导致的一系列问题，既可以通过降低运行时钟频率来保证系统的可靠性，又可以通过增加 pMOS的衬底偏置电压来弥补阈值电压的升高。

2. 灵活的多时钟域（GALS）系统设计

随着多核技术的发展及多种功能单元在一个芯片上的高度集成，传统的全局同步架构正面临着前所未有的挑战，生成覆盖整个芯片的全局时钟树(global clock tree)变得愈发困难，强行采用全局同步的方法也影响了芯片的整体性能。因此，全局同步系统已经逐渐无法满足新兴应用对性能及能效的需求。虽然异步系统在功耗、性能及抗干扰等方面具有一定的优势，而完全异步的复杂系统也面临着一定的问题，其中，主要困难来自于全局通信所需的时钟再同步或握手协议的实现，多核技术及高集成度不仅增加了电路实现的复杂性，同时也极大地增加了其硬件消耗及布线延迟。因此，灵活的多时钟即全局异步局部同步(globally-asynchronous locally-synchronous，GALS)时钟的应用逐渐成为优化系统整体性能和能效的有效方法。GALS[82]方法由斯坦福大学的 Chapiro 于 1984 年提出，旨在利用同步与异步结构各自的优点，将同步与异步的优势集于一个系统中。在基于 GALS 的系统中，局部功能电路模块之间的互连与通信采用异步实现，不需要全局时钟；而在同一模块内部的电路则是同步运行的，即不同的功能模块由不同的内部时钟驱动，为处理多时钟域问题提供了便利。

在 GALS 系统中，时钟域的分割方法及分割粒度对系统的性能及能效有着至关重要的影响，分割粒度越细，系统的时钟树结构越简单，电路消耗越小，但同时会增加本地时钟发生器和全局异步通信的硬件成本；当分割粒度较大时，本地时钟发生器的个数减少，系统全局通信复杂度降低，硬件成本下降，但会增加系统时钟树的复杂度及其硬件成本，降低系统性能。由此可见，合适的时钟域分割粒度是保证 GALS 系统性能及能效的前提，同时，在通用的多处理器系统中，GALS 的效果也会受应用本身数据及算法结构的制约。因此，将 GALS 与 SDC 技术结合，不仅可以增加 GALS 系统的灵活性，还能够实现面向应用的 GALS 系统的性能及能效优化。利用 SDC 技术，通过软件对时钟域的分割粒度进行再定义，既为 GALS 系统设计时钟树控制电路，同时为每个本地时钟发生器增加门控电压电路，根据应用需求对时钟发生器进行开关控制，改变时钟域的分割粒度，重新布局本地时钟及全局时钟树，从而平衡本地时钟发生、全局时钟树以及模块间的全局异步通信的硬件成本，最终得到一个面向应用的、最优的时钟分布。

3.3.2　模拟计算探索

在 20 世纪 60 年代及之前的大型计算机都是模拟计算机，他们有着非常复杂的操作流程，需要人工连接电线，但正是这样的模拟计算机帮助人类成功登上了月球，也帮助人类制造出了原子弹和核反应堆。然而，早在集成电路广泛采用之前，由于模拟计算对噪声要求高、难以模块化抽象等问题，模拟计算机几乎已经被数字或者混合信号计算机所替代，之后销声匿迹几十年。到了在摩尔定律难以为继的今天，人们越来越考虑计算系统除了性能之外的评价标准，如能效、功耗、面积等。工业和学术界不再痴迷于通用处理器设计，而是针对不同的应用探索领域加速器、异构计算的可能。在如今这样的形势下回顾模拟计算，发现正好能弥补数字电路的许多缺陷。具体来说，数字电路的数据需要使用二进制的表示方式，可以使用增加比特数的方式达到任意精度的运算结果。但是我们这个世界是模拟的，往往不需要很高精度的运算，使用数字计算可能并不是必需的。另外，系统在与真实世界进行交互时，使用数字系统需要将传感器收集的模拟信号经过模数转换器 (analog-to-digital converter，ADC) 转换成数字信号才能处理，而在处理之后往往还需要经过数模转换器 (digital-to-analog converter，DAC) 转换回模拟信号，才能与真实世界进行交互。这两步转换并不是简单的，一般都需要很大的能耗，高速 ADC 一直都是电路研究领域一个非常前沿的话题。不仅如此，数字电路需要使用时钟进行控制，虽然可以使用电源门控 (power gating) 技术限制硬件关闭，但是时钟线上的电容充放电仍然会消耗大量的能源；相比而言，模拟计算不需要时钟的参与，过程的演进是通过事件驱动的，因此可以减少时钟线上功耗的浪费。最后，模拟计算最大的优势在于可以基于模拟电路的器件功能进行一些数字电路效率很低的计算模式，如乘除法、指数和对数、积分和求导等，这些往往在模拟电路中只需要非常简单的电路就能实现，而在数字电路中却需要很复杂的逻辑，产生很大的功耗。

1. 模拟计算的现状

1) 模拟计算适用的应用

大型模拟计算机在 20 世纪作为常微分方程和偏微分方程的计算器曾大显身手，但由于数字计算的流行，那个时候还没有来得及在集成电路上探索模拟计算的可能。近几年有不少研究将模拟计算在集成电路上进行实现，探索了纯模拟或者数模结合的混合信号计算方法，主要也用于常微分和偏微分方程求解的加速。这些研究工作大多采用的是与软件定义芯片类似的二维空间计算架构，二维分布着许多不同的计算块形成一个阵列，不同计算块之间通过电路开关的互连连接。这种架构又被称为现场可编程模拟阵列 (field programmable analog array，FPAA)[83]。图 3-46 是一个典型的模拟计算架构，它有两个层级。顶层由多个逻辑块组成，可以通过互连相互连接形成功能。而每个逻辑块又包含许多个不同的模拟计算模块，不同模块之间也可以动态连接。与软件定义芯片或者 FPGA 的最大不同之处在于，FPAA 最细粒度的计算模块是基于模拟信号的，或者至少是模拟与数字信号混合的。一般而言，用于常微分方程加速的 FPAA 的计算单元一般包含经典的积分器、乘法器或者又称变增益放大器 (variable gain amplifier，VGA)，另外为了实现特定功能，还可能会包含非线性函数和加减法计算块[84]。积分器的实现主要利用了电容的特性，即电容上电流的积分与电压的变化成正比。VGA 是模拟电路比较经典的设计命题，有许多设计方案可以使用。非线性函数可以使用晶体管直接模拟传输曲线，也可以利用在连续时间下工作的 SRAM 实现可配置的非线性函数模块。加减法对于模拟电路几乎不需要额外工作，只需要使用电流信号作为表征，控制两个汇聚在一起电流的极性就能实现电流的加减法。此外，利用二极管的指数电流特性还可以实现简单的指数函数和对数函数。这些基本模块所实现的功能，都是数字电路所不擅长的，而又是许多应用需要的。使用模拟或者混合信号计算来实现这些应用，其能效和性能都会有较大的提升。FPAA 这样一个二维可重构的架构，可以根据不同的方程挑选不同的计算模块，并配置互连将其按照方程要求连接起来，经过一段时间便可以得到结果。利用这样的结构，除了可以优化计算常微分方程的能耗，也可以对非线性偏微分方程以及线性代数的计算进行加速和优化[85, 86]。

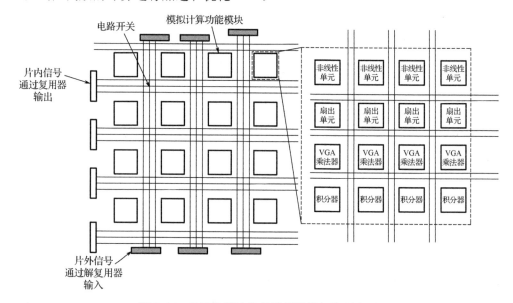

图 3-46　多层次模块化的模拟计算架构示意图

　　除了传统的科学计算和物理模拟所需要的线性代数、微分方程等应用，神经网络也可以利用模拟计算进行加速或者达到低能耗的效果，这方面的研究工作近几年才逐渐出现。神经网络的计算模式可以抽象为大量的乘加和非线性的激活函数操作。在模拟计算领域，加法可以利用基尔霍夫定律节点电流相加实现，而乘法又有许多不同的设计，例如，利用多输入浮栅结构可以同时实现 DAC 和乘法器[87]，可以针对神经网络进行加速。另外，激活函数既可以通过上面提到的直接利用电路的电压或者电流转移函数实现，也可以通过与模拟计算机兼容的存储来动态配置。此外，神经网络当中大量的乘法也可以通过电流经过电阻来实现，这也是模拟计算与存储结合起来的研究方向。

　　虽然模拟计算又重新回到人们的视野，但在设计上仍然需要考虑其信号相互影响大、对噪声要求高以及较难扩展等不便之处，尤其是模拟计算的信号是附着在电流或电压上的，由于噪声等问题，无法达到数字计算的高精度，这限制了模拟计算在如今的应用；而对于模拟计算，也缺少将模拟信号有效存储的形式。另外，模拟计算在性能上可能并不及数字计算，因为数字计算可以通过堆叠计算资源和并行度来提升性能，而在模拟计算当中提供大的并行度并不容易。

2) 存储内的模拟计算

存储并不是典型的数字结构，例如，DRAM 其实是将数据转换为电荷存储到电容上的，将有无电荷的状态定义为 0 和 1，并且需要感知放大器 (sense amplifier) 才能读出数据。SRAM 虽然使用的是首尾相连的非门结构来存储数据，但是在读取和写入的时候仍然涉及信号的放大和稳定问题。而可变电阻式存储器 (resistive random access memory，ReRAM) 的工作原理就更加"模拟"了，它通过向电阻两端加载固定电压后检测流过电阻的电流大小来判定电阻值，不仅需要数字到模拟电压的 DAC，更需要判断电流大小的 ADC。在存储当中实现模拟计算是近几年比较有前景的研究方向，一方面是因为存储有大量重复性的结构，可以解决模拟计算并行度不够的问题；更重要的是因为如果可以直接在存储当中进行计算，就避免了数据在处理器和存储之间来回搬运造成的功耗和性能损失，以及如今越来越严重的计算资源存储带宽受限的问题。

研究[88]利用 SRAM 的模拟计算能力对二进制神经网络进行了加速。其原理是如果将 SRAM 多个字线同时激活，那么在同一位线上的单元都会对位线电流有贡献，这一操作是加法的模拟实现。进一步，如果考虑字线的电压，那么这一操作可以被抽象为二进制的向量乘法，而考虑存储好的 SRAM 阵列，那么这一操作就是矩阵向量乘法。利用这一原理可以对神经网络的乘加操作进行加速。不仅如此，神经网络在进行每次乘加操作之后一般都需要进行激活操作。激活操作往往可以使用简单的取符号位完成。因此，只需要单比特的 ADC 对位线电流进行采样就能实现乘加之后的激活操作，而不需要高精度的 ADC，这避免了设计高速高精度 ADC 对面积和功耗的挑战。

对于 ReRAM，模拟计算的能力是其天然具有的。ReRAM 电阻阵列的每个字线都可以输入特定的电压，而最终每条位线上的电阻流过的电流都会在该条位线上相加。因此，ReRAM 阵列上的这样一次操作是一个矩阵向量乘法，矩阵每个元素是 ReRAM 阵列单元的电导，而向量是字线上的输入电压。因此，利用 ReRAM 阵列也可以对神经网络当中的乘加运算进行加速[89]。不仅如此，ReRAM 进行一些修改之后还可以支持任意逻辑操作，功能上可以作为计算核来使用。如图 3-47 所示，通过对电阻进行预编码，就可以得到想要的逻辑函数。对于一个阵列，其可以同时实现不同的函数，因此并行度非常大。综上所述，如果将 ReRAM 阵列中部分分给存储，部分作为计算核，那么整个 ReRAM 阵列就可以形成一个存储内的通用处理器[90]。这个存内的处理器可以根据数据所在位置动态配置计算的位置，以尽可能将数据在本地进行计算，可以大幅度提升系统的能效，并系统性地解决访存带宽不足的问题。

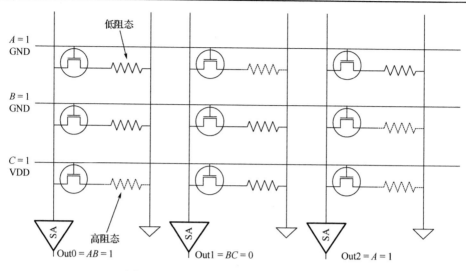

图 3-47　ReRAM 电阻阵列实现函数计算

在存储当中实现模拟计算还是一个不太成熟的领域,但正如上面所提到的工作,已经有了许多富有借鉴意义的探索。模拟计算是未来软件定义架构可能的发展趋势之一, 若能将模拟与数字在空域计算模式中融合, 就有望构成完全不同于传统计算结构的新型高效加速架构, 大大缓解目前架构中的存储墙和功耗墙问题, 在多种应用领域发挥重要作用。

尽管针对许多不同应用模拟计算已经展现出了能效和性能上的优势, 模拟计算也仍然面临着许多挑战。最本质的问题实质上是数字与模拟信号需要定义一个有效的分界线。近几年涌现的模拟计算的研究大多数都不能称为纯模拟的架构, 需要数字电路进行功能上的辅助。一个混合信号的系统必然面临着数字和模拟信号的分界问题。模拟单元作为运算加速器是有效的, 但如果其粒度太细, 每次数据出入该单元都需要进行数模转换和模数转换, 那么可能不会得到很好的收益; 相反, 如果粒度太粗, 那么大规模模拟系统缺少长距离可靠传输的方法, 存储等功能没有数字电路也很难实现, 系统设计也因此会非常困难。

2. 与软件定义芯片的结合

图 3-46 给出了模拟计算芯片一个典型的组织架构, 其二维的空间阵列形式与软件定义芯片非常相似。模拟计算单元在某些任务处理时可能会有很好的能效和很低的功耗, 因此如果将软件定义芯片的某些 PE 定制化为模拟的计算模块, 那么可能会带来整体性能上的提升。FPAA 的设计之初也兼容将数字计算单元与模拟计算单元同时放在阵列中的方式。但 FPAA 数字单元与模拟单元之间的通信方式需要信号转换, 模拟信号往往是以电流为载体的, 因为电流的相互干扰更小, 且许多功能在

模拟计算中更容易实现，而数字信号是以电压为载体的。不仅如此，FPAA 的互连结构可以利用浮栅，而软件定义芯片的互连结构需要动态可配置，因此 FPAA 的互连设计与 FPGA 或者软件定义芯片不太一致。将模拟计算融入软件定义芯片还有许多值得探讨的地方和现实的困难，但也不失为一种可能。

3.3.3　近似计算探索

随着大数据及人工智能的高速发展，对海量数据处理及复杂计算性能及能效的要求日益提高，给计算电路带来了前所未有的挑战，这不仅促进了高性能、高能效通用处理器及专用集成电路等传统技术的发展，同时也激发了人们对新兴技术探索的热情。因此，多核技术、异构计算及近似计算等新架构或新方法应运而生，以期能够缓解传统 CMOS 技术发展中遭遇的 "dark silicon" 等一系列问题[91]，为大数据处理及复杂计算提供更高效的硬件平台。其中，近似计算充分利用了多媒体处理、数据挖掘及机器识别等应用或算法的容错性，以牺牲部分精度的代价换取电路在性能及功耗上的大幅改进。应用的容错性通常理解为，在计算过程的中间结果出现一定偏差的情况下，应用的最终结果所受到的影响可以忽略不计，或者该影响不会被人类的感知系统所辨识。很多自然规律及算法本身特性成就了应用的容错性能，主要得益于以下几种现象的存在：①人类的感知系统具有有限的分辨率，无法分辨图像、音频及视频中微小的偏差或错误；②数字信号系统的输入数据是量化后的结果，精度与系统采样率有关，本身存在一定的量化误差，同时，自然界中的噪声也会对其产生一定的影响；③爆炸式增长的处理数据包含了大量的冗余信息，只要误差没有导致关键信息的损失，处理结果仍然可以在可接受范围内；④在基于概率的计算方法中，计算数据或结果遵从概率计算原理，有限的错误不会对概率计算结果产生重要的影响；⑤机器学习等算法往往基于迭代寻优原理，计算过程中的误差可以通过训练或迭代的方式进行弥补。因此，鉴于容错应用的普遍存在，以及复杂计算对高性能硬件的迫切需求，近似计算在近十年得到了飞速的发展，主要体现在大量近似计算电路单元的涌现[92]。

尽管近似计算电路的设计如加法器、乘法器、除法器等层出不穷，但是将近似计算单元应用于具体的应用或处理器中的案例却寥寥可数，这极大地制约了近似计算的进一步发展。导致这一问题的主要原因为：设计理念及方法的多样性，致使不同设计的误差特性具有很大的差异；同时，误差特性又与输入数据特性、内部连接及系统结构等外部因素息息相关。因此，即使选定了一种近似计算设计，当系统的结构、计算单元间的连接方式或输入数据的统计特性发生变化时，处理结果的最终精度也会有所不同。由此可知，误差特性固定的一种近似计算设计可能会对特定领域的专用芯片有效，但其无法满足多种数据集、内部连接方式及架构的精度需求，很难应用于对灵活性要求较高的处理器中。因此，将软件控制与近似计算结合，通过软件动态地配置计算电路的精度，或选取满足应用精度需求的近似模块，既可以发挥近似计算高性能、高能效的优点，又为系统的精度提供了保障，增强了系统的可靠性。由此，SDC为近似计算电路的设计提供了一种新的可能，为突破近似计算的应用瓶颈带来了新的希望。

综上所述，为满足不同应用、数据特性、互连方式以及系统结构的需求，近似计算系统需要根据需求的不同提供多样化的计算精度，结合SDC技术，可以从两个层面对近似计算进行动态定义，即单元层和系统层。在单元层，可以通过软件控制调整计算单元的供电电压、内部电路结构等，从而改变独立计算单元的精度及能耗；在系统层，可以将多种近似计算单元集成于系统计算模块中，并通过软件动态选取适当的近似计算单元。与单元层的定义相比，系统层的定义可选择范围更广，提高了计算的灵活性，但同时也增加了硬件的面积消耗。

1. 近似计算概述

为应对除法等非线性计算对系统性能及能效的制约，自20世纪60年代起，便陆续出现了近似计算单元的设计，这一时期的近似设计主要针对复杂的非线性计算，利用迭代优化算法[93]及对数近似方法[94]，从数学上对计算单元进行化简，以减少运算周期或运算复杂度。然而，在接下来的几十年时间里，近似计算基本处于停滞不前的状态，不过也出现了一些简单直观的近似方法，如截断乘法结果的低位以获取定宽乘法器[95]。直到2000年初，近似计算这一概念第一次出现在加法器及乘法器的电路设计中[96]，此后便随着大数据的发展而逐渐被人们所关注，近年来，随着容错计算被广泛接受，近似计算得到了飞速的发展。

近似计算的涉及范围非常广泛，在算法、电路、架构到编程语言等众多层面均取得了一定的研究成果[97]，其中，作为计算的基础，近似计算电路的发展尤为迅速，涌现了大量的近似加法器、乘法器及除法器的设计。在目前的研究中，计算电路的近似主要采取以下几种设计方法，即电压超比例缩小(voltage over-scaling，VOS)、对经典的常规电路单元进行电路层的简化，以及利用泰勒级数展开等数学近似方式从算法上对某些较复杂的计算进行化简。

就应用而言，目前近似计算电路主要应用于图像处理及机器学习等容错应用中，由于受精度的限制，其对应用条件的要求较为苛刻，很难作为基本单元集成于通用处理器中，不过，在专用芯片的设计中已经表现出了性能及能效上的明显优势[98]。

2. 软件定义近似计算单元

下面简单讨论近似计算电路的三种设计方法，并从设计方法出发，分别探讨近似计算单元与SDC技术结合的可能性及必要性，以及SDC技术对近似计算电路可能产生的影响。

作为最简单的近似方法，VOS 将计算电路的供电电压超比例缩小，无须改变电路结构便可以最直观地降低电路的功耗。但是，供电电压的降低随之带来了很多不确定性的问题，首先，电路延迟会随着电压的减小而变大，因此导致的时序错误可能影响计算电路的高位计算结果，从而严重影响计算精度；其次，当供电电压降低到接近阈值电压时，三极管的翻转特性会相应受到影响，因此会导致计算结果的不确定性误差。因此，充满不确定性的 VOS 亟须稳定的控制机制，以保证其在运行时误差特性的稳定，而基于硬件的控制管理势必会极大增加电路的消耗，采取软件控制的方法既可以保证 VOS 电路的稳定性，又可以在不损失灵活性的前提下更好地平衡硬件消耗及精度损失。

图 3-48 展示了一个基于 VOS 的近似加法器设计[99]，为了在低供电电压下满足电路的时序要求，该设计对加法器进行了分块，并使用选择器(MUX)将各模块相连，通过控制选择器的选择信号对加法器的关键路径进行选择性的截断控制，根据供电电压的不同，选择器可以选择是否将低位模块的进位向高位传输，从而控制进位传输链的长短，改变关键路径的长度。当某一模块的进位为“1”，并且没有向高位模块传输时，计算结果出现错误，为了减缓由此导致的累加误差，该设计引入了误差补偿机制，即利用计数器对可能产生错误的进位进行计数，当计数器产生溢出时，增加一个计算时钟对误差进行相应的补偿。因此，通过软件控制供电电压以及选择器的选择端，可以动态地配置该近似加法器的误差及能耗特性。此外，电路延迟还受环境温度及老化等因素的影响，在对供电电压进行控制时，同时考虑这些因素的作用，可以对电路的误差特性进行更加精准的配置[100]。

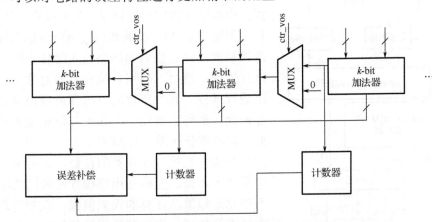

图 3-48　基于 VOS 的动态误差补偿加法器

在常规准确电路的基础上，通过修改、删除或添加一些基本电路单元是设计近似计算电路更为普遍的方法，例如，通过去除镜像加法器(mirror adder)中的部分三极管，以获得功耗低、速度快的近似加法器[101]；也可以通过修改简化真值表或卡诺图的方法获得电路上的简化[102]。利用这种方法设计的近似计算电路具有确定的误差特性，不会产生意想不到的误差。但是，由于这种设计基于原有的计算原理及架构，当精度要求较高时，其对硬件上的改进并不显著；当追求较高的硬件改进时，势必会产生极大的计算误差。因此，一种近似计算设计很难满足应用的灵活性需求，采用软件控制的方法可以通过对电路基本单元的取舍及改变电路的内部连接等方式对计算单元进行灵活的配置，从而促进近似计算单元的应用及发展。

为了实现近似计算单元的通用性，文献[103]设计了一款可配置近似浮点乘法器，该设计使用了一个误差调节模块，通过对该模块的控制可限制乘法器的最大计算误差，即当误差超过限定值时，将启动准确的乘法器。由于该设计同时集成了近似和准确两种乘法器，电路的面积要比传统的常规浮点乘法器大；同时，该设计采用了门控电压技术，因此其在平均性能及能效上获得了一定的提升，提升程度与所处理的数据特性相关。另一种常用的、可同时实现近似及准确计算的设计方法是：利用准确计算单元的部分电路完成近似计算。利用这一方法，文献[104]提出了自适应除法器和开方器的设计结构；在该电路结构中，输入操作数中的一些不重要的位会被选择性地丢掉，并使用较小的准确计算单元对剩余部分数据进行处理，以此来保证使用较少的硬件得到较高的精度。图 3-49 为自适应近似除法器的基本电路结构，该设计的主要组成电路为先导"1"检测电路（leading one position detector，LOPD）、剪枝电路、较低位数的准确除法器、减法器以及移位寄存器。此外，该除法器还使用了一个误差补偿单元，以纠正由溢出导致的计算误差。在近似除法计算中，首先利用先导"1"检测和剪枝电路对输入操作数进行修剪，并将修剪的结果输入给较小的除法器进行处理；然后，使用移位寄存器对除法器的输出进行移位，其中所移的方向和位数由减法器计算得到；最终，使用一个误差补偿单元来补偿近似计算的部分误差。与 SDC 相结合，可以通过软件控制选取的输入操作数的位数，同时采用门控电压技术，来改变所使用准确除法器的大小，从而控制近似除法计算的误差范围，改变电路的最大延迟及功耗，满足其通用性的同时，使电路的平均性能及能效得以提高。

相对于加法、减法、乘法等基本计算单元，除法、开方及指数等非线性运算的电路实现结构更为复杂，在近似计算中，往往从算法层面对这

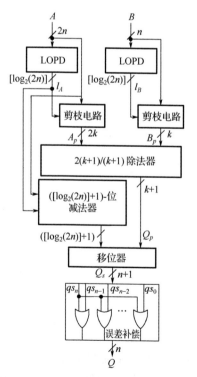

图 3-49　自适应近似除法器

些计算进行近似，常用的近似算法包括泰勒级数展开、Newton-Raphson 算法、Goldschmidt 算法[105]等。该方法从基本结构上对计算单元进行了简化，因此在牺牲一定精度的情况下，其硬件的性能及能效可以得到显著的改善。在该设计方法中，简化算法大部分基于迭代优化原理，其计算的精度与迭代次数紧密相关，因此将该方法与 SDC 技术充分结合，通过软件动态地控制算法的迭代次数，可以对计算单元的运算精度及速度进行在线控制，从而使计算的灵活度大幅提高，充分发挥该方法的优势。

以 Goldschmidt 除法器为例，在计算除法 $Q = \dfrac{N}{D}$ 时，可以通过下面的公式进行计算。

$$Q = \frac{N \cdot F_0}{D \cdot F_0} = \frac{N_0}{D_0} \cdots = \frac{N_{i-1} \cdot F_i}{D_{i-1} \cdot F_i} = \frac{N_i}{D_i} \tag{3-1}$$

其中，$F_i = 2 - D_{i-1}$，利用式(3-1)，可以将非线性的除法运算转化为循环的乘法运算，当在某一循环 i 得到 D_i 等于 1 时，N_i 即除法的计算结果。计算过程中，根据误差 $\epsilon_i = 1 - D_i$ 的大小，来调节下一循环中 F_i，若使得 D_i 恰好为 1，可能需要很大的循环次数，为此，在实际使用这一算法时，会首先预设一个极限误差 μ，当 $\epsilon_i \leq \mu$ 时，则认为 N_i 就是除法的计算结果，循环随之结束。Goldschmidt 除法器的电路结构如图 3-50 所示，由状态机对整个计算过程进行控制，因此利用 SDC 技术，可以通过软件对状态机进行实时控制，根据需求的不同，改变除法的计算精度，即循环迭代次数，同时也改变了除法器的延迟及能耗，从而更好地平衡除法器的精度及硬件消耗。

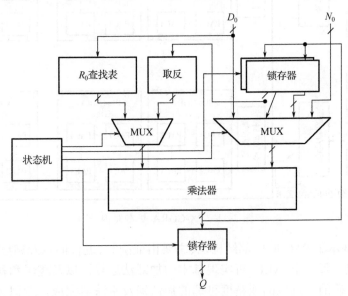

图 3-50　Goldschmidt 除法器

3. 软件定义近似计算系统

软件定义计算单元可以精准地对独立的计算电路进行重新配置,定义粒度较细,配置及控制电路比较复杂,导致较大的静态功耗和延迟;同时,在复杂计算系统中对众多计算单元进行独立的定义,也会导致硬件配置时间过长,功耗代价过大。因此,在复杂或计算密集系统中,可以采用软件定义近似计算系统的方式,对整个计算模块或处理单元阵列进行更粗粒度的定义。近年来,随着粗粒度可重构架构及近似计算技术的发展,已经出现了两款可重构近似计算阵列的设计[106, 107]。

作为可重构近似计算阵列的先驱者,文献[107]首先提出了多态近似粗粒度可重构架构(polymorphic approximate coarse-grained reconfigurable architecture,PX-CGRA),如图 3-51 所示,其计算功能主要由众多异构的 PX-CGRA 模块实现,每个 PX-CGRA 模块内部集成了一个多态近似算术逻辑单元集(polymorphic approximated ALU cluster,PAC)阵列,阵列内部的 PAC 由二维网结构相连,每个 PX-CGRA 具有一定的精度范围。软件根据应用的精度、性能及能耗约束对上下文存储器进行配置,从而选择不同的 PX-CGRA 进行硬件映射,同时利用门控电压控制模块关闭其他未被选中的 PX-CGRA 模块,从而降低静态功耗。

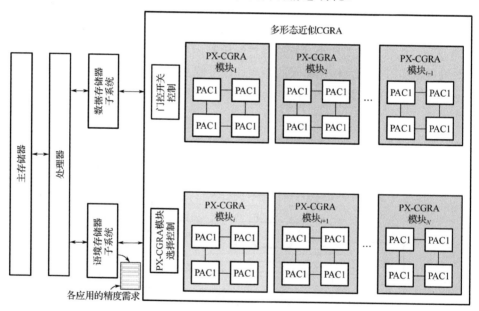

图 3-51　PX-CGRA 基本架构

图 3-52 展示了 PAC 的内部结构,其主要由准确的、近似的以及精度可调的 ALU 和开关盒组成。每一个 ALU 可实现基本的加减法运算,以及逻辑和移位操作,加减法运算由准确的、近似的或精度可调的加法器及乘法器完成,近似计算单元采用

的是现有的几种设计，具有不同的误差及硬件特性。软件通过改写上下文寄存器对 ALU 进行配置，对于精度固定的 ALU，其语境字由 14 位二进制数组成，如图 3-52（b）所示，5 位 Opcode 用来选择 ALU 的功能，ALU 的两个输入来源分别由 3 位的 MUX_A 和 MUX_B 决定，3 位 WR 制定了 ALU 的输出方向；同时，对于精度可调的近似计算单元，增加了 OM 精度配置位，其长度取决于近似计算单元的设计。

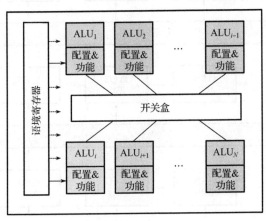

(a) PAC 内部电路单元

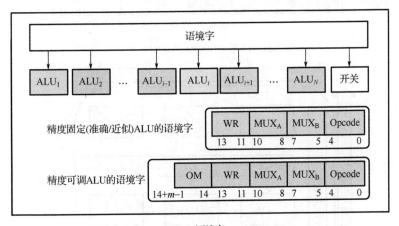

(b) PAC 语境字

图 3-52　PAC 基本结构

2018 年，文献[106]提出了另一个基于近似计算的粗粒度可重构架构，如图 3-53（a）所示，该设计的功能模块利用交叉开关以一维前馈的方式互连，即模块间的数据只可以从下向上传输，每个模块拥有确定的精度，同一列的模块精度相同，其内部集成了 3×3 的 ALU 阵列，如图 3-53（b）所示，每个 ALU 具有相同的精度。除基本的加法、乘法、逻辑和移位运算，该设计中的 ALU 还集成了除法器，近似

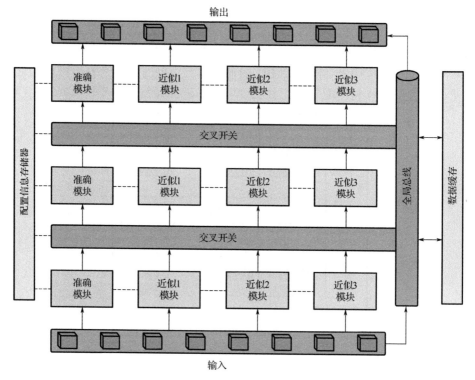

(a) 基于近似计算单元的CGRA 基本架构

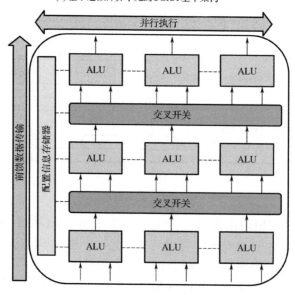

(b) CGRA 计算模块内部结构

图 3-53　基于近似计算单元的 CGRA 基本架构及其基本模块设计

模块只集成近似的加法器、乘法器及除法器，其他运算与准确模块中的相同；计算模块中的 ALU 间由交叉开关实现一维前馈互连，数据传输方向一定；此外，该设计为模块配置了门控开关，每个模块均可独立开关。与 PX-CGRA 相比，该设计模块间的互连结构简单，数据流向单一，因此可以实现快速的在线配置。

上述两款基于近似计算的 CGRA 架构以计算单元为单位，对整个计算系统进行了可重构设计，使其既可以实现对精度要求较高的准确应用，又可以完成具有一定容错能力的容错应用，增加了计算模块灵活性的同时，也对系统的能效进行了全局优化。然而，由于该设计集成了不同精度的近似计算模块，电路的面积可能会大大增加，每个模块的利用率会有所降低，同时，配置的难度和时间也会受到相应的影响。因此，为充分利用 SDC 及近似计算的优势，需要从架构、计算单元的选择、互连及映射等多方面对系统进行全面评估设计，以使各方面达到一定的平衡。

3.3.4　概率计算探索

概率计算通常是指利用概率学基本原理，对计算数据、过程或结果中的概率信息进行相应处理及评价的过程，概率计算的出现一方面可以处理模糊信息、增加计算结果的鲁棒性，另一方面也可以作为有别于传统二进制计算的新型计算方法，大幅降低计算电路的面积及功耗等硬件成本[108]。其中，基于机器学习的概率计算的主要目的便是：根据自然界中不确定的、模糊的或互相矛盾的输入信息，通过机器学习模型算法得到鲁棒性较高的推理结果。利用概率学原理，随机计算则是将数据编码为具有一定概率特性的 0、1 序列，利用高度冗余的编码方式，可以极大程度地抑制位翻转等电路故障对计算结果带来的影响，同时采用这种编码方式，其运算电路也会变得异常简单。在以上两种概率计算中引入 SDC 技术，利用 SDC 技术的优势，可以提高概率计算系统的灵活性，同时优化系统的性能及能效。

1. 软件定义基于机器学习的概率计算

在基于机器学习的概率计算中，首先需要利用概率学原理，建立基于概率分布、条件概率、先验知识及经验数据等信息的生成模型；生成模型的算法有很多种，如蒙特卡罗算法及变分推理算法等，不同的算法及应用领域可能得到不同的概率推理模型，从而需要不同的神经网络结构对模型及算法进行硬件实现。因此，传统网络结构固定的加速器或专用芯片无法满足概率计算对高灵活性的需求，利用 SDC 技术，以单个神经元为基本运算单元，同时设计高效、灵活的互连方式，通过软件控制的方法，改变神经元之间的连接，可以得到不同的神经网络结构，实现不同的概率推理模型算法，从而满足不同算法及应用对概率计算的需求。

2. 软件定义随机计算

在随机计算中，数据由一长串的 0、1 序列进行编码表示，即将数据映射为 1 在序列中出现的概率，其不仅可以增加计算结果的鲁棒性，同时极大地简化了运算电路。例如，传统的二进制乘法器需要上百个晶体管实现；而在随机电路中，将两个表示 p_1 和 p_2 的序列进行逻辑与操作，就可以得到一个表示 $p_1 \times p_2$ 的序列，即利用一个与门实现随机乘法器。然而，现有的随机计算主要采用伪随机序列对数据进行编码，计算精度依赖于序列长度及随机数的生成方法，同时不同序列间的相关性也会影响计算结果，在对精度要求较高的应用中，随机计算很难发挥其自身优势。因此，将随机计算与 SDC 技术相结合，可以有效地弥补其自身的精度劣势，充分发挥其硬件上的优势。即利用软件对随机序列的长度[109]、随机数生成方式及随机数发生器的种子进行动态调整，从而动态控制随机计算的精度、延迟及能效，增加随机计算的灵活性，扩大其应用范围，最大限度地发挥随机计算高可靠性、低功耗等优势。

3.3.5 小结

本节主要探讨了 SDC 技术在电路维度的应用，旨在研究 SDC 技术在电路上的设计空间及所带来的全局优势。首先对固定供电电压及运行时钟电路的局限性进行了分析，讨论了软件动态定义电压及时钟的可行性及优势，同时对已有的一些设计进行了简单的介绍及分析；然后，针对多种新兴的计算技术，包括模拟计算、近似计算以及概率计算，对相应的计算电路及计算方法进行了软件定义层面的分析，探讨了 SDC 技术在计算单元中的设计空间，以及可能给计算模块或系统带来的在精度和硬件上的全面优化。

参 考 文 献

[1] Fisher J A, Faraboschi P, Young C. Embedded Computing: A VLIW Approach to Architecture, Compilers and Tools[M]. San Francisco: Morgan Kaufmann Publishers, 2005.

[2] Shen J P, Lipasti M H. Modern Processor Design: Fundamentals of Superscalar Processors[M]. Long Grove: Waveland Press, 2013.

[3] Sharma A, Smith D, Koehler J, et al. Affine loop optimization based on modulo unrolling in chapel[C]//International Conference on Partitioned Global Address Space Programming Models, 2014: 1-12.

[4] Rau B R. Iterative modulo scheduling[J]. International Journal of Parallel Programming, 1996, 24(1): 3-64.

[5] Lam M. Software pipelining: An effective scheduling technique for VLIW machines[C]//ACM SIGPLAN 1988 Conference on Programming Language design and Implementation, 1988: 318-328.

[6] Ebeling C. Compiling for Coarse-Grained Adaptable Architectures[R]. Technical Report UW-CSE-02-06-01. Washington: University of Washington, 2002.

[7] Park H, Fan K, Kudlur M, et al. Modulo graph embedding: Mapping applications onto coarse-grained reconfigurable architectures[C]//International Conference on Compilers, Architecture and Synthesis for Embedded Systems, 2006: 136-146.

[8] Annaratone M, Arnould E, Gross T, et al. The warp computer: Architecture, implementation, and performance[J]. IEEE Transactions on Computers, 1987, C-36(12): 1523-1538.

[9] Cong J, Huang H, Ma C, et al. A fully pipelined and dynamically composable architecture of CGRA[C]//The 22nd Annual International Symposium on Field-Programmable Custom Computing Machines, 2014: 9-16.

[10] Nowatzki T, Gangadhar V, Ardalani N, et al. Stream-dataflow acceleration[C]//The 44th Annual International Symposium on Computer Architecture, 2017: 416-429.

[11] Mishra M, Callahan T J, Chelcea T, et al. Tartan: Evaluating spatial computation for whole program execution[J]. ACM SIGARCH Computer Architecture News, 2006, 34(5): 163-174.

[12] Kagotani H, Schmit H. Asynchronous PipeRench: Architecture and performance evaluations[C]// The 11th Annual IEEE Symposium on Field-Programmable Custom Computing Machines, 2003: 121-129.

[13] Goldstein S C, Schmit H, Moe M, et al. PipeRench: A coprocessor for streaming multimedia acceleration[C]//International Symposium on Computer Architecture, 1999: 28-39.

[14] Singh H, Lee M, Lu G, et al. MorphoSys: An integrated reconfigurable system for data-parallel and computation-intensive applications[J]. IEEE Transactions on Computers, 2000, 49(5): 465-481.

[15] Takashi M, Kunle O. REMARC: Reconfigurable multimedia array coprocessor[J]. IEICE Transactions on Information and Systems, 1999, E82D(2): 261.

[16] Mei B, Vernalde S, Verkest D, et al. ADRES: An architecture with tightly coupled VLIW processor and coarse-grained reconfigurable matrix[C]//International Conference on Field Programmable Logic and Applications, 2003: 61-70.

[17] Mirsky E, Dehon A. MATRIX: A reconfigurable computing architecture with configurable instruction distribution and deployable resources[C]//IEEE International Symposium on Field-Programmable Custom Computing Machines, 1996: 157-166.

[18] Nicol C. A coarse grain reconfigurable array (CGRA) for statically scheduled data flow computing[J]. Wave Computing White Paper, 2017.

[19] Govindaraju V, Ho C, Nowatzki T, et al. DySER: Unifying functionality and parallelism specialization for energy-efficient computing[J]. IEEE Micro, 2012, 32 (5): 38-51.

[20] Prabhakar R, Zhang Y, Koeplinger D, et al. Plasticine: A reconfigurable architecture for parallel patterns[C]//The 44th Annual International Symposium on Computer Architecture, 2017: 389-402.

[21] Wu L, Lottarini A, Paine T K, et al. Q100: The architecture and design of a database processing unit[J]. ACM SIGARCH Computer Architecture News, 2014, 42 (1): 255-268.

[22] Burger D, Keckler S W, McKinley K S, et al. Scaling to the end of silicon with EDGE architectures[J]. Computer, 2004, 37 (7): 44-55.

[23] Voitsechov D, Etsion Y. Single-graph multiple flows[J]. ACM SIGARCH Computer Architecture News, 2014, 42 (3): 205-216.

[24] Parashar A, Pellauer M, Adler M, et al. Triggered instructions[J]. ACM SIGARCH Computer Architecture News, 2013, 41 (3): 142-153.

[25] Swanson S, Michelson K, Schwerin A, et al. Wave scalar[C]//IEEE/ACM International Symposium on Microarchitecture, 2003: 291-302.

[26] Voitsechov D, Port O, Etsion Y. Inter-thread communication in multithreaded, reconfigurable coarse-grain arrays[C]//The 51st Annual IEEE/ACM International Symposium on Microarchitecture, 2018: 42-54.

[27] Liu L, Li Z, Chen Y, et al. HReA: An energy-efficient embedded dynamically reconfigurable fabric for 13-dwarfs processing[J]. IEEE Transactions on Circuits and Systems II: Express Briefs, 2018, 65 (3): 381-385.

[28] Gobieski G, Nagi A, Serafin N, et al. MANIC: A vector-dataflow architecture for ultra-low-power embedded systems[C]//IEE/ACM International Symposium on Microarchitecture, 2019: 670-684.

[29] Lee W, Barua R, Frank M, et al. Space-time scheduling of instruction-level parallelism on a raw machine[J]. ACM SIGOPS Operating Systems Review, 1998, 32 (5): 46-57.

[30] Mishra M, Goldstein S C. Virtualization on the tartan reconfigurable architecture[C]// International Conference on Field Programmable Logic and Applications, 2007: 323-330.

[31] Park H, Fan K, Mahlke S A, et al. Edge-centric modulo scheduling for coarse-grained reconfigurable architectures[C]//International Conference on Parallel Architectures and Compilation Techniques, 2008: 166-176.

[32] Ahn M, Yoon J W, Paek Y, et al. A spatial mapping algorithm for heterogeneous coarse-grained reconfigurable architectures[C]//Design Automation & Test in Europe Conference, 2006: 6.

[33] Yoon J, Ahn M, Paek Y, et al. Temporal mapping for loop pipelining on a MIMD-style coarse-grained reconfigurable architecture[J]. ISOCC, 2006: 319-322.

[34] Nowatzki T, Sartin-Tarm M, de Carli L, et al. A general constraint-centric scheduling framework for spatial architectures[J]. ACM SIGPLAN Notices, 2013, 48(6): 495-506.

[35] Nowatzki T, Ardalani N, Sankaralingam K, et al. Hybrid optimization/heuristic instruction scheduling for programmable accelerator codesign[C]//International Conference on Parallel Architectures and Compilation Techniques, 2018: 1-15.

[36] Tu F, Wu W, Wang Y, et al. Evolver: A deep learning processor with on-device quantization-voltage-frequency tuning[J]. IEEE Journal of Solid-State Circuits, 2020, 56(2): 658-673.

[37] Mo H, Liu L, Hu W, et al. TFE: Energy-efficient transferred filter-based engine to compress and accelerate convolutional neural networks[C]//The 53rd Annual IEEE/ACM International Symposium on Microarchitecture, 2020: 751-765.

[38] Culler D E, Schauser K E, von Eicken T. Two fundamental limits on dataflow multiprocessing[C]// Architectures and Compilation Techniques for Fine and Medium Grain Parallelism, 1993: 153-164.

[39] Weng J, Liu S, Wang Z, et al. A hybrid systolic-dataflow architecture for inductive matrix algorithms[C]//2020 IEEE International Symposium on High Performance Computer Architecture, 2020: 703-716.

[40] Jacob B. The memory system: You can't avoid it, you can't ignore it, you can't fake it[J]. Synthesis Lectures on Computer Architecture, 2009, 4(1): 1-77.

[41] Chang D, Lin C, Yong L. ROHOM: Requirement-aware online hybrid on-chip memory management for multicore systems[J]. IEEE Transactions on Computer-Aided Design of Integrated Circuits and Systems, 2016, 36(3): 357-369.

[42] Chang D, Lin C, Lin Y, et al. OCMAS: Online page clustering for multibank scratchpad memory[J]. IEEE Transactions on Computer-Aided Design of Integrated Circuits and Systems, 2018, 38(2): 220-233.

[43] Song Z, Fu B, Wu F, et al. DRQ: Dynamic region-based quantization for deep neural network acceleration[C]//The 47th Annual International Symposium on Computer Architecture, 2020: 1010-1021.

[44] Tsai P, Beckmann N, Sanchez D. Jenga: Software-defined cache hierarchies[C]//Annual International Symposium on Computer Architecture, 2017: 652-665.

[45] De Sutter B, Raghavan P, Lambrechts A. Coarse-grained reconfigurable array architectures[M]. New York: Springer, 2019: 427-472.

[46] Culler D, Singh J P, Gupta A. Parallel Computer Architecture: A Hardware/Software Approach[M]. San Francisco: Morgan Kaufmann Publishers, 1999.

[47] Sorin D J, Hill M D, Wood D A. A primer on memory consistency and cache coherence[J]. Synthesis Lectures on Computer Architecture, 2011, 6(3): 1-212.

[48] Stuecheli J, Blaner B, Johns C R, et al. CAPI: A coherent accelerator processor interface[J]. IBM Journal of Research and Development, 2015, 59(1): 1-7.

[49] Jerger N E, Krishna T, Peh L. On-chip networks[J]. Synthesis Lectures on Computer Architecture, 2017, 12(3): 1-210.

[50] Zhang Y, Rucker A, Vilim M, et al. Scalable interconnects for reconfigurable spatial architectures[C]// The 46th Annual International Symposium on Computer Architecture, 2019: 615-628.

[51] Aisopos K, Deorio A, Peh L, et al. Ariadne: Agnostic reconfiguration in a disconnected network environment[C]//2011 International Conference on Parallel Architectures and Compilation Techniques, 2011: 298-309.

[52] Dally W J, Towles B P. Principles and Practices of Interconnection Networks[M]. San Francisco: Morgan Kaufmann Publishers, 2004.

[53] Pager J, Jeyapaul R, Shrivastava A. A software scheme for multithreading on CGRAs[J]. ACM Transactions on Embedded Computing Systems, 2015, 14(1): 1-26.

[54] Park H, Park Y, Mahlke S. Polymorphic pipeline array: A flexible multicore accelerator with virtualized execution for mobile multimedia applications[C]//IEEE/ACM International Symposium on Microarchitecture, 2009: 370-380.

[55] Atak O, Atalar A. BilRC: An execution triggered coarse grained reconfigurable architecture[J]. IEEE Transactions on Very Large Scale Integration (VLSI) Systems, 2012, 21(7): 1285-1298.

[56] Schüler E, Weinhardt M. Dynamic System Reconfiguration in Heterogeneous Platforms[M]. New York: Springer Science & Business Media, 2009.

[57] Ye Z A, Moshovos A, Hauck S, et al. Chimaera: A high-performance architecture with a tightly-coupled reconfigurable functional unit[J]. ACM SIGARCH Computer Architecture News, 2000, 28(2): 225-235.

[58] Hauck S, Fry T W, Hosler M M, et al. The Chimaera reconfigurable functional unit[J]. IEEE Transactions on Very Large Scale Integration (VLSI) Systems, 2004, 12(2): 206-217.

[59] Vaishnav A, Pham K D, Koch D, et al. Resource elastic virtualization for FPGAs using OpenCL[C]//The 28th International Conference on Field Programmable Logic and Applications, 2018: 1111-1117.

[60] 魏少军, 刘雷波, 尹首一. 可重构计算[M]. 北京: 科学出版社, 2014.

[61] Dadu V, Weng J, Liu S, et al. Towards general purpose acceleration by exploiting common data-dependence forms[C]// IEEE/ACM International Symposium on Microarchitecture, 2019: 924-939.

[62] Chen T, Srinath S, Batten C, et al. An architectural framework for accelerating dynamic parallel algorithms on reconfigurable hardware[C]//The 51st Annual IEEE/ACM International Symposium on Microarchitecture, 2018: 55-67.

[63] Koeplinger D, Prabhakar R, Zhang Y, et al. Automatic generation of efficient accelerators for

reconfigurable hardware[C]//The 43rd Annual International Symposium on Computer Architecture, 2016: 115-127.

[64] Gao M, Kozyrakis C. HRL: Efficient and flexible reconfigurable logic for near-data processing[C]// 2016 IEEE International Symposium on High Performance Computer Architecture, 2016: 126-137.

[65] Farmahini-Farahani A, Ahn J H, Morrow K, et al. NDA: Near-DRAM acceleration architecture leveraging commodity DRAM devices and standard memory modules[C]//The 21st International Symposium on High Performance Computer Architecture, 2015: 283-295.

[66] McDonnell M D. Training wide residual networks for deployment using a single bit for each weight[J]. arXiv preprint arXiv:1802.08530, 2018.

[67] Thoma F, Kuhnle M, Bonnot P, et al. Morpheus: Heterogeneous reconfigurable computing[C]// 2007 International Conference on Field Programmable Logic and Applications, 2007: 409-414.

[68] Bahr R, Barrett C, Bhagdikar N, et al. Creating an agile hardware design flow[C]//The 57th ACM/IEEE Design Automation Conference (DAC), 2020: 1-6.

[69] Mullapudi R T, Adams A, Sharlet D, et al. Automatically scheduling halide image processing pipelines[J]. ACM Transactions on Graphics, 2016, 35(4): 1-11.

[70] Li J, Chi Y, Cong J. HeteroHalide: From image processing DSL to efficient FPGA acceleration[C]// The 2020 ACM/SIGDA International Symposium on Field-Programmable Gate Arrays, 2020: 51-57.

[71] Durst D, Feldman M, Huff D, et al. Type-directed scheduling of streaming accelerators[C]//ACM SIGPLAN Conference on Programming Language Design and Implementation, 2020: 408-422.

[72] Barrett C, Stump A, Tinelli C. The satisfiability modulo theories library (SMT-LIB)[EB/OL]. http://smtlib.cs.uiowa.edu/language.shtml.

[73] Daly R, Truong L, Hanrahan P. Invoking and linking generators from multiple hardware languages using CoreIR[C]// Workshop on Open-Source EDA Technology, 2018: 1-5.

[74] Bachrach J, Vo H, Richards B, et al. Chisel: Constructing hardware in a scala embedded language[C]//Design Automation Conference, 2012: 1212-1221.

[75] Binkert N, Beckmann B, Black G, et al. The gem5 simulator[J]. ACM SIGARCH Computer Architecture News, 2011, 39(2): 1-7.

[76] Weng J, Liu S, Dadu V, et al. DSAGEN: Synthesizing programmable spatial accelerators[C]//The 47th Annual International Symposium on Computer Architecture, 2020: 268-281.

[77] Nowka K, Carpenter G, MacDonald E, et al. A 0.9V to 1.95V dynamic voltage-scalable and frequency-scalable 32b PowerPC processor[C]//2002 IEEE International Solid-State Circuits Conference. Digest of Technical Papers, 2002: 340-341.

[78] Sinangil M E, Verma N, Chandrakasan A P. A reconfigurable 8T ultra-dynamic voltage scalable (U-DVS) SRAM in 65nm CMOS[J]. IEEE Journal of Solid-State Circuits, 2009, 44(11): 3163-3173.

[79] Lee S, John L K, Gerstlauer A. High-level synthesis of approximate hardware under joint

precision and voltage scaling[C]//Design, Automation & Test in Europe Conference & Exhibition (DATE), 2017: 187-192.

[80] Tschanz J, Kim N S, Dighe S, et al. Adaptive frequency and biasing techniques for tolerance to dynamic temperature-voltage variations and aging[C]//2007 IEEE International Solid-State Circuits Conference. Digest of Technical Papers, 2007: 292-604.

[81] Verma N, Chandrakasan A P. A 65nm 8T sub-Vt SRAM employing sense-amplifier redundancy[C]//2007 IEEE International Solid-State Circuits Conference. Digest of Technical Papers, 2007: 328-606.

[82] Chapiro D M. Globally-Asynchronous Locally-Synchronous Systems[M]. Stanford: University of Stanford, 1984.

[83] Hall T S, Twigg C M, Gray J D, et al. Large-scale field-programmable analog arrays for analog signal processing[J]. IEEE Transactions on Circuits and Systems I: Regular Papers, 2005, 52(11): 2298-2307.

[84] Guo N, Huang Y, Mai T, et al. Energy-efficient hybrid analog/digital approximate computation in continuous time[J]. IEEE Journal of Solid-State Circuits, 2016, 51(7): 1514-1524.

[85] Huang Y, Guo N, Seok M, et al. Analog computing in a modern context: A linear algebra accelerator case study[J]. IEEE Micro, 2017, 37(3): 30-38.

[86] Huang Y, Guo N, Seok M, et al. Hybrid analog-digital solution of nonlinear partial differential equations[C]// The 50th Annual IEEE/ACM International Symposium on Microarchitecture, 2017: 665-678.

[87] Zhao Z, Srivastava A, Peng L, et al. Long short-term memory network design for analog computing[J]. ACM Journal on Emerging Technologies in Computing Systems, 2019, 15(1): 1-27.

[88] Zhang J, Wang Z, Verma N. In-memory computation of a machine-learning classifier in a standard 6T SRAM array[J]. IEEE Journal of Solid-State Circuits, 2017, 52(4): 915-924.

[89] Chi P, Li S, Xu C, et al. Prime: A novel processing-in-memory architecture for neural network computation in reram-based main memory[J]. ACM SIGARCH Computer Architecture News, 2016, 44(3): 27-39.

[90] Zha Y, Nowak E, Li J. Liquid silicon: A nonvolatile fully programmable processing-in-memory processor with monolithically integrated ReRAM for big data/machine learning applications[C]// Symposium on VLSI Circuits, 2019: C206-C207.

[91] Shafique M, Garg S, Henkel J, et al. The EDA challenges in the dark silicon era: Temperature, reliability, and variability perspectives[C]//The 51st Annual Design Automation Conference, 2014: 1-6.

[92] Jiang H, Santiago F J H, Mo H, et al. Approximate arithmetic circuits: A survey, characterization, and recent applications[J]. Proceedings of the IEEE, 2020, 108(12): 2108-2135.

[93] Goldschmidt R E. Applications of Division by Convergence[M]. Cambridge: Massachusetts Institute of Technology, 1964.

[94] Mitchell J N. Computer multiplication and division using binary logarithms[J]. IRE Transactions on Electronic Computers, 1962, (4): 512-517.

[95] Lim Y C. Single-precision multiplier with reduced circuit complexity for signal processing applications[J]. IEEE Transactions on Computers, 1992, (10): 1333-1336.

[96] Lu S. Speeding up processing with approximation circuits[J]. Computer, 2004, 37(3): 67-73.

[97] Liu W, Lombardi F, Shulte M. A retrospective and prospective view of approximate computing point of view[J]. Proceedings of the IEEE, 2020, 108(3): 394-399.

[98] Yoo B, Lim D, Pang H, et al. 6.4 A 56Gb/s 7.7 mW/Gb/s PAM-4 wireline transceiver in 10nm FinFET using MM-CDR-based ADC timing skew control and low-power DSP with approximate multiplier[C]//2020 IEEE International Solid-State Circuits Conference, 2020: 122-124.

[99] Mohapatra D, Chippa V K, Raghunathan A, et al. Design of voltage-scalable meta-functions for approximate computing[C]//2011 Design, Automation & Test in Europe, 2011: 1-6.

[100] Amrouch H, Ehsani S B, Gerstlauer A, et al. On the efficiency of voltage overscaling under temperature and aging effects[J]. IEEE Transactions on Computers, 2019, 68(11): 1647-1662.

[101] Gupta V, Mohapatra D, Raghunathan A, et al. Low-power digital signal processing using approximate adders[J]. IEEE Transactions on Computer-Aided Design of Integrated Circuits and Systems, 2012, 32(1): 124-137.

[102] Kulkarni P, Gupta P, Ercegovac M. Trading accuracy for power with an underdesigned multiplier architecture[C]//The 24th Internatioal Conference on VLSI Design, 2011: 346-351.

[103] Imani M, Peroni D, Rosing T. CFPU: Configurable floating point multiplier for energy-efficient computing[C]//The 54th ACM/EDAC/IEEE Design Automation Conference, 2017: 1-6.

[104] Jiang H, Lombardi F, Han J. Low-power unsigned divider and square root circuit designs using adaptive approximation[J]. IEEE Transactions on Computers, 2019, 68(11): 1635-1646.

[105] Kong I, Kim S, Swartzlander E E. Design of Goldschmidt dividers with quantum-dot cellular automata[J]. IEEE Transactions on Computers, 2013, 63(10): 2620-2625.

[106] Brandalero M, Beck A C S, Carro L, et al. Approximate on-the-fly coarse-grained reconfigurable acceleration for general-purpose applications[C]//The 55th ACM/ESDA/IEEE Design Automation Conference, 2018: 1-6.

[107] Akbari O, Kamal M, Afzali-Kusha A, et al. PX-CGRA: Polymorphic approximate coarse-grained reconfigurable architecture[C]//Design, Automation & Test in Europe Conference & Exhibition, 2018: 413-418.

[108] Alaghi A, Qian W, Hayes J P. The promise and challenge of stochastic computing[J]. IEEE Transactions on Computer-Aided Design of Integrated Circuits and Systems, 2018, 37(8): 1515-1531.

[109] Kim K, Kim J, Yu J, et al. Dynamic energy-accuracy trade-off using stochastic computing in deep neural networks[J]. The 53nd ACM/EDAC/IEEE Design Automation Conference (DAC), 2016, 1-6.

第 4 章　编　译　系　统

Compiler writers must evaluate tradeoffs about what problems to tackle and what heuristics to use to approach the problem of generating efficient code.[1]

编译器开发者必须评估权衡要解决哪些问题和采用哪些启发式方法去解决这些问题从而实现更高效的代码。

——Alfred V. Aho et al，*Compilers: Principles, Techniques, and Tools*，2006

　　计算密集型应用(如人工智能、生物信息、数据中心和物联网)已成为当今时代热点，这些新兴应用对软件定义芯片计算能力的要求变得越来越高。为满足这些应用苛刻的计算能力需求，软件定义芯片内部的可编程计算资源的规模迅速增长。因此，如何方便且高效地使用这些计算资源逐渐成为影响软件定义芯片应用的关键问题。大规模的可编程计算资源以及新兴应用的不断诞生，使手工映射的代价已经严重影响用户的开发效率。因此，为软件定义芯片研发自动化的编译系统迫在眉睫。

　　软件定义芯片的编译系统是将用户用高级语言描述的行为或功能，翻译成一段功能等价的、可被硬件识别的二进制机器代码的软件系统。一个优秀的编译系统可以在不过多地影响程序员生产力的条件下，有效地挖掘软件定义芯片的硬件潜能，为用户提供更加方便且高效地使用芯片硬件资源的方法。得益于其动态重构特性，软件定义芯片可以采用动态编译技术进一步提高资源利用率。在设计软件定义芯片的编译系统的过程中，编译器开发者需要做出很多权衡。本章将从传统的静态编译方法和软件定义芯片支持的动态编译方法两个方面讨论编译系统的设计过程中如何在时间开销、编译质量与易用性之间权衡，从而更容易、更高效且成本更低地利用软件定义芯片的硬件资源。

　　4.1 节首先对软件定义芯片的编译系统进行总体概述,简要介绍静态和动态编译流程中的关键环节。4.2 节详细介绍传统的静态编译方法：首先介绍 IR，然后对映射问题进行抽象与建模，再介绍常用的求解和优化方法，包括模调度、软件流水以及整数线性规划，最后讨论非规则的任务映射问题。由于软件定义芯片支持动态重构，用户可以采用动态编译方法进一步提升芯片的能量效率。因此，4.3 节将讨论软件定义芯片的动态编译方法：首先介绍软件定义芯片动态编译的基础——硬件资源虚拟化，然后介绍配置信息动态生成和转换的方式。

4.1 编译系统概述

软件定义芯片的编译系统是指能够将描述应用程序功能的高级编程语言代码转化为底层硬件可以识别的机器语言的完整软件工具链。软件定义芯片拥有丰富的可编程计算资源(PE),这些计算资源可以并行地执行计算操作,能够充分挖掘应用中多种并行性。正如下册第 1 章将提到的,对于高度并行的硬件结构,编程模型的高性能和易用性是不可兼得的。要想充分发挥软件定义芯片中丰富硬件资源的计算优势,必定会导致芯片的易用性降低。对芯片的使用者来说,手工编译应用代码可以获得最高的计算性能和能量效率,但软件定义芯片的结构多样,应用也在快速发展,为每种架构手工编译应用消耗漫长的开发周期,将会大大增加软件定义芯片的软件 NRE 开发成本。因此,在软件定义芯片的开发过程中,编译系统设计同硬件架构设计一样是极其重要的环节。然而,目前软件定义芯片的编译系统仍需要大量手工辅助从而保证编译质量而且通用性不强,其自动化的实现方式仍是当今的研究热点。

编译技术按编译器的时间特性,可以分为静态编译和动态编译[2]。静态编译是目前主流的编译技术,几乎所有的通用处理器(GPP)、FPGA 编译器(如 GCC、Vivado)都是静态的。它的特点是在离线的状态下(应用程序运行之前)进行编译。由于缺乏运行时的动态信息,即使是在支持多任务、多线程的芯片中,静态编译也只能保证运行单个应用时有较高的能量效率,而且芯片开始工作以后,没有办法对自身进行动态调节。而动态编译是指根据运行时的动态信息,在运行中对应用的执行方式进行优化调整以获得进一步性能提升。Java、微软的.NET 框架以及 NVIDIA 的 NVRTC 都采用了动态编译技术。丰富的硬件资源以及动态重构特性,使得软件定义芯片可以采用动态编译技术提高硬件利用率。图 4-1 是软件定义芯片编译系统的工作流程。下面简要介绍编译系统中静态编译和动态编译流程中的主要环节。

4.1.1 静态编译流程

静态编译流程是将高级语言描述的应用程序代码片段在执行之前转化为软件定义芯片能够识别的二进制机器语言的流程。如第 3 章所述,软件定义芯片一般使用 CGRA 作为加速器与处理器耦合,其静态编译流程包括目标机器为 GPP 和 CGRA 的两个编译流程。因为 GPP 的编译技术已经比较成熟,所以本节重点介绍 CGRA 的静态编译流程。

1. 任务划分

软件定义芯片通常采用粗粒度可重构计算阵列作为加速核心,整体计算系统由 GPP 和 CGRA 组成。CGRA 的硬件架构含有大量并行运算的单元,尤其适合数据并

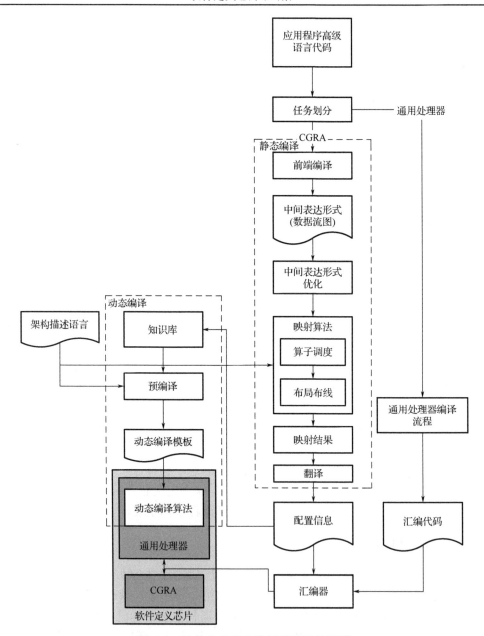

图 4-1 软件定义芯片编译系统工作流程

行、计算密集的代码区域，但是应用程序中的控制语句会使流水线产生控制冲突，使其效率降低。因此，通常情况下的任务划分方式是将基本块(basic block)内的代码分配给 CGRA 执行，而基本块外的控制代码由 GPP 执行。绝大多数应用程序代码中执行时间占比最大的往往是循环语句[3]。因此，循环语句往往被划分到 CGRA

上执行。划分后的代码分别通过 CGRA 编译器和 GPP 编译器得到两种目标机器的机器代码(CGRA 的配置信息和 GPP 的汇编代码),再通过汇编器得到软件定义芯片系统可识别的机器语言,最终完成静态编译流程。然而,GPP 与 CGRA 过于频繁的数据同步和通信可能使这种划分方式收益严重降低。因此,采用以上任务划分方式有收益的前提是 GPP 和 CGRA 之间的通信开销小于 CGRA 所能提供的性能提升[4]。对于控制密集型或并行性有限的应用,可以采用另一种跨越基本块的任务划分方式,即将多个基本块与控制语句合并为一个超块(hyperblock)[5]再分配到 CGRA 上执行,以增加程序中的并行性,同时减小 GPP 与 CGRA 之间通信的开销。将应用程序中基本块内的计算任务称为规则任务,将跨越基本块的任务称为非规则任务。后文将详细介绍规则任务和非规则任务在 CGRA 上的映射问题。

2. 前端编译

进行任务划分之后,分配给 CGRA 的应用程序代码将首先由编译器前端处理。前端编译步骤通常包括词法分析、语法分析和语义分析,目的是解析源程序片段中描述的所有运算、操作以及它们之间的依赖关系。经过前端处理后,使用高级语言(如C/C++)描述的应用程序片段将会被转化成 IR。IR 是源程序的一种等价表示方法,是连接源代码与目标代码的桥梁。它可以直观地描述源程序中的控制依赖和数据依赖,而且与目标机器的硬件架构无关。编译器可以通过修改 IR 的方式实现对目标代码的优化。IR 的主要形式有汇编语言、DFG、CDFG、AST 等。理想的编译器应该是无须更改源程序的行为描述,仅通过优化 IR 就能达到优化目标机器代码的目的,而目前流行的做法如 Vivado 的 HLS 工具则是通过在源程序代码中加入编译指导语句来优化最终的硬件架构。这种做法虽然有助于提升程序运行的性能,但是却增加了软件开发成本。

3. 映射算法

CGRA 的映射算法是指将优化后 IR 中的所有操作以及依赖关系映射到相应的目标硬件结构上,以使硬件实现 IR 所描述的行为功能,并且根据需求优化硬件的执行方式。这意味着映射算法对 CGRA 的性能和功耗有决定性的影响。因此,映射算法是编译系统中最重要的环节。映射质量可以用启动间隔(II)来衡量。II 定义为内核程序(kernel)连续两次迭代的开始之间的时间间隔。II 越小意味着平均每次迭代的执行时间越短,性能越高。映射算法通常采用软件流水技术[6]使不同循环迭代中的操作在相同的时间执行,通过重叠多次迭代的运行时间来减小 II。如第 3 章所述,CGRA 的执行模型主要有两种:静态调度和动态调度。静态调度的 CGRA 需要编译器将算子(operator)分配到固定的控制步上,在相同的控制步上的运算同步执行。而动态调度的 CGRA 类似于乱序超标量处理器,采用特殊的硬件结构调度算子。前者是把调度工作交给编译器，从而简化硬件，提升能量效率。后者通过数据流等机制在运行时挖掘并行性，这能够简化编译算法的设计，但同时却增大了硬件设计开销。目前，静态调度的 CGRA 是最普遍的设计方式，其对编译算法的要求更高。因此，本章着重介绍静态调度 CGRA 的映射算法。

CGRA 的映射问题已经被证明是一个 NP 完全问题[7]，无法用一个具有多项式时间复杂度的算法求解。因此，映射算法通常采用以下几种求解策略：贪心算法、随机算法、启发式算法、整数线性规划等。目前主流的映射算法主要可以分为两种：分步式(decomposed)和集成式(integrated)[8]。分步式映射算法分步执行算子调度、布局布线、寄存器分配等流程，将大问题分成若干个小问题，以降低解决问题的时间开销。这种映射策略在本质上是通过问题划分的方式减小解空间，从而加快求解速度，缺点是在减小解空间的同时可能会丢掉一些质量好的解。因此，分步式映射算法主要通过牺牲解的质量来换取求解速度。而集成式映射算法是将整个映射问题建立成一个统一的模型，求解它的全局最优解或次优解的算法。这种映射策略虽然可以得到质量更好的映射结果，但是可能导致时间开销过大，无法在可接受的时间开销内得到可行解。综上所述，设计映射算法时需要在映射质量与时间开销之间做出权衡。

4.1.2　动态编译流程

动态编译流程是在动态信息(如运算资源使用情况、动态功耗要求、硬件故障)的约束下，对应用程序进行在线编译，以生成满足约束的配置信息。动态编译流程包括离线环节以及在线环节。为缩短动态编译算法的运行时间以减少对执行时间的影响，编译器在离线环节会对问题模型进行一些简化，或者为在线环节预先生成指导信息(如模板)。在线环节必须使用低时间复杂度的算法，以保证其不会影响整个软件定义芯片系统的性能。

1. 预编译

为了使动态编译有性能收益，编译系统应保证动态编译算法的时间开销不应过大。因此，动态配置信息生成算法的复杂度越低越好。然而，正如 4.1.1 节所提到的，CGRA 的映射算法是 NP 完全问题。因此，动态配置信息生成算法无法直接借用静态编译算法的映射方法。动态编译流程通常需要在离线时运行预编译过程，通过借助预编译过程的结果(模板)和以虚拟硬件资源为目标机器静态编译生成的基础配置信息，动态配置信息生成算法就可以实现较低的复杂度。如图 4-1 所示，预编译仅通过硬件架构描述以及知识库来生成模板。知识库是存放配置信息特征的档案库，软件定义芯片系统支持的所有应用程序通过静态编译生成的配置信息都将加入此知识库中。借助知识库中静态配置信息的特性，预编译过程可以得到更好的预编译结果,从而使动态编译得到更好的性能。也有一些主流的 CGRA 动态编译技术[9, 10]不使用静态预编译和任务划分过程,而直接采用贪心等复杂度较低的算法将 GPP 指令流转化为配置信息流,以达到透明编程的目的。

2. 动态编译算法

在支持多线程的 CGRA 中,运行管理器将会动态监控每个 PE 的运行状态,并将采集到的实时资源约束信息(如长时间空闲的 PE)返回给 GPP。随后,GPP 将会调用动态编译算法,为待执行的应用生成符合资源约束条件的配置信息,以提高整体的硬件利用率。CGRA 的动态编译算法主要分为基于指令流的配置信息动态生成算法和基于配置流的配置信息动态转换算法。前者需要动态分析指令之间的依赖关系,导致转换得到的配置信息的质量较低。后者利用静态生成的映射结果和模板,将静态编译产生的基础配置信息动态转换为虚拟硬件资源的配置信息。

综上所述,编译系统作为有效使用软件定义芯片执行应用程序、完成运算任务的自动化工具链,其目标包括易用性好、编译时间短、编译质量高(性能高)。由于软件定义芯片通常采用 GPP+CGRA 的异构型体系结构,为分别发挥它们对控制密集型和计算密集型任务的执行优势,将应用程序代码进行良好的任务划分十分重要。软件定义芯片中丰富的并行计算资源虽然为应用提供了提高指令并行性的潜在可能,但却使映射问题成为复杂的 NP 完全问题。同时,与命令式高级语言的不兼容性使得编译系统需要设计一种 IR 来解决此问题。动态重构特性使软件定义芯片支持硬件虚拟化,采用动态编译技术可以进一步提升软件定义芯片的能量效率,以及适配外部变化的环境。

4.2 静态编译方法

设计静态编译方法的过程中,需要考虑时间开销、编译质量与易用性之间的权衡。其中,时间开销表现在静态编译流程的耗时。编译质量通常用能量效率(性能与功耗的比值)衡量。易用性表现在用户使用芯片过程的生产力。本节将围绕这三个关键设计要素在静态编译方法中的具体体现,详细讨论如何设计软件定义芯片的静态编译方法。

4.2.1 中间表达形式

当今的高层次语言(如 C/C++、Python、Java 等)通常都是面向经典的冯·诺依曼架构描述串行计算语义,这显然与软件定义芯片的并行计算模式存在矛盾。自 1957 年第一个高级语言编译器——Fortran 编译器问世以来,人们为了得到更好的 GPP 编译器努力了数十年。同样,自从 1983 年第一个 EDA 工作站平台 Apollo 诞生以来，VHDL、Verilog 和 SystemC 等硬件描述语言的综合工具层出不穷。但是将这两种方法组合到一起的集成编译工具(如 HLS 工具)生成的电路却很难达到令人满意的性能。这主要是因为高层次语言通常是命令式语言，这与 GPP 所采用的冯·诺依曼架构十分契合(事实上目前流行的高层次语言就是为冯·诺依曼架构设计的)。而硬件描述语言的主要目标是更好地表达底层逻辑模块之间的连接关系，其表达形式往往更为复杂，难以修改和优化。IR 就是为了更好地衔接高级语言和底层模块而设计的一种中间层，它是编译前端和后端之间的纽带。一个好的 IR 能够准确表示应用源代码的功能和行为，而且与任何特定语言或硬件架构无关。

目前主流的软件定义芯片编译技术几乎都采用了 IR。表 4-1 列出了近几年来一些主流的软件定义芯片编译器或 HLS 工具(这里统称为编译器)所采用的 IR。根据 IR 所在层次，可以将其分为软件 IR(或高层次 IR)和硬件 IR(或低层次 IR)。软件 IR 一般是指从高级语言(如 C/C++、Java)转化而来的、基于 SSA 或者 DFG 的中间层(如 DySER[11]、RAMP[12]、Legup[13]、CASH[14]编译框架中使用的 IR)。硬件 IR 是指由硬件构建语言(hardware construction language，HCL)转化而来的，更贴近于底层硬件的中间层(如 FIRRTL[15]、LNAST[16])。其中 μIR 比较特殊，它是由软件 IR 生成的硬件 IR。软件 IR 注重应用的行为，表达与高级语言相同的功能，完全不考虑如何使用硬件实现功能。硬件 IR 只关注底层硬件模块的结构以及连接方式，旨在优化电路的硬件结构。对于确定的软件定义芯片的硬件架构，因为通过 HCL 转化而来的低层次 IR 的优化方式过于灵活，可能超出目标硬件架构的表示范围，所以通常只采用软件 IR 而不采用硬件 IR。对于不确定的软件定义芯片的硬件架构(如敏捷硬件设计、HLS)，可以同时采用软件 IR 和硬件 IR。采用 IR 作为中间层的编译系统可以带来以下好处。

表 4-1　主流编译器及 IR

编译器	编译器类型	前端语言	IR 结构	IR 类型
DySER[11]	软件定义芯片编译器	C/C++	SSA/DFG	软件 IR
CASH[14]	HLS	C	SSA/DFG	软件 IR
Chisel[17]	HCL	Chisel	FIRRTL[15]	硬件 IR
μIR[18]	HLS	C/C++	μIR	硬件 IR
EPIMap[7]	软件定义芯片编译器	C/C++	SSA/DFG	软件 IR
REGIMap[19]	软件定义芯片编译器	C/C++	SSA/DFG	软件 IR
RAMP[12]	软件定义芯片编译器	C/C++	SSA/DFG	软件 IR
Legup[13]	HLS	C/C++	SSA/DFG	软件 IR
SPATIAL[20]	HCL	SPATIAL	PATTERN	硬件 IR
LiveHD[16]	HCL	HCL	LNAST	硬件 IR

1. 提高易用性

编程语言正在朝着更高层次、更为抽象的表达方式迈进，从而使程序员在编写功能复杂的程序时的效率更高。而硬件体系结构正朝着更加复杂的方向发展（如多核、多机、GPU 等）。随着应用程序和硬件之间的抽象差距越来越大，编译器在自动利用硬件资源以实现最佳性能方面变得越来越捉襟见肘。究其原因，是高级语言缺少将粗粒度执行块有效转换为低级硬件所需的语义信息。高级语言描述的是串行执行的过程，而硬件架构工作的方式却是并行的。若想从目标硬件架构中获取更好的性能，程序员不得不使用低级的、面向特定体系结构的编程模型（如为 GPU 设计的 CUDA、为处理器集群设计的 MPI 等）[21]。软件定义芯片同样和通用处理器硬件结构上有着很大的差别。因此，面向它们的编译器设计（尤其是后端）也一定会有很大的区别。这使得原本适合在通用处理器上使用的编程语言、编程模型和代码优化方式等无法全都适用于软件定义芯片。

为了得到更高的性能，程序员必须首先熟悉目标硬件架构的特点，然后改写程序代码或者向代码中加入指导语（图 4-2）。因为优化后的代码与目标硬件架构相关（如缓存行（cacheline）的大小、处理器核心数、处理器流水线级数等），所以这会使源程序变得难以维护和移植、降低编译系统的易用性而且使软件开发的时间成本大大增加。如果将程序的优化转移到 IR 层级，那么就可以在保证用户生产效率的情况下提高程序在软件定义芯片上运行的效率。

Chisel（constructing hardware in a scala embedded language）语言和 FIRRTL 的诞生就是为了提高硬件开发的生产力而提出的编译系统。美国加利福尼亚大学伯克利分校在设计开源硬件 RISC-V 时，为了实现更为敏捷的开发和硬件设计

```
1     void （int * mem）{
2         mem[512] = 0;
3         For （int i=0;i<512;i++）
4             mem[512] += mem[i];
5     }
```

(a) 应用的行为描述

```
6     # define ChunkSize    （sizeof （MPort）/sizeof （int））
7     # define LoopCount    （512/ChunkSize）
8     void （MPort* mem）{
9         MPort buff[LoopCount];
10        memcpy （buff, mem, LoopCount）;
11        int sum=0;
12        For （int i=1; i<LoopCount; i++）{
13        #pragma PIPELINE
14            for （int j=0; j<ChunkSize; j++）{
15            #pragma UNROLL
16                sum += （int）（buff[i]>>j*sizeof （int）*8）;}}
17        Mem[512] = sum;
18    }
```

(b) 向代码中加入指导语句

图 4-2 需要人工指导的编译前端

的重复使用，同时开发了 Chisel 作为 HCL。该语言是构建在 Scala 语言之上，并可

以编译成 Verilog HDL，进而综合成电路网表的 DSL。Chisel 使该设计团队的硬件设计生产力显著提高，一个 12 人的研究生团队可以在 3 年内完成超过 10 个芯片的流片任务。但是他们却发现 Chisel 很难被团队以外的人很好地使用，这是因为普通用户不了解 Chisel 编译器的原理，以至于程序编写效率和最终电路的性能都不够理想。因此，加利福尼亚大学伯克利分校的设计团队在源语言(Chisel)和目标与语言(Verilog)之间加入了一个 IR 层——FIRRTL 层，并提出在 FIRRTL 层级的优化方法(如常数传播(constant propagation)、公共子表达式消除(common-sub-expression elimination)、死代码消除(dead code elimination)等)。综上所述，在现有的编译系统中加入 IR 中间层可以将源程序的描述和面向硬件的优化解耦，在无须修改源程序描述的条件下提高编译效率，从而使得编译系统的易用性有了显著提升。

2. 减少编译系统设计开销

采用 IR 作为编译中间层也可以有效降低编译器设计的工作量。首先，IR 层可以将编译系统划分为前端和后端，这不仅使编译系统在逻辑上更加清晰，也方便了编译系统的设计者同时设计、开发编译系统的前端和后端算法。其次，IR 层可以增强编译系统的可扩展性，使其编译系统易于被他人复用。假设需要分别为 m 种语言设计以 n 种芯片为目标机器的编译器，如图 4-3(a)所示，如果采用没有 IR 作为中间层的传统编译器设计方式，那么需要设计 $m \times n$ 种独立的编译器。如图 4-3(b)所示，若定义一个合适的中间层 IR，采用"前端+IR+后端"的编译器设计方法，则只需要设计 m 个前端编译器和 n 个后端编译器，显著地减少了编译器的设计工作量。

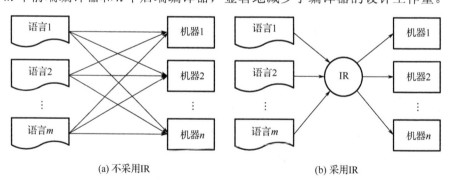

(a) 不采用IR　　　　　　　　　　　　　　　(b) 采用IR

图 4-3　IR 可以减少编译系统设计开销

SUIF(Stanford University Intermediate Format)[22]是斯坦福大学林倩玲教授团队开发的一款开源的基础编译框架。该框架随后又衍生出了 SUIF2 和 MachSUIF 编译系统。SUIF2 是整个编译系统的前端，而 MachSUIF 是目标机器无关的编译后端。SUIF2 为开发者提供了丰富代码优化的处理程序(也称为遍(pass))，开发者也可以自己创建定制的遍。应用程序通过遍之后会先转化为高层次 IR(high-SUIF)，再经过低层次遍生成低层次 IR(low-SUIF)，然后将 low-SUIF 输入 MachSUIF 中生成不依赖于目标机器体系结构的虚拟机器语言(suifvm)，进而根据具体机器进行指令翻译，最终得到目标机器语言。很多软件定义芯片编译器采用了 SUIF 编译框架，如 REMUS-C[23]、XPP-VC[24]、Garpcc[25]等。

LLVM(low level virtual machine)[26]是一款开源的编译器框架，源自于伊利诺伊大学厄巴纳-香槟分校在 2000 年发起的一个开源项目。在 2005 年，LLVM 的创始人之一，克里斯·拉特纳为苹果公司开发了一款性能更好的、能够取代 GCC 地位的 C/C++/Objective-C 编译器前端，并与 LLVM 2.6 版本集成在一起发布。凭借着 LLVM 对产业的巨大贡献，克里斯·拉特纳获得了 2012 年的国际计算机学会(ACM)软件系统奖。LLVM 提供的独立于编程语言和目标机器体系结构的 LLVM IR 以及它的优化器使得前端编译器设计者不必担心后端的实现方式，同样，后端编译器设计者也不必担心前端使用何种语言，这使得该编译器框架的模块性和可扩展性变得更强，进而面向一款新的体系结构的编译系统可以复用开源的前端，只需要开发新的编译后端算法，极大程度上缩短了编译系统的设计周期。当今很多主流的软件定义芯片编译器(如 RAMP[12]、HPRC[8]、CGRA-ME[27]等)都是基于 LLVM 框架开发的。

3. 提升映射质量

一个优秀的 IR 还应该有利于编译系统提高编译质量，即源程序在软件定义芯片上运行的能量效率。如图 4-4 所示，不同的语言经过编译前端生成的 IR 将会经过面向不同硬件架构的软件定义芯片的优化算法，生成有利于提高源程序在目标硬件架构映射效率的 IR。因此，在设计 IR 的结构时，也应该考虑其数据结构是否有助于优化。IR 的结构主要可以分为以下几种。

三地址代码(three address code，TAC)和 SSA 均为常见的编译器 IR。TAC 的形式类似于汇编语言，它会创建一些临时的中间变量，然后将源程序代码转化为多条三地址指令。TAC 通常采用四元式(quadruple)或三元式(triple)的数据结构来表示。SSA 与 TAC 的区别如图 4-5 所示，SSA 中的所有赋值指令都是对不同名字的变量的赋值。两种 IR 虽然都能表示正确

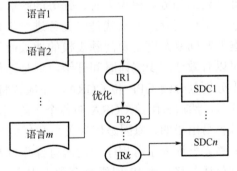

图 4-4　IR 对不同架构有不同的优化方法

的依赖关系，但是由于 SSA 通过对赋值变量进行重命名，原始代码中存在的反相关依赖(anti-dependency)可以被消除。如图 4-5(a)所示，TAC 的第 4～6 条指令在功能上并不依赖前三条指令，如果使用图 4-5(b)中的 SSA 作为 IR，那么反相关依赖就可以被消除。对于软件定义芯片，这可以增加指令级并行性，有助于提升映射效率。

SSA 在处理程序中的分支指令时，采用 ϕ 函数的方法即采用谓词执行(predicate execution)的方法可以将控制依赖关系转化为数据依赖关系,同样增加了指令级并行性。SSA 也可以经过简单的转换变为与之等价的更加直观的 DFG 或 CDFG。这两种 IR 将在本章后面的小节中进行详细介绍。目前很多主流编译器都采用了 SSA 作为 IR,如 GCC、LLVM 等。

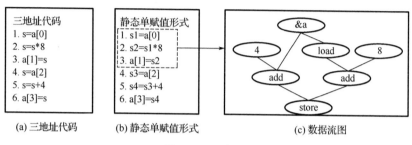

图 4-5　三种 IR

μIR 是另一种为了方便对 HLS 工具生成的硬件架构进行优化的 IR。与它同时发表的 μopt 则是针对 μIR 的优化方法,支持在流水线、并行化以及高阶计算融合的优化方法。μIR 可以通过 LLVM IR 生成,并且将时间不确定的任务块通过延时不敏感的接口(如 FIFO)相连。这种做法使得每个任务块相对独立,对其中每个任务块进行优化时不必考虑对其他模块的影响,从而极大程度上简便了对 IR 的优化。

4. 减少编译时间开销

由于软件定义芯片的静态编译是 NP 完全问题,当遇到划分给软件定义芯片处理阵列的任务规模较大时,任务的映射时间可能会达到不可接受的地步。最常用的解决上述问题的方法就是将任务进一步划分成子任务再进行映射。因为 NP 完全问题的时间复杂度是随问题规模的增长而指数增长的,因此这种"分而治之"的方法可以有效地减少编译时间开销。但是这使得任务划分不但要将源程序的任务从大体上分别划给 GPP 和 CGRA,还应该将划分给 CGRA 的任务进一步划分为多个子任务,然后分配给 CGRA 的各个子阵列。然而,直接对任务进行精细的划分是烦琐且容易出错的,原因是依赖关系和任务规模在原始代码中表现得并不直观。由于 IR 能够完整地表示源程序中的所有操作以及它们之间的所有依赖关系,将精细的任务划分环节移动到 IR 层级会有利于用户更方便且高效地完成子任务的划分工作。更平衡的任务划分不仅能够显著提高映射效率,也同样可以减少子任务映射到目标子阵列的时间开销。为此,软件定义芯片采用了两种机理来减小任务规模。

第一种方法是利用软件定义芯片丰富的硬件资源,对 IR 进行空域划分(spatial partitioning),如图 4-6 所示。很多编译器如 Autoscaler[28]和 CHAMPION[29]等,都采用了空域划分的方法。很多软件定义芯片的处理阵列都被人为划分或者通过虚拟化技术划分为多个"岛"，岛与岛之间通常存在公共的数据缓存进行通信。这样一来，划分到 CGRA 的任务还将会被划分到各个岛，通过将每个子任务分别映射到小岛上从而得到可以接受的编译时间。在通常情况下，处理阵列小岛之间的数据缓存的读取速度较慢。因此，在进行空域划分时，为了得到性能更高的映射结果，应当尽量减少跨越小岛的边的数量。

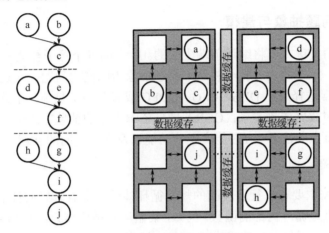

图 4-6　数据流图的空域划分

　　另一种是利用软件定义芯片的动态重构特性，对 IR 进行时域划分(temporal partitioning)，采用时分复用的方法将 IR 划分为多个子任务。图 4-7 展示了对数据流图 IR 进行划分的示意图：编译系统为每一个子任务生成一套配置信息，通过动态切换配置信息的方式实现源程序的功能。这种方法在划分时应该注意保持每一个子任务的功能性和独立性。功能性是指子任务的执行序列和完整任务的功能一致。独立性是指划分后的每个子任务相对独立，任务与任务之间不能出现互锁问题。由于

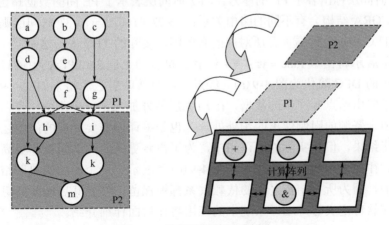

图 4-7　数据流图的时域划分

软件定义芯片在切换完整配置时存在配置装载与卸载的时间开销,时域划分对编译质量可能会有影响。因此,在进行 IR 的划分时,应尽量避免采用此种划分方式。

综上所述,如果为软件定义芯片的编译系统中设计一个理想的 IR,便能同时提高编译系统的易用性、减少编译系统的设计开销、提升映射质量以及减少编译时间开销。

4.2.2　映射问题抽象与建模

自动编译的关键在于将编译前端生成的 IR 上的各个算子合适地映射到 CGRA 的硬件资源上,本节的内容将会将这一问题抽象为图同构问题。在这个映射抽象的过程中,IR 通常选择采用 DFG、CFG、CDFG 或者其他更复杂的形式,用以表征算子之间的控制和数据依赖关系;CGRA 硬件资源方面的抽象方式也不一而足,但其主要特征都是重点关注各个 PE 能实现的功能以及它们之间的互连。

1. 映射问题举例

目前 CGRA 主要在并行度较高的规则循环体结构上有较好的性能表现,所以我们的主要关注点是循环内部的函数。例如,某循环的循环体为函数 $\text{func} = yz + |x + y|$,如图 4-8(a)所示,通过前端编译生成 DFG,记作 $D = (V_d, E_d)$,该有向图中的每个结点 $v_d \in V_d$ 都对应于函数中的一个算子,每条边 $e_d = (v_1, v_2) \in E_d$ 都对应于函数中的一个数据依赖关系。硬件资源方面,CGRA 结构可以抽象为一个 $M \times N$(M、N 分别为 CGRA 中 PEA 的行数和列数)的阵列,阵列的每个单元表示一个 PE;同时由于 PE 可以在不同周期执行不同的操作,所以为了更好地表征映射在时域上的结果,硬件图将采用时间扩展(time extended CGRA,TEC)图。PE 执行每个操作的时间都可以表述为控制步,记作 T,图 4-8(b)显示了将一个 2×2 的 PEA 进行 $t \sim t + 3T$ 时域展开的 TEC 图详解:t 时间层标出各个 PE 的序号;$t + T$ 时间层表示了 PE 间的数据路由关系,对于不同的 CGRA 结构会有不同的路由关系;$t + 2T$ 时间层与 $t + 3T$ 时间层则展示了路由关系在 TEC 中进行时域展开所对应的有向图,实际的 TEC 应与这两层一致。

下面将展示将函数 $\text{func} = yz + |x + y|$ 手工映射到上述 2×2 PEA 中的过程[7]。将图 4-8(a)中的 DFG 简化为图 4-9(a),经过一次直接映射之后结果如图 4-9(b)所示。注意到为了路由结点 b 产生的数据,在 $t + T$ 层额外加入了一个路由结点,这是在映射过程中由于资源的限制做出的额外处理,也是编译器需要处理的问题之一。虽然得到了初步结果,但在实际的编译当中,为了得到更低的启动间隔和更高的资源有效利用率,往往采用软件流水技术,图 4-9(c)就展示了一个实际的映射结果,该映射是有效的,因为所有结点之间的依赖关系都被保留,并且其启动间隔更小。软件流水技术在软件定义芯片编译系统中的应用将在后面详细介绍。

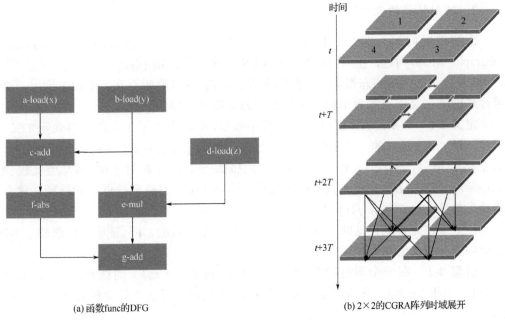

(a) 函数func的DFG

(b) 2×2的CGRA阵列时域展开

图 4-8 函数 func 的 DFG 以及 2×2 的 CGRA 阵列时域展开

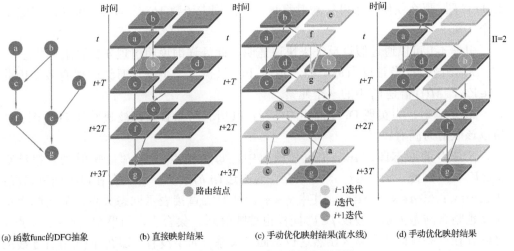

(a) 函数func的DFG抽象　　(b) 直接映射结果　　(c) 手动优化映射结果(流水线)　　(d) 手动优化映射结果

图 4-9 函数 func 的映射过程(见彩图)

上述映射过程十分简单，但真实情况将会复杂很多，例如，DFG 可能会包含大量的算子，CGRA 结构也可能会复杂许多等。这就意味着需要能实现自动编译的算法，该算法的输入是代表着循环函数体的 DFG 以及代表硬件资源的 TEC 图(也可以是其他等效的图)，输出则是映射的对应结果，评判优劣的指标是启动间隔(II)，也可以根据实际需要进行更改。

2. 映射抽象的理论论证

求解映射问题从图论的角度可以看成求解最大公共子图（maximum common subgraph, MCS）问题，在很多问题上求 MCS 问题与论证图同态问题其实是一致的[30]，若 MCS 存在，则图同态得证；若图同态得证，则 MCS 必定存在。下面先给出一个可行映射的定义，不难看出该定义与图同态是高度相似的。

定义 4-1　令 n 表示数据流图 V_d 的算子数量，即 $n = |V_d|$；令 $C = (V_c, E_c)$ 表示 TEC。记 $C^* = (V_{c^*}, E_{c^*})$ 是 C 的一个子图，记 $C^* \subseteq C$；令 $S = \{s_1, s_2, \cdots, s_n\}$ 为 n 个不相交的 V_{C^*} 的子集的集合，其中 $1 \leq \forall i \leq n$，$|s_i| \geq 1$。那么一个可行映射 $f : V_d \to S$ 当且仅当 $\forall u, v \in V_d : (u, v) \in E_d$，$\forall v' \in f(v)$，必须存在由结点 $u' \in f(u)$ 至结点 v' 的路径，这条路径上的结点也必须在 $f(v)$ 中。

接下来将完整地论证映射问题与图同态问题是一致的，并且证明该问题属于 NP 完全问题，首先给出两个引理。

引理 4-1　在一个可行映射中，每个映射到集合 $s_i \subset V_{C^*}$ 的结点 $u \in V_d$，其中 $|s_i| \geq 1$，如果 $\forall g, h \in s_i$ 且满足 g 和 h 之间存在路径 P，那么 P 只会经过集合 s_i 中的结点。

引理 4-2　令 $D(V_d, E_d)$ 表示输入的 DFG，$C_k = (V_c, E_c)$ 表示进行了 k 层时域展开的 TEC 图，那么任何一个可行映射都暗含了满同态函数 $M : C^* \to D$，其中 C^* 是 C 的一个子集。

引理 4-1 可以通过假设反证来快速证明，此处详细说明引理 4-2 的证明过程。

M 是函数：当且仅当每个控制步内 PE 只执行一个操作时该映射有效，因此 $\forall i \in V_{C^*}$，$M(i)$ 恰是 V_d 中的一个元素。

M 是满射：为实现 DFG 描述的功能，其所有结点必须都被映射到 TEC 图上，所以该映射为满射。

S 是 D 的同态图：在一个有效映射中，每个结点 $i \in V_d$ 都被映射到一组结点 $s_i \subset V_{C^*}$ 上。因此，$\forall a, b \in V_{C^*}$，如果存在有向边 $(a, b) \in E_{C^*}$，那么存在以下两种情况：① $a, b \in s_i$；② $a \in s_i$，$b \in s_j$，其中 $s_i \neq s_j$。情况①直接表示同态关系，但实际上情况②也暗含同态关系。假设 $j \in V_d$ 同样也被映射到 s_j 集合上，如果在结点 i 和结点 j 之间存在一条有向边，那么显然这也是同态关系，如果没有，那么在 (a, b) 有连线的情况下考察 (i, j) 是没有意义的，直接将 (a, b) 移出 E_s 并不会影响映射的有效性。至此引理 4-2 得证。正如图 4-9(b)、(d) 中的映射结果都与图 4-9(a) 的 DFG 是同态的，DFG 中的每一个顶点在 TEC 图中都存在原像，且若两个顶点之间存在有向边，则对应的两个原像之间必然存在数据通路。

为了更方便地表述该问题与图论中求 MCS 问题的等价性，此处给出输入子图的定义。

定义 4-2（输入子图） 对于图 $D(V_d, E_d)$ 中的每一个结点 i，都存在子图 $G(V_g, E_g)$，其中 V_g 是所有满足 $(j,i) \in E_d$ 的结点 j 的集合；V_g 是所有满足 $(j,i) \in E_d$ 的线段 (j,i) 的集合。

引理 4-3 所有可行映射都暗含了满射函数 $M:C^* \to D$，所以 $\forall i \in V_{C^*}$，$M(i)$ 的输入子图 $K(V_k, E_k)$ 以及结点 i 的输入子图 $L(V_l, E_l)$ 都满足：当 $M(i)$ 的入度大于 0 时，$\forall j \in V_l : M(j) = M(i)$ 或者 K 和 L 是同构的。

引理 4-3 可以很容易地由引理 4-1 和引理 4-2 加以证明，此处不作赘述。使用上述引理，可以得到的结论是在一个可行映射中，任何一个入度大于 0 的结点 a 都会被映射到 TEC 上的某一结点上，且该结点的输入要么同样是 a 的映射，要么来自 a 的输入子图的映射。这在实例中非常好理解，即每个 DFG 的结点的数据依赖关系都在映射操作中得到了保留。下面将论证引理 4-3 其实代表了可行映射的充分必要条件。

引理 4-4 当满射函数 $M:C^* \to D$ 满足如下约束时可以被认为是可行映射：$\forall i \in V_{C^*}$，$M(i)$ 的输入子图 $K(V_k, E_k)$ 以及结点 i 的输入子图 $L(V_l, E_l)$ 都满足：当 $M(i)$ 的入度大于 0 时，$\forall j \in V_l : M(j) = M(i)$ 或者 K 和 L 是同构的。

引理 4-3 相当于给出了充分性，下面论证其必要性。

由于函数是满射的，因此 D 中的结点在 C^* 中都至少被覆盖了一次。

由于图同态保留了结点的邻接关系，且函数是满射的，因此每个 E_d 中的有向边都被一个 E_{C^*} 中的有向边覆盖，这隐含了 $\forall u, v \in V_d : (u,v) \in E_d$，存在从 $m^{-1}(u)$ 到 $m^{-1}(v)$ 的有向边。

$\forall u \in V_d$，当其入度大于 0 时，令 $K(V_k, E_k)$ 为其输入子图，$L(V_l, E_l)$ 为 $m^{-1}(u)$ 的输入子图：

①若 $\forall j \in V_l : M(j) = u$，则必定存在结点 $v \in V_{C^*}$ 使得 v 的输入子图与 K 是同构的。同样由于函数的满射性质，E_k 中的所有有向边都必须被映射。因此，根据约束，当不满足 $\forall j \in V_l : M(j) = u$ 时，必定存在一个输入子图与 K 同构的结点能够暗示 u 被合理映射。

②若 K 和 L 是同构的，则对于 u 的映射是有效的。

至此引理 4-3 和引理 4-3 得证，充分必要关系成立，可以写为定理 4-1 如下。

定理 4-1 满射函数 $M:C^* \to D$ 是可行映射与以下条件是等价的：$\forall i \in V_{C^*}$，$M(i)$ 的输入子图 $K(V_k, E_k)$ 以及结点 i 的输入子图 $L(V_l, E_l)$ 都满足：当 $M(i)$ 的入度大于 0 时，$\forall j \in V_l : M(j) = M(i)$ 或者 K 和 L 是同构的。

给定某个 TEC 的子图 G'、数据流图 D 以及从 G' 的子集到 D 的映射规则，当该映射可行时，可以在多项式时间内验证上述结论，原因是 G' 中的每个有向边都可以通过检查其在 DFG 中的有向边原像是否满足映射要求来验证。于是映射问题就是一个 NP 问题。而从之前各个引理的论证中可以看出映射问题可以被规约成求解 MCS 问题,又因为 MCS 问题就是一个 NP 完全问题,于是求解映射问题就是一个 NP 完全问题。

在过去的近十年,有许许多多的算法被提出用以解决该问题,如 GraphMinor[31] 算法、REGIMap[19]算法以及 EPIMap[7]算法等;同时由于该问题是一个 NP 完全问题,所以诸多启发式方法都具有可行性,如模拟退火算法、蚁群算法、随机算法等。早期许多算法的核心其实是经过路由方面约束的修改与优化等过程,将该 NP 完全问题转变成一个纯粹的求 MCS 的问题,然后采用最大团的算法解决该问题。接下来将叙述如何将实际的映射问题转化为求解纯求 MCS 的数学问题,在下面将会详细介绍由最大团方法得到 MCS 的数学过程。

3. 映射之前的准备

即便前面已经从理论上证明了映射问题可以规约成 MCS 问题,但在求解映射问题之前还应对 DFG 进行一些修改,以使映射问题能够顺利求解。在映射过程中,比较常见的对 DFG 的限制有以下几点:

(1)DFG 中每一个结点的扇出数量必须小于等于其对应的硬件资源计算单元的输出通道数量。这一点非常好理解,因为如果有在映射中出现上述结果,则必定有多出的扇出结点无法映射。在调度阶段,算法并不确定具体结点之间的映射关系,但是可以确定的是任何操作型 DFG 结点的扇出数量必须小于等于所有硬件计算单元的输出通道的最大值,后者即对应于 PE 的输出通道数量,这在 TEC 中是显而易见的。

如果出现结点扇出数量大于 PE 的最大输出数量的情况,那么一个简单的解决方案是在 DFG 中增加一级路由,如图 4-10(a)所示,用时间换取空间。

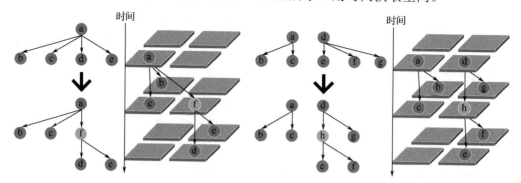

(a) 结点扇出数量大于PE的最大输出数量时的策略　　(b) 层内结点数量大于PE数量时的策略

图 4-10　对 DFG 的修改

(2)DFG 需要达到平衡。下面以 DFG 中代表数据流通的箭头 (i, j) 表示从结点 i 到结点 j 的数据流动。简单来说,如果 $\text{time}_i - \text{time}_j > 1$,即两个结点之间映射到 TEC

图上的时间差大于 1 个控制步，那么这个 DFG 就是不平衡的。通过对 DFG 进行时序上的简单分级，就可以在不知道具体执行映射之前的调度阶段完成平衡性的修改。不平衡的 DFG 需要在不平衡的地方添加额外的路由结点，例如，当 $time_i - time_j = 3$ 时，增加 k、l 结点于 (i, j) 之间形成 (i, k)、(k, l)、(l, j) 即可满足平衡性要求。对于某些 CGRA 硬件也可以采用路由到相邻的寄存器上等其他方法以解决平衡性问题。

　　(3)在时间分级之后，每个层级内 DFG 结点的数量必须小于 PE 的数量。这也是显然的，否则该层内也存在结点无法映射的情况。处理方法与限制(1)类似，如图 4-10(b)所示，用时间换取空间。

　　不同的算法采用的修改条件以及对应的处理方法不尽相同，上述三条是 EPIMap[7]算法采用的限制与修改方案，该算法提出的时间较早，后续很多算法都对其进行了借鉴和改进，例如，RAMP 算法就指出由于缺少反复调度的过程[12]，EPIMap 算法对如图 4-11 所示的过程将无能为力，其所做的改进包括添加了反复调度的过程、扩展 TEC、增加了添加路由结点的方式等。

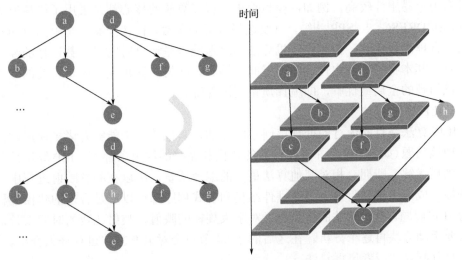

图 4-11　EPIMap 不能处理的情况

　　至此问题建模部分已经完成，剩下的部分可以被认为是纯数学性的寻找 MCS 的过程，具体操作详见 "4. 各个映射算法的比较"，如果该 MCS 与 DFG 是同构的，那么就可以认为该子图代表的映射方案满足所有条件，是最终答案的一种。如果找不到符合条件的 MCS，那么说明 DFG 仍然不满足要求，需要再次修改，直到映射成功。

　　4. 各个映射算法的比较

　　上述过程当中还有很多可以改进和研究的地方，例如，前文中提到的 RAMP[12]对其在调度过程中的改进，该方法其实是先得出所有可行解，而对于判断可行解之间的优劣则并无标准；又如，对于复杂的硬件结构，若采用 MRRG 表示，则不能完全当作图同态问题来处理等。正如前文提到的，除了通过图同态的数学方法，近十年来还有很多算法应用于解决该问题。对于一些相对简单的映射过程，有些贪心算法和启发式算法往往由于其快速便捷的特点而有着较大的优势，但对于较复杂的情况则表现不佳。下面简要讨论几种算法的优点和缺点[31, 32]。

1)求最大团算法

从前面的内容中可以看出，求最大团算法的重点不在于纯数学的求最大团部分，而在于如何将映射问题规约为求 MCS 的过程。在处理较为庞大复杂的映射问题时，仅仅是求 MCS 部分的时间开销就很大了，而其编译质量(主要体现为 II)会由于规约过程的不同而不同。在易用性方面该方法也不尽如人意，因为对于不同的硬件需要重新设计规约过程从而导致映射算法的可移植性较差。

2)随机算法

由于具有通用性和易于实现的特性，随机算法在处理新问题时会显得十分流行并且有用，易用性较高。例如，模拟退火，很多算法的核心都是采用了模拟退火的思路，如 DRESC[33]、SPR[34]等，只要选择合适的参数，往往能够在有限的时间内得到一个合理的最优解。但此类随机算法的普遍缺点是计算时间对参数选择的高度依赖，以及其本身的不确定性，即使时间足够长，随机算法也无法确定目前的最优解就是该问题的全局最优解，即编译质量无法保证。

3)ILP 算法

ILP 算法是目前流行的处理该问题的方法，其优势在于能够有诸多通用软件专门处理该问题(如 SCIP)，并且在可靠的建模和完整的约束条件下，ILP 算法总是能够得到最优解，即拥有相对其他算法最高的编译质量，所以在静态映射过程中 ILP 算法最终成为主流。目前大多数硬件结构和各式程序都可以通过合理的建模过程转化为 ILP 问题。ILP 算法的缺点在于对于大规模的映射，映射花费的时间太长，所以需要手动分块再逐个分析。在之后的 4.2.4 节将会对 ILP 方法进行详细介绍。

4)分割算法或者集群算法

显然，分割算法和集群算法适用于大规模图的映射过程，其计算过程可以非常快速。其缺点在于相比于其他算法，其得到的解的质量较差。

4.2.3 软件流水与模调度

1. 软件流水的原理和作用

软件流水是指用类似于指令级流水的方法来组织循环级流水线的技术。因此，一般认为软件流水是一种对循环代码优化的描述，而非代码变换方法。软件流水的基本出发点是当循环中不同迭代之间的数据依赖关系不是很紧密时，循环迭代之间的 II 常常可以缩短，即下一次迭代可以提前至上一次迭代尚未完成全部计算时就开始执行。相比于顺序执行模式，后续迭代提前执行、不同的迭代执行时间相重合的软件流水方式可以缩短整个循环的总执行时间。某种意义上也可将软件流水视为一种乱序执行的方法，这是因为在软件流水中多次循环迭代的执行顺序发生了重叠。不同之处在于，处理器的乱序执行技术是通过硬件结构动态调度实现的，而软件流水则是通过编译器（或者人工方式）静态分析实现的。软件流水技术已经广泛应用在许多指令集结构处理器上，如 Intel IA-64。同样，很多软件定义芯片也采用了软件流水技术来加速循环的执行，如 ADRES[35]。软件流水技术的显著优点是充分利用了循环级的并行性，缩短循环的执行时间进而提高了系统的性能。此外，与循环展开方式相比，软件流水技术不会增加代码量和配置信息量，也不存在循环次数要固定的约束，因此可以用于优化不定界的循环。

1) 硬件流水

软件流水的概念源于硬件流水，以下内容先介绍硬件流水的机理。硬件流水技术最早出现在 GPP 中，它将指令执行的数据通路用寄存器分成若干子阶段，如图 4-12(a) 所示，经典的 RISC 流水线将指令的执行过程分为 5 级流水线（图中虚线的位置存在流水线寄存器），分别包括取指令(IF)、指令译码/读寄存器(ID)、执行/有效地址计算(EX)、存储访问/分支完成(MEM)、写回(WB)[36]。因为流水线的每一段由专门的硬件实现（时钟周期的前半拍读寄存器堆，后半拍写寄存器堆，以消除访问冲突），所以不同指令的不同子阶段可以并行执行。图 4-12(b) 展示了在硬件流水线上执行 7 条指令的时空图。在最开始的 4 个周期和最后的 4 个周期中，流水线

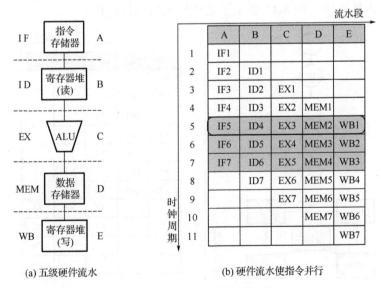

(a) 五级硬件流水   (b) 硬件流水使指令并行

图 4-12 硬件流水的执行过程

没有进入满负荷工作状态。这两个阶段分别称为流水线的装载和排空,而在第5~7个周期中,流水线处于满负荷工作状态,这个阶段称为稳定阶段(steady state),此时的硬件利用率达到100%。

可以看出,硬件流水线可以将不同指令的子阶段并行执行,以达到提高性能的目的。因此,有两种利用流水线进一步提高处理器性能的方法:超标量(superscalar)和超流水(superpipeline)。超标量是采用增加流水线条数的方法,在GPP主频不变的情况下提高吞吐率。超流水是采用增加流水线级数的方法,将数据通路进一步细分成延时更短的流水段,这样可以提高GPP的主频,从而提高吞吐率。英特尔的酷睿处理器就同时采用了以上两种技术。然而,流水线的级数和条数不能无限扩展并且需要考虑数据相关性和流水线冲突等细节问题,详细内容可以参阅文献[37]和[38]的相关章节。

2)软件流水

与指令级并行硬件流水不同的是,软件流水以软件代码中的循环作为主要处理对象,关注的目标粒度大于指令,因此软件流水常称为循环级并行(loop level parallelism,LLP)。

软件流水从硬件流水线中获得启发并将其进行了推广:将由一串算子组成的完整指令划分为子指令,每一个子指令对应一个算子,例如,IF-ID-EX-MEM-WB对应算子V-W-X-Y-Z。在硬件流水中,为每个算子分配的硬件资源是处理单元的子部件,而在软件流水中是能够支持单独算子完整运算的所必要的最少单元组合,例如,算子V可在处理单元PE1上执行,各个独立硬件资源互斥。软件流水和硬件流水都在第5周期到达稳定阶段。将包含的算子刚好能够等效为一个完整循环的稳定阶段控制步称为内核程序。图4-13表示了软件流水的执行过程。

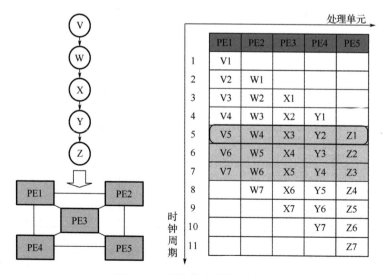

图4-13 软件流水的执行过程

经过以上分析，可以得到软件流水与硬件流水的主要区别：

(1) V-W-X-Y-Z 之间的依赖问题。软件流水中存在大量非相邻算子的依赖和环状依赖关系，而硬件流水线中流水段之间的依赖关系是确定的，不存在软件流水中复杂的依赖关系。

(2) 资源 PE1-PE2-PE3-PE4-PE5 可能出现非两两互斥的情况，这将影响稳定阶段的形成，甚至有可能无法达到稳定状态。

实现软件流水，需要为每一个算子确定其开始执行的时间。前文已经提到算子之间可能会存在复杂的数据依赖或控制依赖关系，每个算子的执行时间受与其相关的所有算子的执行时间的约束。分析源程序中算子的依赖关系并找到满足所有约束的各个算子的执行时间是调度问题。调度算法不仅会影响软件流水的功能正确性，也会影响软件流水所能达到的性能。

传统的用于 HLS 的调度方法主要有 ASAP、ALAP、列表调度以及全局调度。ASAP 使得 DFG 中的操作在其前驱操作完成后立刻开始进行，即每个操作都尽可能早地计算，而 ALAP 调度算法使每个操作都尽可能晚地计算。这两种算法都会导致任务分布不平衡问题，前者任务堆积在较早的时钟周期，后者任务集中在较迟的时钟周期，这会导致资源浪费或资源不足。带有条件延迟的 ASAP[39]是一种用来缓解 ASAP 任务过度集中的优化方法，该方法在操作过剩时，用延迟已就绪的操作来缓解对资源的争用。列表调度方法[40]在资源数量已知且固定的前提下，根据启发式规则赋予 DFG 结点优先级，并依据优先级对每一个控制步进行结点的放置，当该控制步的结点数超过硬件资源数目时，优先级低的算子被放置到下一个控制步。基于自由度的调度 (freedom-based scheduling)[41]和力量引导调度 (force-directed scheduling)[42] 是两种全局调度算法。前者优先调度关键路径上的操作，非关键路径操作根据其自由度被分配到合适的控制步上，后者计算每个操作在每个可行控制步上的"力"值，并选择力值最好的操作和控制步对，未被选择的操作会被重新计算，直到所有操作都完成调度。力量引导调度是一种时间限制的调度，控制步的最大值是确定的。

这些传统的 HLS 调度算法的目标除了得到一个合法的调度结果，主要关注调度结果的两个指标：调度长度 (schedule length) 和资源使用情况。调度长度是指所有算子使用的控制步的总数，代表应用从输入数据到得到最终输出结果之间的时间长度，能够在一定程度上反映系统的响应速度。而资源使用情况是调度结果的空间特性，可能会影响芯片的能量效率和面积效率。这些调度方法仅仅考虑了一次迭代中所有算子的执行时间，并未涉及循环迭代间的优化，没有考虑到不同循环实例重叠执行时，隶属于不同迭代的算子对硬件资源的竞争。因此，传统的 HLS 调度算法不能满足软件流水的需求。

2. 模调度方法

模调度是实现软件流水的一种重要且有效的方法。与 HLS 调度算法不同的是：

①模调度方法基于 II，对硬件资源进行时间上的扩展，以扩展后的硬件资源作为调度时算子可占用的资源，其在调度过程中考虑了多个循环实例重叠执行时对资源的要求，适用于软件流水技术；②模调度的目标是加速循环体的整体执行速度，更加关注连续两个循环实例之间的 II 而非调度长度。由于模调度本质上也是利用空间换时间的并行技术，因此模调度往往不关注资源使用情况。

模调度算法的核心思想是按照一种调度方式，主动把一次循环内的算子进行重新排列，然后固定这种排列方式，在不违背数据依赖关系的前提下，按照尽可能短的 II 启动第二次循环，再过 II 时间启动第三次循环，依此类推，直至稳态阶段形成，即核心形成。模调度的核心形成过程是主动的，且不需要进行循环展开。它会把循环体的 DFG 算子重新排列，并且以循环的 II 最小化为优化目标。图 4-14(b)是模调度后形成核心的示意图。

图 4-14 中的例子可以说明模调度结果的特性，即第一次循环内部调度好顺序并划分阶段后，模 II 相等的阶段将会同时执行。例子中的启动间隔 II=2，在第 5 个周期，即 I_5 阶段，F_5 的 6，F_3 的 2、3，F_1 的 1 是同时执行的，注意到 5、3、1 满足模 2 都等于 1，因此同时执行。除此之外，模调度还有两个主要特点：①循环体中的算子顺序调整后就固定不变，接下来每次循环时算子的执行顺序与第一次循环时完全一样。②II 固定不变。考虑到模调度有主动和固定的特点，其可控性较好，因此目前在主流的软件流水技术中均采用模调度方法。

另外，核心形成还有另一种方法：核心识别(kernel recognition)。该方法是一种被动的方式，它没有宏观的初始规划，也不会固定循环内的算子排列。它先把循环展开一定次数，然后以某种合适的识别算法来寻找核心，相对来说，模调度是一种比核心识别更加直接有效的方法。

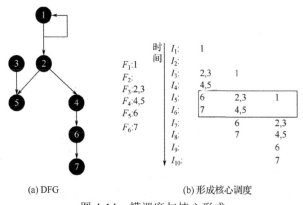

(a) DFG　　　　　　　　　(b) 形成核心调度

图 4-14　模调度与核心形成

1)最小启动间隔

前文提到，模调度的目标是最小化 II。当循环语句之间没有任何依赖关系时，多次循环可以完全并行执行；而在循环语句之间依赖关系太强的情况下，很难做并行化处理。一般情况下，软件定义芯片面向的应用中循环依赖长度适中，具有并行优化空间。对于特定循环，II 存在理论最小值，用 MII 表示，该值可以通过下列公式确定：

$$MII = \max(ResMII, RecMII) \qquad (4\text{-}1)$$

$$ResMII = \left\lceil \frac{n}{M \times N} \right\rceil \qquad (4\text{-}2)$$

$$RecMII = \text{Max}_{\forall cycle_\theta} \left\lceil \frac{delay_\theta}{difference_\theta} \right\rceil \qquad (4\text{-}3)$$

式 (4-1) 中 ResMII 表示受资源限制的最小循环启动间隔；ResMII 表示受循环迭代间依赖限制的最小启动间隔。式 (4-2) 中 n 表示 DFG 中的结点数量；$M \times N$ 表示 CGRA 中的 PE 总数。式 (4-3) 中 $delay_\theta$ 和 $difference_\theta$ 分别表示 DFG 中环路边上的总延时周期数和不同迭代间数据依赖的距离和。

以前面提到过的函数 $func = yz + |x + y|$ 以及 2×2 的 CGRA 结构为例 (图 4-8)，其受资源限制的最小循环启动间隔 $ResMII = \left\lceil \frac{7}{2 \times 2} \right\rceil = 2$，受循环迭代间依赖限制的最小循环启动间隔 $ResMII$ 则不予考虑，因为所有迭代中需要的数据均来自当次迭代，则 $\forall cycle_\theta, difference_\theta = 0$。综上，理论上该函数的映射结果能达到的最小循环启动间隔 $MII = 2$。

2) 模路由资源图

在前面提到 TEC 图可作为硬件资源的抽象，但 TEC 图在作为硬件资源图时有诸多限制，下面介绍另外一种更为实用的硬件资源表示方法，称为模路由资源图 (modulo routing resource graph，MRRG)[33]，其基本单元不是 PE，而是每个 PE 内部以及外部的各种物理结构单元，包括但不限于存储单元、功能单元、多路选择器、I/O 以及寄存器等。由于能更细致地表述硬件结构，MRRG 相比于 TEC 图具有更广泛的适用性，能够表述更多特殊的 CGRA，例如，某些 CGRA 提供了 PE 外的通用寄存器以用作路由资源，MRRG 可以轻易地将其纳入图中，但在 TEC 上并不能对这种情形进行描述。同时 MRRG 是模块化的图结构，可以将重复的内容包装成一个单独的模块进行复用。

对于某个 MRRG，可以将其表述为有向图 $G = (V_M, E_M)$，其中任何结点 $v_M \in V_M$ 都代表一个 CGRA 硬件资源单元，有向边 $e_M \in E_M$ 则代表资源单位之间的连线关系，表示数据可以由有向边起点代表的资源单位向有向边终点代表的资源单位传输。MRRG 将所有的硬件资源结点都分为两类：一类为功能结点，主要包含能实现加、减、乘、除、移位等运算的 ALU 等计算功能单元；另一类为路由资源，主要包含除了有计算功能的其他单元，如寄存器、I/O 接口、多路选择器等。图 4-15 描述了 TEC 图与 MRRG 之间的关系。

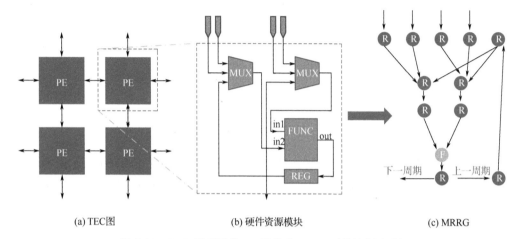

(a) TEC图　　　　　　　　(b) 硬件资源模块　　　　　　　　(c) MRRG

图 4-15　TEC 图表示的 PE 抽象为 MRRG（单控制步内）

正如 MRRG 的名字中的"modulo"所表示的，该图在时域上的扩展方式是根据模运算来确定的。对于某个整数 N，MRRG 由硬件资源抽象后的图（如图 4-15(c) 所示）进行 $N-1$ 次复制得到，每一次复制称为一层，层与层之间的路由关系确定方式与 TEC 几乎是一样的，不同之处在于第 $N-1$ 层的输出会路由到第 0 层。这样每一个时间步 t 上的硬件资源都可以对应于 $t \bmod N$ 层，从而形成一个循环映射的图。MRRG 是为模调度算法提供的硬件抽象，将硬件在时域上展开。因为模调度天然的周期性，所以只需要考虑模调度核心内的硬件行为。因此，MRRG 在时域上展开的层数 N 与 II 相等。对于某个特定的 DFG，可以先确定其 MII 作为暂定的 $N = \mathrm{MII}$，如果映射条件不满足便逐渐增加当前 II 的值，直到映射成功。

为了更好地说明循环展开的过程，图 4-16 以一个二选一多路选择器在三种语境下的 MRRG 映射为例作了详细说明，图中的 II 为启动间隔，L 为延迟。第一种语境 II=1、L=1 表示完全流水的情况；第二种语境 II=2、L=2 表示非完全流水操作情况，每两个周期才能传入一组数据，并且操作延迟为 2 周期；第三种语境 II=1、L=2 表示完全流水操作情况，但有 2 周期的操作延迟。

3）通用处理器上的模调度方法

软件流水技术首先是应用于通用处理器中的，模调度算法是 1981 年由 HP 实验室的 Rau 和 Glaeser 提出的[43]，其基本思想已在前文中叙述。Rau 和 Glaeser 被称为 VLIW 之父，模调度算法就是他们在发明 VLIW 的过程中提出的优化算法。随后，Rau 又提出了改进算法，即迭代模调度（iterative modulo scheduling，IMS）[3]，该方

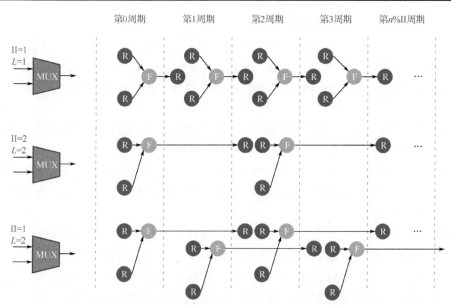

图 4-16　二选一多路选择器在多种语境下的 MRRG 展开

法在发布 20 年后得到了广泛应用，将软件流水线从研究概念转化为工程现实。IMS 是 Cydra-5 编译器的核心部分，Itanium 编译器的最大优势之一，也是 TI、STM 电子等公司的任何现代 VLIW DSP 编译器的标准。下文简要介绍 IMS 的主要思想。

　　IMS 首先计算 MII，然后试图在 II=MII 的情况下找到映射策略，若失败，则不断增大 II 继续寻找，直至找到有效的映射。其本质上是一个贪心算法，其中"迭代"是指取消映射冲突的操作对应的调度并稍后进行重调度。IMS 算法的伪代码如图 4-17 所示。

IMS 调度算法	
1	II := minimum feasible initiation interval;
2	while (true) do
3	initialize schedule and budget;
4	while (not all operations scheduled and budget > 0)
5	do
6	op := highest priority operation;
7	min-time := earliest scheduling time of op;
8	max-time := min-time + II −1;
9	time-slot := find timeslot for op between min and max-time;
10	schedule op at timeslot，unscheduling all conflicting ops;
11	budget := budget − 1;
12	od;
13	if (scheduled all operations) then break;
14	II := II + 1;
15	od;

图 4-17　IMS 算法的伪代码

4）软件定义芯片上的模调度问题

由于软件定义芯片与 GPP 在硬件架构上的差异，软件定义芯片上的模调度问题要比 GPP 上的模调度问题更为复杂。本书第 3 章已详细介绍了软件定义芯片的硬件架构特点，在此不再赘述。相比于 GPP 中的模调度，软件定义芯片中更注重考虑以下问题：

（1）计算资源管理。软件定义芯片中的计算资源要比 GPP 丰富很多，算法应考虑如何高效地把算子映射到运算资源上。

（2）路由资源管理。软件定义芯片中的分布式路由资源（如本地寄存器和全局寄存器）具有不同的特性，如何将 DFG 中的边合理地映射到路由资源上，会影响 II 和模调度的时间开销。

（3）存储资源管理。片上存储器同时访问软件定义芯片中的并行资源会造成严重的访问冲突。因此，存储资源管理也是软件定义芯片模调度问题的关键。

要注意，以上三个问题并不是独立的，软件定义芯片模调度问题的复杂之处在于计算、路由、存储资源相互影响。因此，最终映射结果的质量（II）、时间开销等都必须全盘考虑。

在软件定义芯片领域，模调度首先在 DRESC[33] 编译器中得到应用。DRESC 使用 MRRG 对时域扩展的可重构计算阵列进行系统行为和布局布线资源的建模，然后在模约束的时空域中对算子调度和布局布线进行最优值求解。DRESC 使用模拟退火的方法进行调度，若循环体较大，则会消耗较长时间。为此 Park 等提出模图嵌入的方法[44]：在模约束条件下，利用图嵌入，根据包含位置、依赖和互连信息的代价函数进行搜索，并将循环体映射到 TEC 图上，先布局算子，再进行布线。但当算子依赖较多时，可能也会导致时间较长，甚至布线失败的情况。为此，Park 等进一步提出以边为中心的模调度方法，即 EMS[45]。该方法的基本流程是先根据 DFG 中的依赖关系搜索合理的布线方式，后布局算子。这两个方法主要解决了布局布线的效率问题，EPIMap 方法则能够进一步提高模调度的性能，缩短 II。其主要做法是重计算，即把冲突较为严重的算子复制多份，利用硬件资源的冗余减少算子冲突。该方法将映射问题建模成在 TEC 图上的满射子图问题，并利用最大公共子图方法设计启发式算法求解。由于 EPIMap 方法并没有充分利用寄存器资源，Hamzeh 进一步提出了 REGIMap 方法。通过对寄存器资源的合理建模，可以更灵活地实现重计算和互连共享，同时寄存器的分配建模成 DFG 和 TEC 图的最大团（maximal clique）问题，这种方法可以有效提高映射后的性能。总之，在软件定义芯片中使用模调度技术，要充分考虑各类计算和互连资源，以此提高模调度的效率。下面介绍几种有代表性的模调度算法。

（1）最大团方法

如前所述，映射问题可以建模成最大 MCS 问题。因此，模调度问题也可以采用 MCS 的求解方法,下面介绍一种用最大团方法来寻找 MCS 的方法[30]。以图 4-18(a)中的 DFG 为例,其在一个有 2 个 PE 的硬件(图 4-18(b))上的映射方式显然有图 4-18(c)、(d)、(e)等多种方式。

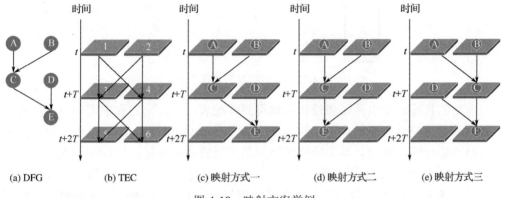

图 4-18　映射方案举例

为了方便理解,此处先给出已知量和结果,然后反复探究中间步骤,其中已知量为可以由两个图转化而成的邻接表,最后结果为两图结点之间的映射表。首先画出 DFG和 TEC 图的邻接表(图 4-19),需要注意的是图中所有的有向边 (x, y) 都代指 1,没有填空的地方都指代 0,并没有实际意义上的差别,因为在这个简单的例子中并没有涉及有标记的线段和结点。对于某些有特殊要求的 DFG 和 TEC 图,如某个 PE 能实现某个特殊功能,某个通路的位宽与其他通路不同等,这些都需要采用标记的方式来实现。这虽然比简单情况要复杂,但其寻找 MCS 的大致方法与下述简单情况相差不大。

	A	B	C	D	E
A	A		(A,C)		
B		B	(B,C)		
C			C		(C,E)
D				D	(D,E)
E					E

(a) DFG

	1	2	3	4	5	6
1	1		$(1,3)$	$(1,4)$		
2		2	$(2,3)$	$(2,4)$		
3			3		$(3,5)$	$(3,6)$
4				4	$(4,5)$	$(4,6)$
5					5	
6						6

(b) TEC

图 4-19　DFG 和 TEC 图的邻接矩阵表示方法

实际上,需要得到的是点与点的匹配图 $\{A,B,C,D,E\} \sim \{1,2,3,4,5,6\}$,图 4-20 显示的就是图 4-18(c)的映射结果,当 DFG 上的每个结点,都有且仅有一个并且不与其他结点冲突的映射结点时,即表示一个可行的映射结果。

	1	2	3	4	5	6
A	1					
B		1				
C			1			
D				1		
E						1

图 4-20　映射结果的矩阵表示

现在的目标就是由两张邻接矩阵表得到匹配表，在这个过程中需要引入另外一个表示映射可能性关系的表格，称为兼容表（compatibility table），该表将两个图的所有结点进行遍历映射，其横轴和纵轴都是可能的映射结果，如 $(A,1)$、$(B,3)$ 等，所以在进行兼容表化简之前该表的规格为 $(M \times N) \times (M \times N)$，并且显然其是对称的表格。其基本的化简方式为：若某一个结点映射 $(X,i), X \in \text{Nodes}_{\text{DFG}}, i \in \text{Nodes}_{\text{TEC}}$ 被判定为 0 单元（zero cell），则该结点对应的整行/列都会被剔除出兼容表，表示包含该点匹配方式的所有结果都被否决。

兼容表化简是该图同态算法的核心部分，所消耗的时间也是最多的。兼容表化简可以分为两步：第一步是尽量寻找 0 单元，因为 0 单元的发现意味着一整行/列都从兼容表剔除；第二步是在简化后的兼容表中寻找不匹配的 $(X,i)\sim(Y,j)$ 并将其标记为 0，剩下来的 $(X,i)\sim(Y,j)=1$ 的点将被认为是可以匹配的。在这些点匹配结果中找出内部任意 (X,i) 都与其他 (Y,j) 兼容，并且所有 DFG 结点都有唯一映射的结果即可。下面详细描述两步化简的判定方式。

第一步：判定 0 单元。如何判定 0 单元因图的种类而有所不同，对于本例的无标记有向图映射，主要的判定方式为扇入扇出判定，如果结点 $X \in \text{Nodes}_{\text{DFG}}$ 的扇入数量或者扇出数量大于 $i \in \text{Nodes}_{\text{TEC}}$，那么 (X,i) 必为 0 单元，这在硬件上代表着硬件的数据通道不足；若 DFG 内有环，则在某环上的点 X 与不在环上的点 i 组成 0 单元，或者不在某环上的点 X 与在环上的点 i 组成 0 单元。对于其他更复杂的情况，如有标记的图，显然若 X 和 i 的标记不同，则对应的 (X,i) 为 0 单元。

第二步：标记不兼容点。对于 $(X,i)\sim(Y,j)$，显然若 $X=Y$ 或者 $i=j$，则两者不兼容（规则 1），除此之外，该兼容性的判定与 $(X,Y)\sim(i,j)$ 的匹配性判定是一致的，即 $(X,i)\sim(Y,j)=(X,Y)\sim(i,j)$。若 $(X,Y) \in \text{Edge}_{\text{DFG}}$ 而 $(i,j) \notin \text{Edge}_{\text{TEC}}$，则 $(X,Y)\sim(i,j)=0$（规则 2），需要注意的是 (X,Y) 与 (Y,X) 由于方向不同其指代的是两条线段的可能性；若 $(Y,X)\sim(j,i)=0$，则 $(X,Y)\sim(i,j)=0$（规则 3）；若 $(X,Y) \in \text{Edge}_{\text{DFG}}$ 且 $(i,j) \in \text{Edge}_{\text{DFG}}$，而 (X,Y) 与 (i,j) 的标记不一致，则有 $(X,Y)\sim(i,j)=0$（规则 4）。

上述两步判定并不能完全将不兼容的组合剔除出兼容表，在之后的选择阶段还需要遍历所有可行解来判断是否真的可行。下面就以图 4-18 为例详细展示得到最后结果的过程：由 0 单元的产生方法可知，$(A,5)$、$(A,6)$、$(B,5)$、$(B,6)$、$(D,5)$、$(D,6)$、$(C,5)$、$(C,6)$ 由于扇入数量的不匹配而可以被认为是 0 单元，$(E,1)$、$(E,2)$、$(C,1)$、$(C,2)$ 由于扇出数量的不匹配而可以被认定为 0 单元。图 4-21 即经过第一步和第二步化简之后得到的兼容表。

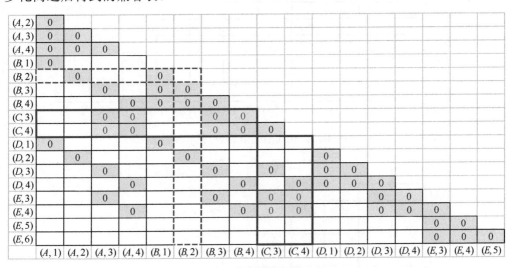

图 4-21　阶梯表图（见彩图）

为了避免大量的重复匹配结果，此处采用阶梯表图，如要查看某个单元对应的所有兼容可能性，观察其横轴和纵轴对应的所有兼容可能性即可，如虚线框内的部分表示 $(B,2)$ 的所有兼容可能性。表中不同色块代表在第二步中各种被判定为不匹配的方法。而因为最后所有的 DFG 结点都需要被映射，所以在进行完第一步和第二步之后，需要检查某些单元是否会导致某些结点无法被映射，如表中粗线框内的部分表示结点 C 所有可能的映射结果，不难看出，在 $(A,3)$、$(A,4)$、$(B,3)$、$(B,4)$、$(E,3)$、$(E,4)$ 单元中 C 结点没有任何能兼容的结果，所以这些点也是 0 单元。

再次简化后的兼容表如图 4-22 所示，接下来展示如何寻找一个可能的最终映射结果。例如，在选定了 $(A,1)$ 之后，在 $(A,1)$ 单元对应的可兼容范围内寻找 B、C、D、E 的映射方案，首先发现 B 结点仅有 $(B,2)$ 一个可兼容结果，于是采用 $(B,2)$，然后在 $(A,1)$ 与 $(B,2)$ 的可兼容范围内寻找 C、D、E 的映射方案，如图 4-23 的粗框内部所示，发现 $(C,3)$ 与 $(C,4)$ 都兼容上述结果，任取其一即可，如 $(C,3)$，再在 $(A,1)$、$(B,2)$ 与 $(C,3)$ 的可兼容范围内寻找 D、E 的映射方案，以此类推直到找到所有可能的映射结果。

至此，从 DFG 和 TEC 图的邻接矩阵到得到最后的所有匹配可行解，也就是已经给出 DFG 到 TEC 图的同构映射问题的完整算法。该算法相比纯粹得到同构图的算法有一定的修改，但核心思想一致。

图 4-22　化简后的阶梯表(见彩图)

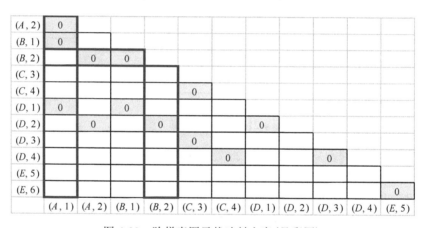

图 4-23　阶梯表图寻找映射方案(见彩图)

(2) TAEM 方法

TAEM 方法[46]全称为基于传输感知的高效循环映射(transfer-aware effective loop mapping，TAEM)方法，可以有效利用 CGRA 上的异构资源并有效加速编译。实验结果表明，TAEM 方法能在大大缩短编译时间的同时保证相同或更好的循环映射结果。

CGRA 的性能和功耗很大程度上取决于编译映射方法能否有效利用 CGRA 上的各种数据传输资源，包括路由 PE、本地寄存器(LRF)、全局寄存器(GRF)和片上数据存储器。在循环体 DFG 映射过程中，需要解决的主要问题是如何通过 CGRA 上的各种资源高效地传输数据，从而减少循环的总执行时间和功耗。然而，当前的研究要么只关注小部分数据传输资源，要么需要消耗很长的编译时间[7, 12, 19, 31, 45, 47, 48]。例如，EMS 和 EPIMap 只使用路由 PE 在 PEA 上进行数据传输，这通常会造成 PE 资源的浪费，还可能会导致无法找到可行的映射解决方案。GraphMinor 和 REGIMap

使用 LRF 和路由 PE 来传输数据，但是 LRF 的使用限制数据传输必须在相同的 PE 上。MEMMap[48]使用内存或路由 PE 进行数据传输，但访问内存会导致较差的计算性能和许多额外的访存操作。RAMP 技术虽然已经考虑了多种类型的数据传输资源，包括路由 PE、LRF/GRF 和内存，但它把更高效的 GRF 资源看成与 LRF 相同，因而不能充分发挥 GRF 的作用。此外，它采用的资源选择策略(重复搜索不同数据传输资源)和团搜索算法都比较低效，因此导致编译时间较长。

TAEM 方法主要提出了以下三个主要想法：

①给出了一个有效的循环映射公式，考虑了 CGRA 上所有的异构数据传输资源，包括路由 PE、LRF、GRF 和内存，并且能够有效区分受映射限制的 LRF 和较灵活的 GRF，从而充分利用这些资源，在 CGRA 上找到最优的映射结果。

②基于寄存器灵活的传输能力提出了更高效的寄存器分配策略。充分考虑循环模调度后的数据依赖关系，准确地根据 DFG 各依赖边梳理出各寄存器被占用的周期，有利于更好地利用 GRF 和 LRF 资源。

③提出了完整的快速循环映射算法 TAEM，该算法基于改进的团搜索方法 IBBMCX[49]，并且采用了基于贪心方法的最优剪枝策略和基于位的邻接矩阵计算策略，提高了搜索速度。

循环映射的主要目标是要使 II 尽可能接近 MII，使得 CGRA 可以在相同时间内执行循环尽可能多次。图 4-24(a)给出了具有 4 个 LRF(每个 PE 一个寄存器)的 2×2 CGRA 的示例，其中所有 PE 共享 2 个 GRF。图 4-24(b)给出了一个简单循环的 DFG 示例，DFG 的边表示数据依赖关系。可以计算出这个例子中的 MII 是 2。图 4-24(c)给出了该 DFG 是如何由这四种不同的数据传输资源扩展的。

EMS/EPIMap，如图 4-24(d)所示，仅通过 PE 资源传输数据。例如，结点 b 在 t 时刻得到结果后，将结果保存在 PE4 中，由路由结点 b'表示。类似地，结点 c 需要使用 PE3 来传输路由结点 c'。II 为 3，大于 MII。因此，该映射策略可能在一个周期内插入过多的路由结点，导致映射结果较差或映射失败，浪费宝贵的 PE 资源。GraphMinor/REGIMap，如图 4-24(e)所示，仅使用 PE 或 LRF 资源传输 PEA 上的即时数据，结点 c 和 f 被迫映射到一个 PE 上，即使其他 PE 和寄存器是空的。该映射策略的 II 是 4，也比 MII 大。注意到使用 LRF 资源传输数据时，DFG 中某边的两个相关操作结点必须映射到相同的 PE 上，使它们可以访问同一个 LRF。这个限制导致通常无法得到最优映射。GRF 的使用可以弥补一些 LRF 的局限性，如图 4-24(f)所示，在只用 GRF 资源传输数据时，结点 b 需要用 GR1 把结果传输到结点 g；结点 c 需要用 GR2 把结果传输到结点 f。该策略的 II 是 3，仍然大于 MII，但是要优于上述 GraphMinor/REGIMap 方法。MEMMap[48]，如图 4-24(g)所示，使用路由 PE 和片上存储进行数据传递。当 DFG 的边长大于等于 3 时，将使用内存资源在不同 PE 间传输数据。由于访存操作可能会消耗多于 2 个周期，所以一些 lb 和 sb 结点被

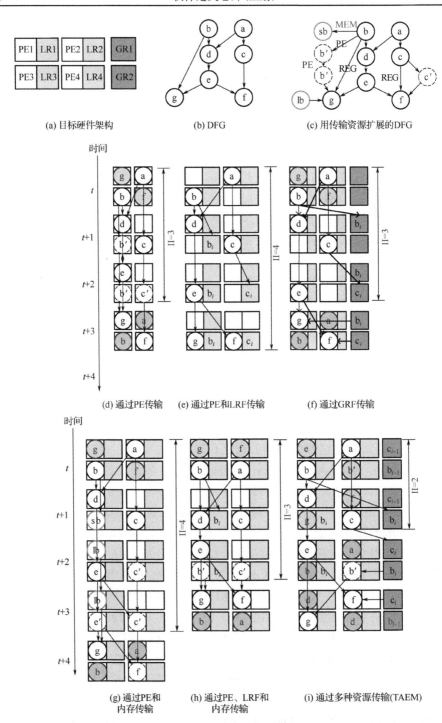

(a) 目标硬件架构　　　　(b) DFG　　　　(c) 用传输资源扩展的DFG

(d) 通过PE传输　　(e) 通过PE和LRF传输　　(f) 通过GRF传输

(g) 通过PE和　　(h) 通过PE、LRF和　　(i) 通过多种资源传输(TAEM)
内存传输　　　内存传输

图 4-24　在 CGRA 上采用不同片上数据传输策略的循环映射结果(见彩图)

插入 DFG，以表示读取和存入操作占用的周期。该策略的 II 是 4，大于 MII。由于会插入过多的访存操作，该方法会损失一定的性能，也很难得到最优的映射结果。如图 4-24(h) 所示，RAMP 策略使用 LRF/GRF（RAMP 没有区分它们）、PE 和内存等多种数据传输资源。例如，在结点 b 和结点 g 的数据传输中使用了路由结点 b′和 GR4。其最终的 II 为 3，仍然大于 MII。如图 4-24(i) 所示，TAEM 方法充分考虑了各种数据传输资源，包括路由 PE、LRF、GRF 和内存。特别区分了功能受限 LRF 资源和灵活的 GRF 资源。例如，在 t 时刻通过 GR2 传输结点 b 的结果，然后使用 PE3 将 $t+2$ 时刻从 GR2 得到的结果传输到结点 g，最终得到的 II 为 2，正好等于 MII。这意味着 TAEM 方法可以有效地利用这些数据传输资源，并达到比上面提到的所有映射技术更好的性能。

　　TAEM 方法的整体框架如图 4-25 所示，主要有以下四步：①搜索所有的数据传输资源；②DFG 扩展和重调度；③DFG 映射；④CGRA 资源分析。主要的四种数据传输资源按照灵活性、效率等得出的优先级从高到低依次是：GRF、LRF、路由 PE、内存。因为只有当 II 小于传统调度结果的关键路径时，采用模调度才有性能收益，所以 TAEM 方法只会在此情况下探索不同的资源，直到能够生成一个有效的循环映射方案。

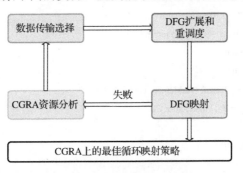

图 4-25　TAEM 算法示意图

　　图 4-26 中的算法给出了基于 IBBMCX 的 TAEM 算法伪代码。若一个数据传输资源在给定 II 的情况下成功传输所有未映射的依赖关系，则称为一个可行的映射解决方案。若没有可行的映射方案存在，则意味着由于资源的限制，DFG 无法映射到当前 TEC 图上。TAEM 将会使 II 自增后再次尝试。虽然 TAEM 算法复杂性看似有点高，但其使用了几种有效的策略来加快编译过程。第一种策略是一种改进的基于贪心算法的最优剪枝策略，此策略可以提高搜索效率。第二种策略是度较大的结点优先的优化图搜索方法，以加快 BBMCX 搜索速度。基于此方法，图的搜索顺序可以快速使目标函数达到上界，由此可以减小搜索树的规模。第三种策略为位运算，用以加速 BBMCX 的邻接矩阵计算。例如，如果在 TAEM 算法中使用 INT64 变量，那么按位操作可以减少近 64 倍的时间和空间开销。

TAEM

Inputs: DFG D, CGRA C

Outputs: Mapping result CC or Failed

1.   MII ← Calculate MII(D,C);

2.   II ← MII;

3.   Threshold ← Maximum depth of nodes in D;

4.   while II <= Threshold do

5. D' ← Schedele(D,C);

6.   CG ← CalcCompGraph(D', C);

7.   CC ← IBBMCX_Clique(CG);

8.   if $|V_{CC}| = |V_{D'}|$ then return CC;

9.   end if

10.   CC′ ← TransferViaGRF (CC′, D',C);

11.   CC′ ← TransferVisLRF (CC′, D',C);

12.   if $|V_{CC}| = |V_{D'}|$ then return CC;

13.   end if

14.   while ∃ not mapped edge E' with length > 1 do

15.   CC' ← TransferViaPE (CC′, D', C);

16.   if $|V_{CC}| = |V_{D'}|$ then rerurn CC;

17.   end if

18.   end while

19.   CC′ ← TransferViaMemory (CC′, D', C);

20.   if $|V_{CC}| = |V_{D'}|$ then return CC;

21.   end if

22.   II ← II + 1;

23.   end while

24.   return Failed

图 4-26　TAEM 算法的伪代码

(3)基于多体存储器的无冲突循环映射[50]

由访存冲突导致的流水线停滞问题会影响 CGRA 映射中循环流水线的性能,文献[50]提出了新型的具有多体内存(multi-bank memory)的软件定义芯片结构,并基于该结构提出了无内存访问冲突的循环映射策略——双力量引导调度(dual-force directed scheduling)算法。多体存储器软件定义芯片的主要特点就是将数据分别存储于若干个内存体(memory bank)中来提高数据访问的并行性。可将如何充分利用多内存体结构、合理分配数据以及实现高性能的执行建模为以下映射问题:

给定 DFG $G_d = (V_d, E_d)$ 和一个有 N_b 个内存体的 CGRA C,找出核心访问模式 P 使得:

①存在有效的循环映射 $M_{\mathrm{op}}:(V_d,E_d)\to(V_r,E_r)$，其中 (V_r,E_r) 是对应的 TEC 图，且高度为 II。

②在 N_b 个内存体的限制下，存在对所有数组元素的有效数据放置。

③II 是最小化的。

其中，II 是考虑了访存冲突的启动间隔。为了说明核心访问模式 P 的含义，给出以下符号说明。

①数据域（data domain）：给定一个有限的 n 维向量 A，任何数据元素的地址 $x\in X$ 可以由 $x^A=(x_0^A,x_1^A,\cdots,x_{n-1}^A)$ 表示，其中 $x_i^A\in[0,w_i^A-1],1\le i\le n$，且 w_i^A 表示第 i 维的数据域宽度。

②单次访问模式（single access pattern）：核心的每一个控制步中访存操作形成的一个数据访问模式（包含 m_r 个相邻数据元素），标记为 P^A，其中的数都是常数。

③核心访问模式（kernel access pattern）：核心中所有控制步的访问模式构成了核心访问模式 P_{kernel}。

图 4-27 表示了内存访问模式提取的过程。对于如图 4-27（a）、（b）所示的含两块数据内存体的软件定义芯片和源程序，根据其调度的 DFG，可以获得每一个控制步的单次访问模式，例如，访存模式变化重新调度的 DFG（图 4-27（f））的第 4 控制步中的 x，其单次访问模式为 $P^x=\{(1,0)^{\mathrm{T}},(1,1)^{\mathrm{T}}\}$。所有控制步的单次访问模式构成了核心访问模式 P_{kernel}^x，且 $P_{\mathrm{kernel}}^x=\{\varnothing,\varnothing,\{(0,0)^{\mathrm{T}}\},\{(1,0)^{\mathrm{T}},(1,1)^{\mathrm{T}}\}\}$（图 4-27（g））。

可以通过双力量引导调度算法来解决寻找合适的访存模式和有效的循环映射模式的联合问题。该算法调整访问模式来得到有效的数据放置和映射，采用关键路径扩展方法来扩大核心访问模式的搜索空间。"双力"是指对于内存体的力和对 PE 的力。由于核心是由模调度形成的，因此所有操作的机动性（mobility）、关键路径的扩展长度都被限制在[0，II]的范围内。核心中的访存操作数量构成了对内存体的力。访存操作越多，体访存冲突就越容易发生，即内存体的力越大。在映射问题中，还需考虑计算操作的自由度，因此核心中的操作数目构成了对 PE 的力。

具体算法的伪代码如图 4-28 所示。由于非访存操作的调度将影响访存操作双力计算的分布，因此这些非访存操作首先根据从 PE 资源生成的分布图和力分布来调度（第 1～5 行），然后通过计算两个力来对访存操作进行调度。F^B 决定读取操作优先放置于哪个控制步上，F^{PE} 决定调度哪一个读取操作。首先计算力 F^B，假设单次读取操作造成的力是 1，则可计算得到对内存体的分布图 $\mathrm{DG}(t_1)$，其中 $\mathrm{DG}(t_1)$ 表示控制步 t_1 的资源占用情况。接下来计算影响 $v(t_0,t_1)$，它表示把结点 n 分配到控制步 t_0 对 $\mathrm{DG}(t_1)$ 的影响。例如，如果把图 4-27 所示的操作 L_2 分配到第 4 个控制步，那么因为 L_2 出现在控制步 4～7 的概率均为 1/4，所以 $L_2(1,t_1)$ 在 t_1 是 4～7 时分别是 3/4、$-1/4$、$-1/4$、$-1/4$。由此可以通过等式计算力 F^B：$F_v(t_0)=\sum_{t_1}\mathrm{DG}(t_1)v(t_0,t_1)$。

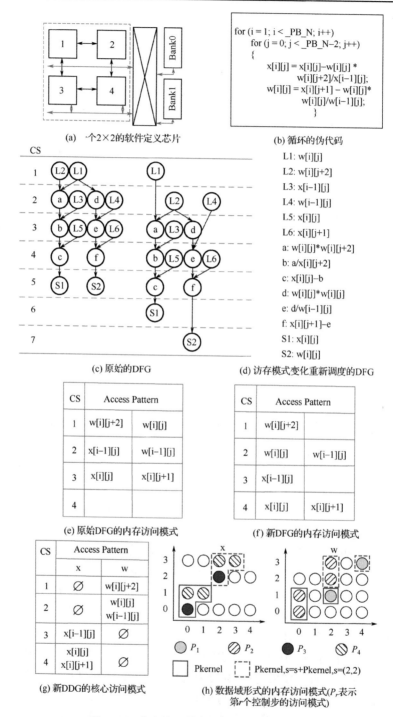

图 4-27 内存访问模式提取示例(见彩图)

在计算完所有访存操作的力 F^B 之后,调度算法将会选择最小的操作将其分配在控制步上。然而,由于读取操作同时影响两种力,所以在多个读取操作都有最小的力 F^B 的情况下,仍需要计算 F^{PE}。注意,在调整操作的机动性时可能会产生路由操作,由于这些操作可以被映射到 PE 或者 PE 中的寄存器上,因此力的分布不是均匀分布。若定义由计算或访存操作造成的力是 1,则路由操作造成的力可以表示为 $1/(1+N_r)$,其中 N_r 表示每个 PE 中的寄存器数目。因此,操作 L_2 被调度到第 4 和第 7 控制步上的概率是一样的,且调度后也可以计算得出相应的力。通过把概率和力相乘可以得到 L_2 的力分布。接着,计算影响 $v(t_0, t_1)$ 并得到力 F^{PE}。然后,在由最小 F^B 的控制步和结点中,选择一个有最小 F^{PE} 的结点并将其分配到该控制步上(第 8 行)。然后进行模式更新,这会暂时在当前访问模式中添加选中的结点(第 9 行)。如果每一步中访存操作的数量差大于 1,则该结果不是一个好的方案。这种不平衡的访存模式,最终会导致 N_f 不是最小。因此,使用 C_r 来计数每个控制步的访存操作数量(第 11 行)。这个算法通过计算 C_r $(1 \leq r \leq \text{II})$ 来检查得到的访存模式(第 12 行)。若最大的差大于 1,则不必要的路径将被剪枝出搜索空间。之后进行恢复模式操作来移除暂时添加的结点(第 13 行),并继续尝试另一种配置(第 14 行)。若所有的访存操作都被调度完成,则返回最终生成的访存模式。

Dual-FDS

Input V_M, V_{Sch}, G_D II, CGRA C, Output $\{P^{A_1}_{\text{kernel}}, \cdots, P^{A_q}_{\text{kernel}}\}$

V_M: All the memory access operations to be scheduled.

V_{Sch}: All the operations (except V_M) to be scheduled.

1.　$F^{PE} \leftarrow$　$\forall v \in V_{\text{Sch}}$;　// Calculate force for PE

2.　While V_{Sch} is not $\varnothing$ do

3.　$F^{PE} \leftarrow$　Min(F^{PE});

4.　Allocate control step for node v_{Sch} with F^{PE};

5.　$V_{\text{Sch}} \leftarrow V_{\text{Sch}} \setminus v_{\text{Sch}}$;

6.　$(F^B, F^{PE}) \leftarrow$　$\forall v \in V_M$;　// Calculate dual-force for banks and PE

7.　while V_M is not $\varnothing$ do

8.　$(F^B, F^{PE}) \leftarrow$　Min(F^B, F^{PE});

9.　UpdatePattern$\{P^{A_1}_{\text{kernel}}, \cdots, P^{A_q}_{\text{kernel}}\}$;

10.　while $r=1$; $r \leq \text{II}$; $r++$ do

11.　$C_r \leftarrow$ Count $(\{P^{A_j}_r | 1 \leq j \leq q\} ! = \varnothing)$;

12.　if MaxDif $(\{C_r | 1 \leq r \leq \text{II}\}) \geq 2$ then

13.　RecoverPattern$\{P^{A_1}_{\text{kernel}}, \cdots, P^{A_q}_{\text{kernel}}\}$;

14.　Continue;

15.　Allocate control step for node v_M with (F^B, F^{PE});

16.　$V_M \leftarrow V_M \setminus v_M$;

图 4-28　双力量引导调度算法伪代码

4.2.4　整数线性规划

在前文中提到,对于算子到硬件的映射这一 NP 完全问题,目前最流行的做法就是将其抽象为 ILP 问题,然后采用专用于求解 ILP 的软件进行进一步处理。原因是根据不同的实际需要,总能够通过调整参数的方式来得到该指标下的最优方案。通常来说会以启动间隔(II)作为主要指标,在实际使用时也会考虑到硬件资源利用率、吞吐量以及部分数据的优先计算等指标。

1. 整数线性规划的建模过程

作为一个用于系统优化的数学模型,整数线性规划主要由三部分组成[51]:① 用于描述输出结果的关键变量;②用来描述上述变量需要满足的约束方程或不等式;③根据需求来给可行解作排序的目标函数。虽然所有 ILP 的构成都可以归纳为上述三个部分,但各种 ILP 方法可能在很多方面存在差异。在建模方面,一般是将"计算结点-计算结点"、"路由结点-路由结点"以及"连线-连线"的映射关系作为变量,但是也有其他选择变量的方法,如选择将路由结点的各个下游路径的映射关系作为变量;在约束方程方面的差异更大,例如,有的硬件结构支持多个算子映射到同一个 PE 上并实现动态调度,以及有的硬件结构的部分 PE 不支持某些算子等;目标函数在之前已经叙述过,即使是同样的硬件以及同样的软件代码,在需求不同的情况下,可行解的排序也会有所不同。

ILP 能够处理绝大多数 CGRA 的映射问题,并能根据目标硬件特性和映射指标要求对 ILP 中的变量、目标函数等的定义进行修改。因其适用范围广,ILP 是用来构建 CGRA 自动编译系统的一种较佳的方法。CGRA-ME[27]是目前比较完整的 CGRA 仿真系统,该系统就采用了 ILP 并将其作为图映射问题的核心算法之一。之后会对 CGRA-ME 中的 ILP 部分进行详细介绍。

ILP 最核心的部分是约束的建立,因为约束反映了映射规则和硬件限制,体现了问题的本质。在相同的约束条件下,不同的变量定义仅仅表征了不同的抽象角度,虽然这会影响约束方程的形式,但约束的内在含义是相同的。如果将各种约束方案看成一个个集合,那么给出这些集合的并集是理解约束方案的有效方式。下面就从五个方面来描述 ILP 的各种约束。

图映射形式的五个直观抽象可以用来描述调度和映射过程中遇到的问题,这与硬件原语是契合的,分别代表了一类需要编译器完成的工作。所以也可以从这五个方面来寻找合适的约束[51]:

(1)计算资源的排布,代表算子到计算单元的映射,对应于底层的硬件资源组织。

(2)数据路由,代表能反映内部网络分配、数据通道争用等问题在内的计算语义的具体实施,对应于连接硬件资源的网络。

(3) 任务时序管理 (managing timing of event)，代表算子的时序关系，尤其是成环情况下的时序关系，对应于硬件资源的时序和同步。

(4) 硬件资源使用管理 (managing utilization)，代表对硬件资源的利用情况，通常也作为优化目标之一，需要考虑并行计算以及资源复用情况下硬件资源的分配，涉及代码块内部以及代码块之间的并行等。

(5) 优化目标 (optimization objective)，代表所需要的优化方向和策略以满足性能要求。

为了更好地说明问题，首先给出一个简单的映射样例，如图 4-29 所示，该图表示了将简单函数 $z = (x+y)^2$（图 4-29(a)）的 DFG 手工映射到简化版本的 DySER[11] 这一 CGRA 结构（图 4-29(b)）的过程，图中标出了各个结点的名称，硬件图中三角代表输入输出，圆圈代表计算资源，方块代表路由资源，箭头表示数据可流动的方向。之后将证明相比于 ILP 方法得出的结果，这一手工映射并非最优映射。

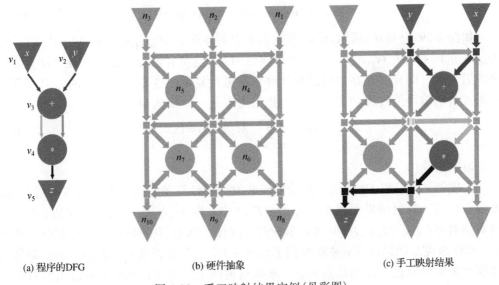

(a) 程序的DFG   (b) 硬件抽象   (c) 手工映射结果

图 4-29 手工映射结果实例（见彩图）

进行 ILP 问题处理的第一步，就是建立模型并给各个关键变量命名。此处采用 V (vertice) 表示 DFG 中各个顶点的集合，且 $v \in V$；用 E (edge) 表示 DFG 中各个有向边的集合，且 $e \in E$；用 G 表示顶点和边的集合 $G(V \cup E, V \cup E)$，该变量也表征了顶点与有向边之间的关系。$G(v,e)=1$ 表示有向边 e 是顶点 v 的输出，$G(e,v)=1$ 表示有向边 e 是顶点 v 的输入。用 N (node) 表示硬件图中各个结点的合集，且 $n \in N$；用 L (link) 表示硬件结点中各个数据通路的合集，且 $l \in L$；同样用 H 表征结点和数据通路的集合 $H(N \cup L, N \cup L)$，同样有 $H(l,n)=1$ 表示数据通路 l 是结点 n 的输入，$H(n,l)=1$ 表示数据通路 l 是结点 n 的输出。有的顶点和结点代表不同于计算功能的单元，例如，输入和输出等路由资源，用匹配表 $C(V,N)$ 来区分这一点，表中的 $C(v,n)=1$ 表示顶点 v 和结点 n 能够映射；对于组成网络的各个路由单元，其可能是寄存器、多路选择器等，统一用 R 表示这些单元的集合 $r\in R$，在图 4-29 中对应于小方块。

下面从调度器需要完成的五方面工作来描述整个约束体系[51]。

1) 计算资源的排布

调度器首先需要完成的工作是顶点到结点直接的一一映射，即 $V\to N$，这一映射的所有结果保存在矩阵 $M_{vn}(V,N)$ 中，即 $M_{vn}(v,n)=1$ 表示顶点 v 被映射到了结点 n 上，$M_{vn}(v,n)=0$ 则表示没有。一个显然的约束是所有 DFG 中的顶点只能被映射一次，而且必须被映射到相匹配的结点上；不匹配的结点则不允许有映射，即

$$\forall v, \sum_{n|C(v,n)=1} M_{vn}(v,n)=1 \tag{4-4}$$

$$\forall v, \quad n|C(v,n)=0, \quad M_{vn}(v,n)=0 \tag{4-5}$$

如图 4-29(a) 和 (b) 所示，该约束在本例中的体现是 $M_{vn}(v_1,n_1)=1$，$M_{vn}(v_2,n_1)=0$，$M_{vn}(v_3,n_4)=1$，$M_{vn}(v_3,n_5)=0$ 等。需要注意的是，这里并没有限制每个硬件结点 n 只被映射一次，即允许对路由资源和计算资源进行复用，这显然是可行的，但很多编译器在自动编译的过程中会将这一点作为约束之一，如式 (4-6) 所示：

$$\forall n, \sum_{n|C(v,n)=1} M_{vn}(v,n)=1 \tag{4-6}$$

2) 数据路由

调度器还需要将 DFG 代表的数据流映射到硬件资源之间的数据通路网络上，即 $E\to L$，这一映射结果保存在矩阵 $M_{el}(E,L)$ 中，即 $M_{el}(e,l)=1$ 表示有向边 e 被映射到数据通路 l 上，$M_{el}(e,l)=0$ 则表示没有。同样，DFG 中的每条有向边都应该被映射，具体来说是如果顶点 v 被映射到了结点 n 上，则每条以顶点 v 为输入的有向边都必须被映射到数据来源为结点 n 的某条数据通路上，每条以顶点 v 为输出的有向边都必须被映射到数据导出为结点 n 的某条数据通路上。

$$\forall v,e,n|G(v,e), \Sigma_{l|H(n,l)}, \quad M_{el}(e,l)=M_{vn}(v,n) \tag{4-7}$$

$$\forall v,e,n|G(e,v), \Sigma_{l|H(l,n)}, \quad M_{el}(e,l)=M_{vn}(v,n) \tag{4-8}$$

除此之外，调度器还需要确保每条有向边都被映射到一个连续的数据通路中。该约束在表达式中体现为对于任一给定的有向边 e，任何一个路由单元 r 要么其输入和输出都没有被映射到该有向边，要么其恰有一个输入和一个输出被映射到该有向边上。

$$\forall e\in E, \quad r\in R, \sum_{l|H(l,r)}, \quad M_{el}(e,l)=\sum_{l|H(r,l)} M_{el}(e,l) \tag{4-9}$$

$$\forall e \in E, \quad r \in R, \quad \sum_{l|H(l,r)}, \quad M_{el}(e,l) \leqslant 1 \qquad (4\text{-}10)$$

如图 4-30 所示，上述约束在本例中的体现为 $M_{el}(e_2,l_1)=1$ ，$M_{el}(e_3,l_{24})=0$ ，$M_{el}(e_1,l_7)=1$ ，$M_{el}(e_3,l_{25})=0$ 等。注意，虽然图 4-30(c) 中的数据通路 l_7 上的映射方案显然不合理，但是并没有违反式(4-10)，原因是其对于有向边 e_1 和 e_2 都是成立的，这个问题需要到之后硬件资源使用管理部分才能厘清。

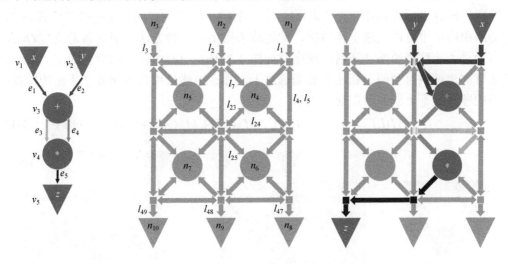

(a) 程序的带标注的DFG   (b) 带标注的硬件资源图   (c) 加上数据路由约束后的结果

图 4-30　加上数据路由约束后的结果(见彩图)

有的硬件结构会有特殊的要求，例如，沿 x 方向传播的某个信号可以继续在 y 方向继续传播，但是沿 y 方向传播的信号则都不能在 x 方向继续传播。为了表征这一点，可以在描述硬件的变量中加入矩阵 $I(L,L)$ ，用来表示不能被映射到同一条有向边上的所有数据通道对，例如，$I(l,l')=1$ 表示由于某种原因，数据通道 l 和数据通道 l' 不能被同时映射到任何一条有向边上。则上述约束可写为

$$\forall l, \quad l'|I(l,l'), \quad e \in E, \quad M_{el}(e,l)+M_{el}(e,l') \leqslant 1 \qquad (4\text{-}11)$$

在路由方面还可以有各种各样类似式(4-11)约束的表现形式，但大同小异，可以根据实际情况进行增删补改。

3) 任务时序管理

引入一组新的表征时间的变量 $T(V)$ 表示到达顶点 $v \in V$ 时的时间，其量纲为时钟周期数。当计算 DFG 中从顶点 v_{src} 到顶点 v_{dst} 之间路由的所有有向边所需的时间时，可以用 $T(v_{dst})-T(v_{src})$ 表示。按照逻辑顺序，该值由三部分构成：首先需要考虑从计时开始到 v_{src} 数据准备完成所需要的时钟周期数 $\Delta(E)$ ；其次是在有向边上传播

需要的路由延时，其值为这些边的映射对应的数据通路上传播数据所需要的时钟周期数之和；最后是时间偏差，其代表到达顶点 v_{src} 的不同有向边路径所需要的时钟周期数的差别，用 $X(E)$ 来表示这个差别。则时序的表达式为

$$\forall v_{src}, e, v_{dst} \mid G(v_{src}, e) \& G(e, v_{dst}), T(v_{src}) + \Delta(e) + \sum_{l \in L} M_{el}(e, l) + X(e) = T(v_{dst}) \tag{4-12}$$

但上述计算过程并不能规避如图 4-31(b)中所示的过度计算延时的情况，该情况同样没有违反式(4-10)的约束，原因与图 4-30(c)是一样的。在某些类似式(4-11)的路由约束中可以规避上述情况，此处将采用另外一种方法：引入新的变量 $O(L)$，该变量表示数据通路被激活的顺序，如图 4-31(b)、(c)中标明的黑色数字。如果某条有向边被映射到两条相连的数据通路上，那么下述约束将确保处于下游的数据通路的顺序处于上游的数据通路之后：

$$\forall l, \quad l' \mid I(l, l'), \quad e \in E \mid H(l, l'), \quad M_{el}(e, l) + M_{el}(e, l') + O(l) - 1 \leqslant O(l') \tag{4-13}$$

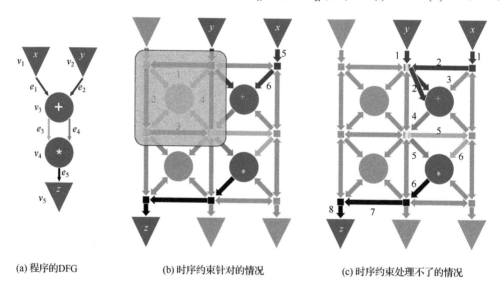

(a) 程序的DFG   (b) 时序约束针对的情况   (c) 时序约束处理不了的情况

图 4-31　加入任务时序管理约束后的结果（见彩图）

4) 硬件资源使用管理

简单来说，可以用单个任务的完成时钟周期数来量化硬件资源的利用情况，因为该数值表征了在多长一段时间内该硬件资源不能接受一个新的任务。但上述简单说法其实与时序部分的思路是一致的，下面从考察每个硬件资源使用情况的角度来评判硬件资源的利用情况。

首先考虑数据通路的利用情况 $U(L)$：

$$\forall l \in L, \quad U(L) = \sum_{e \in E} M_{el}(e, l) \tag{4-14}$$

式(4-14)表示数据通路 l 被不同有向边映射的次数,当且仅当这些有向边占用的资源不冲突时,式(4-14)是有效的,可能的情况包括但不限于:不同有向边占用不同控制步、各个有向边占用不同字节位以传输数据、这些有向边传输的数据相同、有向边之间本身就存在冲突而不可能同时有效等。很多硬件架构允许复用数据通路,在本例中其实有向边 e_3 与有向边 e_4 就一直在共用数据通路 l_{23}(图 4-30(b)),这显然是合理的。为了表示对数据通路复用情况的约束,需要引入新的变量 B_e 用以代表有向边束(edge-bundle),如图 4-32(a)所示,该值表示那些可以被映射到同一数据通路上而不需要额外开销的有向边,同时用 $B(E,B_e)$ 表示有向边束与有向边的关系,该关系与 $C(V,N)$ 皆在执行调度之前就可以确定。下面三个约束确保了映射结果中有向边束与数据通路、有向边与数据通路都不会有数据冲突,并给出了硬件的数据通路资源的利用情况:

$$\forall e,\quad b_e\mid B(e,b_e),\quad l\in L,\quad M_{bl}(b_e,l)\geqslant M_{el}(e,l) \tag{4-15}$$

$$\forall b_e\in B_e,\quad l\in L,\quad \sum_{e\in B(e,b_e)}M_{el}(e,l)\geqslant M_{bl}(b_e,l) \tag{4-16}$$

$$\forall l\in L,\quad U(L)=\sum_{b_e\in B}M_{bl}(b_e,l) \tag{4-17}$$

如图 4-32 所示,现在可以根据上述三式来判定图 4-32(b)中的情况是不合规的:显然有向边 e_1 与有向边 e_2 分属不同的有向边束,但是 $\sum_{b_e\in B}M_{bl}(b_e,l_7)>1$,这表明不同的有向边束被映射到了同一数据通路上;而有向边 l_{23} 上的映射则没有这个问题,$M_{el}(e_3,l_{23})+M_{el}(e_4,l_{23})=2>M_{bl}(b_3,l_{23})=1$,并没有违反数据通路复用的规则。

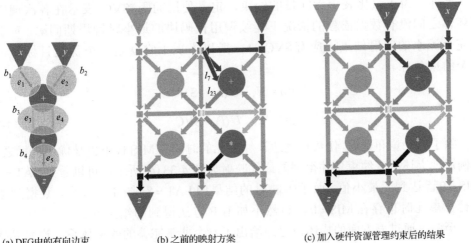

(a) DFG中的有向边束　　　　　(b) 之前的映射方案　　　　　(c) 加入硬件资源管理约束后的结果

图 4-32　加入硬件资源管理约束后的结果(见彩图)

考虑完数据通路的利用情况之后来考虑计算单元的利用情况 $U(N)$ ，此时需要考虑一个结点完全占用其映射的计算资源的时间周期数 $\Delta(V)$ ，该值在整体架构是完全流水的情况下通常等于 1，但当非完全流水限制了结点 n 在随后周期的使用时，该值会增加。

$$\forall n \in N, \quad U(n) = \sum_{v \in V} \Delta(V) M_{vn}(v, n) \tag{4-18}$$

通常不同的 CGRA 结构都有不同的硬件资源使用上限，用约束来表达具体如下：

$$\forall l \in L, \quad U(l) \leqslant \text{MAX}_L \tag{4-19}$$

$$\forall n \in N, \quad U(n) \leqslant \text{MAX}_N \tag{4-20}$$

MAX_L 和 MAX_N 表示对于特定的 CGRA 结构，其数据通路和计算资源的并行处理能力，对于本例中的 DySER 以及大多数 CGRA 硬件结构通常都是 $\text{MAX}_L = \text{MAX}_N = 1$。

5）优化目标

之前的约束都仅关注某个独立的部分，但调度器的最终职责还是在整体保证映射无误的情况下提供基于整体内容的优化映射。这在实际情况中代表着调度器需要兼顾吞吐量和延时两方面的性能，若在两方面都有需求，则需要做出合理的权衡。下面给出上述两方面的量化表达。

在计算关键路径延时时，不妨将输入点的时间记作 0，然后约定输出结点的最大延时 LAT，该值的下限可以供调度器来估计该代码块需要多长时间来完成。

$$\forall v \in V_{\text{in}}, \quad T(v) = 0 \tag{4-21}$$

$$\forall v \in V_{\text{out}}, \quad T(v) \leqslant \text{LAT} \tag{4-22}$$

另外，为了量化表示吞吐量的约束，定义使用间隔 SVC 表示在各次调用的循环体之间没有数据依赖的情况下连续调用代码块的最小时钟周期间隔。对于达到完全流水的映射结果，应有 $\text{SVC} = 1$，所以本质上它既是一个优化目标，也是一个约束条件。

$$\forall n \in N, \quad U(n) \leqslant \text{SVC} \tag{4-23}$$

$$\forall l \in L, \quad U(l) \leqslant \text{SVC} \tag{4-24}$$

除了吞吐量和延迟，使数据到达计算单元的时间差 MIS 最小也是优化目标之一。本例通过上述所有约束条件得到的最优映射如图 4-33(c) 所示，可以看到 $\text{LAT} = 7$、$\text{MIS} = 0$ 皆达到了最小值。而手工映射的结果中 $\text{LAT} = 8$（图 4-33(b)），数据到达乘法计算单元时也存在 $\text{MIS} = 0$，显然不如 ILP 方法得到的结果好。

至此，通过五方面的描述，已经给出了一个非常完善的约束体系，许多其他附加约束条件都可以归纳到这五类中。

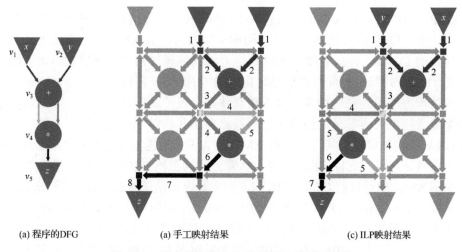

(a) 程序的DFG　　　　　　　(a) 手工映射结果　　　　　　　(c) ILP映射结果

图 4-33　所有约束都加上的最后结果（见彩图）

2. 整数线性规划方法的应用

在 ILP 方法成为 CGRA 自动编译的主流处理方式之后，从最顶层的 C 语言代码块到最底层的 CGRA 硬件配置信息之间的大部分障碍都被扫清了，下面介绍一个较为完整的用于 CGRA 仿真的架构及其所用的 ILP 约束体系，即前文所述的 CGRA-ME 系统，其具体流程详见图 4-34。

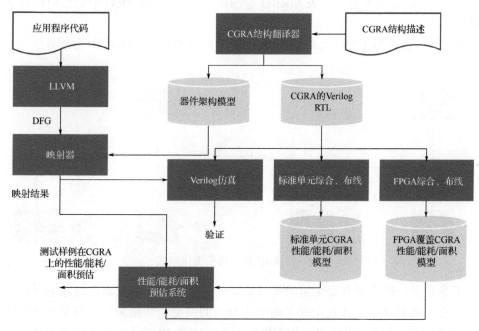

图 4-34　CGRA-ME 的框架结构

CGRA-ME 即 CGRA-Modelling and Exploration，其软件方面的接口为高级语言的代码，如一段 C 语言代码；硬件方面的接口为其基于 XML 的自定义语言，用以描述特定的 CGRA 结构。通过 LLVM 这一开源的编译架构得到顶层代码块中循环语句块的 DFG，并与由硬件结构描述转化成的 MRRG 一同输入映射器，映射器采用 ILP 的处理方法得到映射结果并输入仿真体系中去，最后得到各方面的预估结果。此处主要关注映射器部分的内容，它的特点在于其映射方式是硬件不敏感的，即各种 CGRA 架构都可以用其设计的类 XML 语言进行描述然后输入映射器中并完成映射，但在目标代码的支持方面则不尽如人意，因为虽然 LLVM 能够得到整个 C 语言代码块的 SSA，但是目前 CGRA-ME 只能完成其内部循环体的映射，对于分支以及循环则无能为力，这也是 DFG 的格式所限。在实际应用中该缺陷并没有那么明显，因为在本书开头就叙述过目前 CGRA 的主要工作领域就是处理并行度较高的循环体。

映射器采用 GUROBI[52]和 SCIP[53]两个求解器来进行核心的映射运算，其采用的约束方案由于针对性较强，也由于 MRRG 的硬件表述而作了一些修改，所以与前述方案有较大差异。下面详细叙述 CGRA-ME 的约束方案，这对理解约束方案的写法有较大帮助。

CGRA-ME 采用三组关键变量对映射进行抽象，具体指代如下。

$F_{p,q}$：当该值为 1 时，代表 MRRG 中的功能结点 p 用作 DFG 中的功能算子 q 的映射。

$R_{i,j}$：当该值为 1 时，代表 MRRG 中的路由资源 i 用作 DFG 中的数值结点 j 的映射。

$R_{i,j,k}$：当该值为 1 时，代表 MRRG 中的路由资源 i 用作 DFG 中的数值结点 j 到其接收点 k。

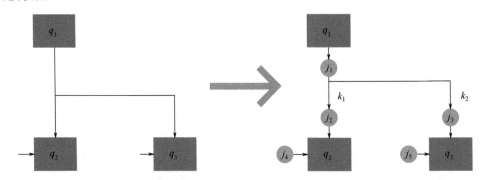

图 4-35　MRRG 采用的变量阐述

不难看出，该约束方案采用的变量集是前述方案的一个子集，但详细分化了结点到结点的映射类别，并且抛弃了图中边到边的映射，而是采用了第 k 个下游结点这一表述方式，这种表述其实也是合理的，因为 DFG 中可以在任意位置添加数值结点而不影响实际数据流动；与此相对应，除了输入结点和输出结点，DFG 中处于数据流动路径上的数值结点都可以被删除，所以采用下游结点的表述方式与采用有向边的表述方式是等价的。其内部使用的 DFG 在使用时应该是将每个计算结点默认为在其前后都加入了一个数值结点，这两个结点本身都可以作为该计算结点的一部分被一同映射到一个 MRRG 的计算型结点上(图 4-35)。其约束方案如下：

(1)计算排布：DFG 中的每个计算型结点都需要被映射到一个 MRRG 的功能结点上。

$$\sum_{p\in\text{FuncUnits}} F_{p,q} = 1, \quad \forall q \in \text{Ops} \tag{4-25}$$

(2)功能单元排他性：MRRG 上的每个功能结点至多被一个 DFG 的计算型结点映射。

$$\sum_{q\in\text{Ops}} F_{p,q} \leqslant 1, \quad \forall p \in \text{FuncUnits} \tag{4-26}$$

(3)功能单元映射合法性：确保 DFG 中每个计算型结点都被映射到能支持该运算的功能结点。

$$F_{p,q} = 0$$

$$\forall p \in \text{FuncUnits}, \quad q \in \text{Ops}$$

$$\text{where}: q \notin \text{SupportedOps}(p) \tag{4-27}$$

(4)路由单元排他性：确保 MRRG 中每个路由单元至多用于映射一个 DFG 的数值结点。

$$\sum_{i\in\text{Vals}} R_{i,j} \leqslant 1, \quad \forall i \in \text{RouteRes} \tag{4-28}$$

(5)扇出路由：用于确保邻接路由单元的数据连贯性。对于每一个被映射了数值结点的路由资源的扇出，必须至少有一个下游路由资源被同一个数值所使用，不管其是作为另一个路由资源还是作为扇出的接收点。所以，至少有一个路由结点的输出结点被同一个数值结点所驱使，或者该路由结点有至少一个输出是某个下游功能结点的输入。

$$R_{i,j,k} \leqslant \sum_{m\in\text{fanouts}(i)} R_{m,j,k}$$

$$\forall i \in \text{RouteRes}, \quad \forall j \in \text{Vals}, \quad \forall k \in \text{sinks}(j) \tag{4-29}$$

(6)隐含布线：确保路由的扇出会作为功能型结点的输入，因此会隐含 DFG 上的计算型结点到该功能型结点的映射。此处采用 → 记号表示在 DFG 中两个结点之间存在有向边。这一约束要求如果数值结点 j 的接收点 k 的映射是功能型结点 p 的输入之一，则 k 也是计算型结点 q 的输入，而且 q 被映射到 p 上。

$$F_{p,q} \geqslant R_{i,j,k}$$

$$\forall p \in \text{FuncUnits}, \quad \forall q \in \text{Ops}, \quad \forall i \in \text{RouteRes}, \quad \forall j \in \text{Vals}$$

$$\text{where}: \exists (j \to q) \wedge (i \to p)$$

$$\forall k \in \text{sinks}(j) \tag{4-30}$$

(7)初始扇出。确保作为功能型结点输出的路由资源是作为 DFG 上计算型结点的输出的映射。

$$F_{p,q} = R_{i,j,k}$$

$$\forall i \in \text{RouteRes}, \quad \forall j \in \text{Vals}, \quad \forall p \in \text{FuncUnits}, \quad \forall q \in \text{Ops}$$

$$\text{where}: \exists (q \to j) \wedge (p \to i)$$

$$\forall k \in \text{sinks}(j) \tag{4-31}$$

(8)路由资源使用。路由资源必须被相应的值所映射。

$$R_{i,j} \geqslant R_{i,j,k}$$

$$\forall i \in \text{RouteRes}$$

$$\forall j \in \text{Vals}$$

$$\forall k \in \text{sinks}(j) \tag{4-32}$$

(9)多路选择器的输入排他性。防止出现自加强的路由循环，路由循环可能导致循环内的扇出被终结而不是导出到需要的接收器上。

$$R_{i,j} = \sum_{m \in \text{fanins}(i)} R_{m,j}$$

$$\forall i \in \{\text{RouteRes} \,\|\, \text{fanins(i)} \,| > 1\}$$

$$\forall j \in \text{Vals} \tag{4-33}$$

不难看出，CGRA-ME 的约束体系着重于数据路由这一部分，而对于时序同步、资源管理、优化目标等方面都采用的是默认的设置。同时，相比于之前所述的数据路由部分的约束，这九条约束不但数量更多，而且更为复杂，原因在于 CGRA-ME 的约束更为严格，如要求不能多个算子映射到同一个功能型单元上等。

以上给出了两套在实际中使用的 ILP 处理方案。目前为止，ILP 方法仍然是处理映射问题的最佳方案，但正如前面所述，其最大的缺点在于对于大规模的图映射问题处理速度过慢，编译时间过长，需要将大规模的图分解成较小的图然后分开处理，这对于自动编译过程无疑也是一大障碍。

4.2.5 非规则的任务映射

软件定义芯片通常作为 GPP 的协处理器对程序中的数据密集部分进行加速,程序中的控制部分则由 GPP 负责处理,GPP 和软件定义芯片之间需要进行数据通信,如 MorphoSys[54]、FLORA[55]等,它们使用共享寄存器或专用总线将 GPP 连接到软件定义芯片上。在处理控制密集型算法时,软件定义芯片和 GPP 会进行频繁的数据通信,较大的通信代价抵消了软件定义芯片带来的性能收益。在这种情况下,如果能将包含简单控制流的部分映射到软件定义芯片上,就可以有效地解决程序中间变量传输带来的延时和性能损失问题,通过研究合适的调度映射方法来进一步探索含控制流内核的并行性,可以大幅度提升程序的整体性能。

ADRES 是一种可以同时处理控制密集型算法和数据密集型算法的软件定义芯片架构,它既可以对最内层循环进行高效的模调度,又可以用作 VLIW 处理器来执行非循环和循环外的代码。ADRES 使用谓词操作处理循环内的控制流,它包含四行 FU,第一排 FU 和中央寄存器文件可以提供 VLIW 功能。当执行非内层循环代码时,仅第一排 FU 工作,其余三排 FU 停用。传统的软件定义芯片不执行非内层循环代码,这部分代码在 GPP 上执行,这时软件定义芯片的整个功能单元阵列停用。由此可见,相比于传统软件定义芯片和 GPP 这种异构平台,ADRES 消除了 GPP 和软件定义芯片功能单元阵列之间的中间变量的缓慢传输,为非循环代码提供比典型GPP 更多的硬件功能资源,因此 ADRES 具有更高的性能。然而,ADRES 只是单纯地将功能单元划分为处理非内层循环代码和处理内层循环代码两部分,对于非内层循环代码,仍是以顺序的方式进行调度和执行的,循环外和循环内的代码交替执行,没有很好地将内层循环代码和循环外代码作为一个整体去探索可能的并行性,本质上与 GPP 和软件定义芯片协同处理这种异构平台并无太大差别,对控制密集型算法的性能提升有限。

将需要映射到软件定义芯片上执行的含简单控制流的任务称为非规则的任务。非规则任务的一个显著特点是它的 IR 中包含多个基本块,简单的数据流图不能表示各个操作之间的数据依赖和控制依赖关系,而是需要一个由基本块作为结点的控制数据流图 CDFG 来对该类型任务进行抽象。非规则任务主要分为嵌套循环和分支两大类。嵌套循环又可以大致划分为完美嵌套循环(perfect nested loop)和不完美的嵌套循环(imperfect nested loop)两类。不完美嵌套循环是指具有最内层循环之外的语句(即奇语句(odd statement))的嵌套循环或在同一嵌套级具有多个内部循环,即包含多个同级内部循环的嵌套循环。分支可进一步细分为简单分支(if-then-else,ITE)和嵌套分支(nested if-then-else,NITE)。包含嵌套循环或者分支的程序,其对应的CDFG 由多个基本块构成,基本块之间的数据传输和控制跳转是在执行过程中动态确定的,这是非规则任务与规则任务映射的最大区别。规则任务仅包含一个基本块且基本块内各个操作的执行时间是静态可确定的，映射只需要考虑基本块内的 DFG，而非规则任务中部分操作是否执行以及在何时执行难以在编译期确定，简单的静态数据流配置会发生错误的执行，映射需要考虑包含显式控制流的整个 CDFG。因此，通过编译技术实现非规则任务的静态映射和调度是一个较大的挑战。如何打破控制流限定的基本块执行顺序，开发更多的并行性，提高非规则任务映射的性能则是更大的挑战。

目前，软件定义芯片主要通过将控制流转化为数据流的方式来处理非规则任务。对控制流低效率的架构和映射支持限制了软件定义芯片可加速的目标代码范围。因此，解决非规则任务映射不仅需要寻找合适的映射算法，还需要对软件定义芯片架构进行一定的修改，以高效地支持控制流的编译执行。软硬件协同设计是实现高性能非规则任务映射的核心思想，一般是根据映射算法的需求对硬件结构进行扩展设计，也可以基于特定硬件进行相关算法开发。前文提到非规则任务可以用 CDFG 来抽象，因此通过将 CDFG 映射到对硬件资源进行建模的模路由资源图来实现非规则任务映射是一种比较简单直观的解决办法。此外，针对循环和分支这两类非规则任务，也有很多相应的映射算法。以下分别针对分支和嵌套循环两类非规则任务的映射技术及 CDFG 映射算法进行讨论。

1. 分支映射

研究表明，SPEC CPU 2006 和某些数字信号处理应用程序的基准程序中超过 40%的计算密集型循环包含分支结构，另一项研究进一步表明，在 SPEC CPU 2006 基准测试套件中，计算密集型循环中出现的条件分支中 70%以上是更为复杂的嵌套分支结构。控制流限定了某些基本块的执行顺序，根据著名的 Amdahl 定律，当循环中计算密集型部分的加速达到相对极限时，控制密集型部分将成为整个程序的性能瓶颈。ITE 和 NITE 结构广泛存在于计算密集型循环中，成为制约软件定义芯片性能的主要因素。

针对分支结构，典型的处理方式可以分为两种：谓词执行和推测执行。推测执行将分支预测和推测相结合，通过分支预测器来预测执行概率较高的路径，预测路径的操作可以被预取甚至提前至分支指令前，从而缩短了依赖链长度，有效地降低了软件流水线启动间隔。预测错误代价包括刷新和重新填充处理器流水线，使用额外的缓冲区来存储推测指令对系统状态的修改并在必要时对这些修改实施回滚。推测执行的显著优点是提高了并行性，但是需要分支预测器辅助，分支预测器准确预测的精度直接影响整个程序的性能，目前一般应用在 GPP 上，软件定义芯片暂时不支持这种分支处理机制，这是因为分支预测在配置级别执行时具有较低的准确性且分支错误预测代价较大，错误预测时，需要对处理单元重新配置，配置包切换会带来较大的时间开销[56]。谓词执行是显式并行技术的一个重要组成部分，它为每条指令增加一个源操作数（即谓词）作为指令执行条件，当谓词为真时执行指令中操作，否则将其转化为空操作处理。谓词执行的优点是将控制流转化为数据流，可使原本组成分支的各个基本块合并为一个超块，增大了编译调度的粒度，从而增加了基本块中的指令级并行性，同时可有效提高软件流水线或模调度的性能。针对软件定义芯片这种新的硬件结构，谓词执行演化为多种版本，大体上可归纳为部分谓词（partial predication，PP）[57]、全谓词（full predication，FP）[58]和双发射单执行（dual-issue single execution，DISE）[59]这三类。以下分别介绍这三种分支处理方法。

1）全谓词

全谓词是指将分支中更新相同变量的操作映射到同一个 PE 的不同控制步上，在程序运行时只有被条件选中的那一个操作会真正执行的技术。虽然实际执行的操作在不同的迭代间动态可变，变量值更改的时刻不固定，但经过最长时间后该 PE 的计算结果一定是该变量正确的输出值。由于该变量的最终值来自于固定的 PE，因此不需要额外的选择操作。映射在任一路径上具有 n 个操作的 ITE，在最坏情况下全谓词 DFG 的操作结点数为 $2n$，但同时需要增加对这 $2n$ 个结点的放置约束。全谓词方法的主要缺点有：①虽然在运行时依据条件结果只会执行一条路径上的操作，但由于两个分支的操作在运行前都静态地映射在相应的 PE 上，造成了不必要的指令预取浪费；②更改变量的操作无论是否执行都占据了对应时间的 PE 资源，造成 PE 资源的浪费；③在最长时间之后才能使用该变量，若程序对该变量存在迭代依赖，则软件流水线启动间隔较大。图 4-36(a)～(d)表示循环体含 ITE 结构的源代码经过 FP 处理之后的代码、相应的 CDFG 以及映射结果。

基于状态的全谓词（state-based full predication，SFP）[60]引入睡眠和唤醒机制来更改 PE 状态，决定是否在特定路径上执行指令。每个 PE 内嵌一个 1 位状态寄存器，指示当前状态。伪分支 SFP（pseudo branch SFP，PSFP）方法[61]使用谓词寄存器来模拟分支行为，控制每个 PE 的唤醒时序。PSFP 引入了额外的唤醒操作。基于计数器的 SFP（counter-based SFP，CSFP）方法采用计数器来实现自动唤醒，从而消除了唤醒操作。PSFP 和 CSFP 都需要无条件的睡眠操作来模仿传统 GPP 中的无条件跳转指令。SFP 既可以处理 ITE，也可以处理 NITE，但是状态切换引入的额外操作中仍然存在一些冗余。

基于标签的全谓词（tag-based full predication，TFP）[62]对 SFP 进行了改进。SFP 中的冗余操作主要是由条件判断和每个路径中操作之间的间接谓词传递引起的，TFP 取消了状态转移操作，使用标签直接传输谓词信息来进行指令的无效处理，从而消除了状态切换造成的性能开销，同时可实现分布式指令无效化和并行标签寄存器重写来提高性能。TFP 和 SFP 一样，对于条件不符合的分支操作不执行，因此节省了能耗。与 PP 致力于最低程度地修改体系结构不同，TFP 需要更多的附加硬件和指令支持：①每个 PE 都要有一个多位的标签寄存器 TReg 来指示 PE 需要取消哪

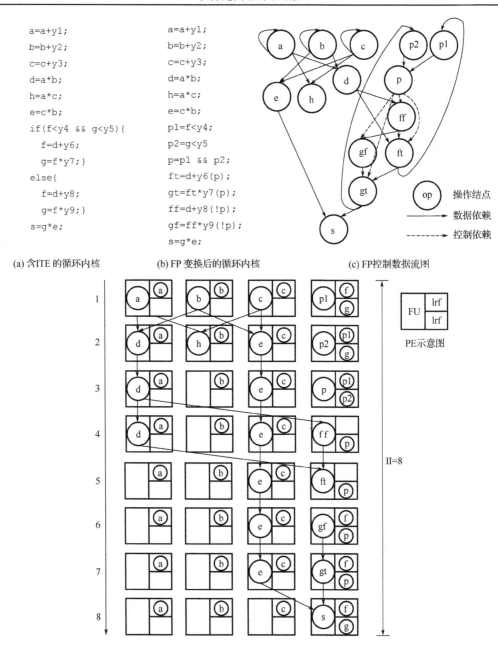

```
a=a+y1;          a=a+y1;
b=b+y2;          b=b+y2;
c=c+y3;          c=c+y3;
d=a*b;           d=a*b;
h=a*c;           h=a*c;
e=c*b;           e=c*b;
if(f<y4 && g<y5){ p1=f<y4;
  f=d+y6;        p2=g<y5
  g=f*y7;}       p=p1 && p2;
else{            ft=d+y6(p);
  f=d+y8;        gt=ft*y7(p);
  g=f*y9;}       ff=d+y8(!p);
s=g*e;           gf=ff*y9(!p);
                 s=g*e;
```

(a) 含 ITE 的循环内核   (b) FP 变换后的循环内核   (c) FP 控制数据流图

(d) FP 映射结果

图 4-36　全谓词分支处理示例

个路径；②额外的标签标记字段(CT,NT)会被添加到每个指令字中；③需要额外的
比较器来确定 TReg 和 CT 是否具有相同的值，从而确定是否禁用 TReg 以保持当前

值；④需要寄存器 DReg 使通用运算的计算结果无效。TFP 对硬件要求较多，对于一般的软件定义芯片可能并不适用，通用性较差。

2) 部分谓词

部分谓词是指将分支结构两条路径中的操作映射到不同的 PE 上，使其可以同时执行的技术。所有被分支结构更新的变量在使用之前需要通过选择操作，依据条件执行结果来获取该变量正确的值。显然，当 if 部分和 else 部分更新相同的变量时，需要从这两个分支的操作结果中进行选择，但若仅是 if 或者仅在 else 部分更新变量，则需要在本次计算结果和该变量的旧值（在进入分支结构之前该变量的值或上一次迭代该分支更新的值）之间进行选择。图 4-37(a)~(c) 表示将图 4-36(a) 所示的源代码经过部分谓词处理之后得到的代码、CDFG 以及在 PE 阵列上的映射结果。有了足够的 PE 资源，两条路径都可以与条件并行执行，甚至可以在条件执行前执行，因此 PP 可以实现较小启动间隔的软件流水线。当分支中操作数量较多时，这种方法需要构建一个谓词网络，把条件计算结果传播到每一个可能被分支修改的变量所对应的选择操作上。最坏情况下，为了映射在每个路径上具有 n 个运算的 ITE 结构，一共需要 $3n$ 个结点。PP 的显著缺点是：①需要增加额外的选择操作，消耗额外的时间、PE 资源以及能耗，对性能不利；②若 if 分支和 else 分支中对同一个变量进行更新的两个操作调度时间不相同，即到达最终选择操作的时间不相等，则需要使用寄存器来保留中间结果或延长 II，以避免流水线下一次计算将上一次迭代的计算结果覆盖掉。使用寄存器来平衡时序会增大寄存器压力，当不平衡的操作较多时，可能会发生寄存器溢出问题，延长 II 会降低吞吐率，减少性能收益。具体采用哪种方式来解决选择操作两个输入时序不平衡问题，需要看应用场景所关注的性能指标，依据侧重的指标进行折中选择。对于 ITE 和 NITE 这两种结构，PP 都可以处理。

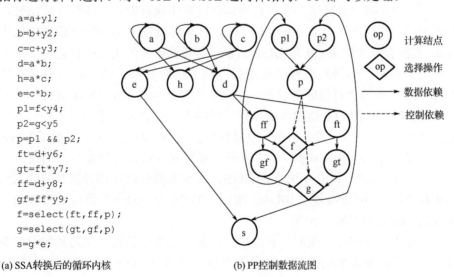

```
a=a+y1;
b=b+y2;
c=c+y3;
d=a*b;
h=a*c;
e=c*b;
p1=f<y4;
p2=g<y5
p=p1 && p2;
ft=d+y6;
gt=ft*y7;
ff=d+y8;
gf=ff*y9;
f=select(ft,ff,p);
g=select(gt,gf,p)
s=g*e;
```

图例	说明
op	计算结点
◇ op	选择操作
→	数据依赖
⇢	控制依赖

(a) SSA 转换后的循环内核　　　　　　　　(b) PP 控制数据流图

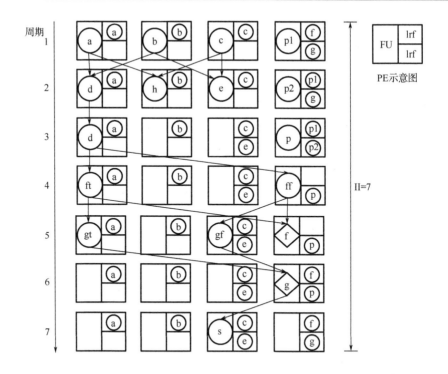

(c) PP映射结果

图 4-37　部分谓词分支处理示例

3) 双发射单执行

DISE 是指将两条分支的指令合并打包为一个结点，发射到同一个 PE 的同一控制步上，这两个指令具体哪一个在程序运行过程中执行取决于条件计算结果。如果要映射在任一路径上具有 n 个操作的 ITE，在最坏情况下 DISE 的 CDFG 操作结点数为 n，且没有放置约束。实现 DISE 机制，需要编译器的支持且只适用于动态调度的软件定义芯片。如何对操作结点进行打包不仅会影响正确性，也会影响性能。BRMap[63]是一种结点打包映射算法：对经过部分谓词转换的 DFG 进行初始调度，并将调度窗口重叠的 ITE 结构内的操作尽可能地打包合并，在保证正确性的同时尽可能地减少 DFG 的结点数，从而有效降低资源限制的启动间隔，实现了 DISE 机制在软件定义芯片上的有效映射。DISE 可以减轻部分谓词方法寄存器的压力，加速 ITE 执行，但是 DISE 机制不能支持 NITE，即对需要多比特谓词控制的分支结构无效。图 4-38(a)、(b)表示使用 BRMap 将图 4-37(b)所示的部分谓词 CDFG 进行结点打包后的 CDFG 以及映射结果。

TRMap[64]是 DISE 方案的一种改进。该算法是基于软件定义芯片的一种新控制范式——触发指令体系结构 TIA 提出的。TIA 指令集中提供了控制指令来处理分支。

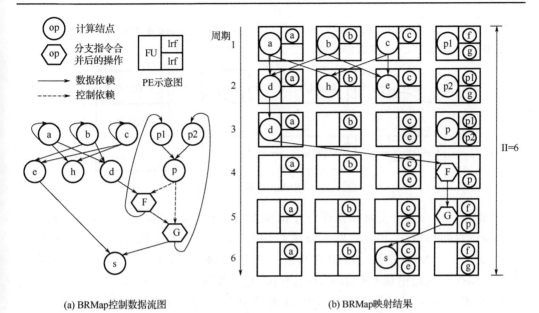

(a) BRMap控制数据流图　　　　　　　(b) BRMap映射结果

图 4-38　BRMap 分支处理示例

TIA 的 PE 结构在第 3 章已详细介绍,其包含一个 ALU,一些寄存器和一个调度器。其中调度器包含一个触发决策器(trigger resolution)和一个优先级编码器(priority encoder)。触发决策器接受标签、通道状态、内部谓词寄存器和程序员指定的触发作为输入,用于评估触发条件是否为真,若为真,则将该指令就绪信号发送到优先级编码器。优先级编码器从可用的准备执行的指令集中选择优先级最高的指令送至 PE 来执行。编译后端最终生成的可在 PE 上执行的指令为触发指令,由一个触发条件和一条普通指令组成,每个指令只有在触发条件满足时才会被执行。触发器是一个布尔表达式,它由 PE 的一组体系结构状态的逻辑操作构成,用于控制指令的执行。

TRMap 致力于减少 DFG 中冗余结点的数量,以达到减小应用软件流水线时资源约束下的启动间隔 ResMII 的目的。TRMap 主要通过两种方式来缩小 DFG 的规模:①类似于 DISE 机制,将不同分支路径的操作合并。不同于 DISE 的是,DISE 仅允许合并两个操作,而 TRMap 可以合并两个以上的操作。TRMap 还可支持最内层分支是否执行受多个条件共同约束、路径选择由多比特谓词协同控制的 NITE 结构。②将 DFG 中源操作数为条件计算结果的用于控制流决策的布尔运算视为冗余结点,转移到调度器上执行,并在原始 DFG 中删除这些结点。TRMap 的处理流程如图 4-39 所示。首先,TRMap 输入一个控制流程图(CFG),并采用超块前端技术,通过 SSA 转换从 CFG 的多个基本块中构造 DFG。然后应用操作合并、冗余结点有效消除和触发指令转换这三个优化方法,最小化 DFG 并生成触发的数据流图(triggered DFG,

TDFG)。最后，TRMap 采用基于模调度的布局和布线(place & route，P&R)算法，将 TDFG 映射到 TIA，生成触发指令。

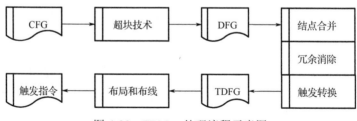

图 4-39　TRMap 处理流程示意图

　　TRMap 结合了分支路径操作合并和卸载控制流决策布尔运算到 TIA 中的调度器上执行这两种方法,很大程度地缩减了 DFG 的规模,提高了软件流水线的吞吐率。图 4-40 表示 TRMap 处理后的 DFG 及相应的映射结果。图 4-40(a) 相比于图 4-38(a)，消除了源操作数是谓词的布尔运算结点 p，进一步减少了 DFG 的结点个数。对比图 4-36(d)、图 4-37(c)、图 4-38(b) 和图 4-40(b) 可以看出，相同的源代码，使用 FP、PP、BRMap、TRMap 实现的软件流水线 II 分别为 8、7、6、5，TRMap 对 DFG 规模的缩减优化使得 II 大幅度减小。

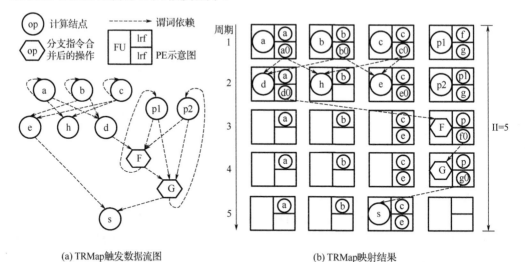

(a) TRMap 触发数据流图　　　　　　　　　(b) TRMap 映射结果

图 4-40　TRMap 分支处理示例

　　需要注意的是，II 受 DFG 结点个数和 PE 个数共同影响，当 PEA 规模较大时，减小 DFG 结点个数可能不足以改变 II，这时 TRMap 收效甚微。因此，可以得出软件定义芯片结构中 PE 个数越少，源程序中分支操作和谓词逻辑操作个数越多(即可合并删除的结点个数越多)，TRMap 对性能提升越显著的结论。FP 和 DISE 都不能用于含嵌套分支循环的加速，TRMap 不受分支路径数目的限制，可以将来自多于两条分支路径的操作进行合法合并，有效消除谓词的连接。图 4-41 表示了含 NITE 结构的循环的处理全过程。

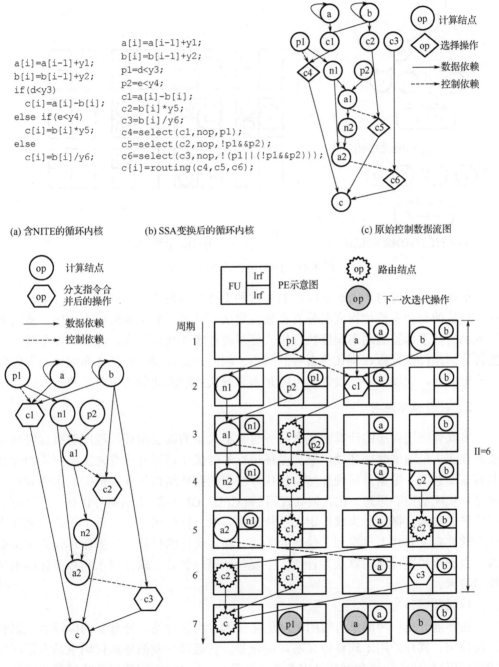

```
a[i]=a[i-1]+y1;
b[i]=b[i-1]+y2;
if(d<y3)
    c[i]=a[i]-b[i];
else if(e<y4)
    c[i]=b[i]*y5;
else
    c[i]=b[i]/y6;
```

```
a[i]=a[i-1]+y1;
b[i]=b[i-1]+y2;
p1=d<y3;
p2=e<y4;
c1=a[i]-b[i];
c2=b[i]*y5;
c3=b[i]/y6;
c4=select(c1,nop,p1);
c5=select(c2,nop,!p1&&p2);
c6=select(c3,nop,!(p1||(!p1&&p2)));
c[i]=routing(c4,c5,c6);
```

(a) 含NITE的循环内核　　　(b) SSA变换后的循环内核　　　(c) 原始控制数据流图

(d) BRMap打包后的控制数据流图　　　(e) BRMap映射结果

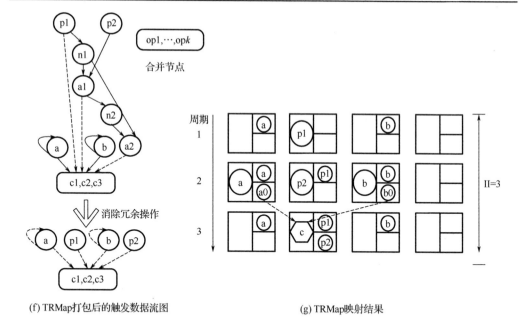

(f) TRMap打包后的触发数据流图   (g) TRMap映射结果

图 4-41   TRMap 处理 NITE 示例

正如上文所说，TRMap 是基于 TIA 这种支持控制范式的软件定义芯片架构而言的，硬件的有力支持使得嵌套分支在软件定义芯片上高效地映射成为可能。然而数据驱动的基于标签的动态调度执行模式使得硬件实现代价过高，若将一部分硬件功能转移到编译器来做，则代价会得到折中。因此，将控制映射任务在编译器和硬件上合理分配，软硬件协同设计，可能是未来解决控制流映射的一个趋势。

2. 嵌套循环映射

多媒体应用程序的计算密集型任务包含了大量的嵌套循环。程序的执行时间主要消耗在大量的嵌套循环处，嵌套循环进行映射优化对提升计算密集型应用的性能具有重要意义。根据目标硬件结构优化算法中的循环结构，获取最大的指令并行度是循环优化的核心思想。在其他处理器(如 CPU、GPU 等)上的循环优化，已经有很多成熟的技术。循环作为软件定义芯片最重要的目标代码之一，近十年来，循环优化在软件定义芯片上也得到了较高的关注。循环优化的目标是发掘循环代码中指令级、数据级和循环级的算法并行性，主要包括循环展开、软件流水和多面体模型等典型技术。

1) 循环展开

循环展开是一种简单有效的循环优化技术，在各种结构处理器的编译器中都有广泛应用，同样适用于软件定义芯片编译器。它通过复制循环体代码来减少循环的控制代码(如迭代计数和循环结束条件判断等)，通过将相同的指令映射到不同的硬件上并行执行(类似于 SIMD)这种类向量化的方式来提高循环执行性能。循环展开因子依赖于循环体内算子的规模大小以及硬件结构中处理单元的个数。软件定义芯片计算结构的一个特点就是硬件资源丰富,需要编译器发掘更多的计算并行度才能充分发挥其潜力,同时该类型结构的控制实现代价较大,因此循环展开技术非常适合软件定义芯片结构。然而,循环展开适用的源程序有限,只有不存在迭代间数据依赖关系的循环才可以展开,存在分支的循环也不能展开。循环展开在单层循环中应用较广,在一些完美嵌套循环中也可应用循环展开来提高性能。需要注意的是,要合理组织每一个循环体展开副本所对应的数据来保障正确性。图 4-42 以单层循环为例,说明了循环展开代码变换过程。

```
int a[20];              int a[20];                int a[20];
for(int i=0;i<20;i++){  for(int i=0;i<10;i++){    sum+=a[0];
    sum+=a[i];              sum+=a[2i];            sum+=a[1];
}                          sum+=a[2i+1];           ...
                        }                          sum+=a[19];
```

(a) 源代码   (b) 部分循环展开   (c) 完全循环展开

图 4-42   循环展开示例

由于不同的 PE 执行相同的操作,配置信息可重用,只需要合理地对数据进行分配和存储,正确地访问即可。循环展开因子最大是 $\lfloor N_{\text{PE}} / N_{\text{op}} \rfloor$。

2) 多级软件流水线

软件流水技术在软件定义芯片结构上被用来加速循环,在几乎不增加代码量和配置信息量的基础上,可以提高系统的性能,而且可以在一定程度上适用于优化不定界的循环。对于单层循环的软件流水算法已经在前文详述过了,这里着重介绍对嵌套循环实现软件流水线的技术,即多级软件流水线。对于完美嵌套循环,可以应用单层循环的软件流水线技术来实现,这是因为循环次数分别为 m 和 n 的两层完美嵌套循环可以转换为循环次数为 $m \times n$ 的单层循环,内外层循环的交替没有额外的操作,只需要考虑最内层循环体操作的调度。然而,在软件定义芯片上对不完美的嵌套循环进行软件流水线处理则是一个棘手问题。因为不完美的嵌套循环可能包含多个同级内层循环以及内层循环外的操作,由于各个语句出现的频率不同,不能直接应用模调度生成包含所有语句的单级软件流水线。如何充分利用内外层循环这两个级别的并行性对性能有很大影响。两级软件流水线方法[65]解决了这个问题,目标代码是两层不完美嵌套循环,当把这个方法进行扩展,即处理多于两层的嵌套循环时,可以自内而外地逐层次地使用两级软件流水线技术,可称为多级软件流水线。

下边具体介绍两级软件流水线的技术细节。核心思想是首先对内层循环(可能是多个,将奇语句(即外层循环内的非内层循环语句)视为迭代次数为 1 的内层循环)进行第一级流水线,充分开发各个内层循环本身的循环并行性;然后在外层循环层次上实现第二级流水线，探索同级内层循环之间的并行性。需要考虑的问题是：

(1)由于在内部和外部循环级别都执行流水线操作，每个内部或外部循环都有不同的 II。如何将这些 II 应用一种全局策略进行统一优化，而不是单独最小化，以达到整体最优而不仅是局部最优。

(2)两级流水线会导致流水线内核过大，如何对内核进行压缩以避免超大内核映射时耗费的长时间以及过大的配置包(有可能超出配置内存的容量)。

为解决问题(1)，文献[65]将受资源限制和迭代间数据依赖关系限制的一组内外层循环流水线启动间隔 IIT=(II$_{i0}$,II$_{i1}$,⋯,II$_{im-1}$,II$_o$) 表示为一组与流水线执行时间 L_{ix}、内核宽度 W_{ix} 及循环迭代次数 TC$_{ix}$ 有关的等式或不等式，如式(4-34)～式(4-39)所示(公式中涉及的记号对应的含义如表 4-2 所示)，并以最小化外层循环的总执行时间为目标函数。因此，优化 IIT 问题可表示为式(4-40)。这是一个典型的整数非线性规划(integer nonlinear programming，INLP)问题，由于搜索空间是 $m+1$ 维且约束较为复杂，若使用通用的 INLP 求解方法，时间复杂度很高。通过分析和对原始不等式或等式的推导可知：①最小的内层循环执行时间 L_i 会导致最小的外层循环 II$_o$；②外层循环总执行时间 L_o 与每个 II 正相关，最小的 II$_{ix}$ 和 II$_o$ 会导致最小的 L_o。因此，完整的关系链如式(4-41)所示。基于 W_i 计算出最小的 II$_{ix}$，基于 II$_{ix}$ 可计算出最小的 II$_o$，这些 II 构成了最优化的 IIT，使得 L_o 最小。假设软件定义芯片的 PE 个数为 N_{PE}，则 W_i 的范围是 1–N_{PE}，因此算法的时间复杂度为 $O(N_{PE})$。

$$L_{ix} = L_{dx} + II_{ix} \times (TC_{ix} - 1) \tag{4-34}$$

$$L_i = \sum \{L_{ix}\} \tag{4-35}$$

$$L_o = L_i + II_o \times (TC_o - 1) = \sum \{L_{dx}\} + \sum \{II_{ix} \times (TC_{ix} - 1)\} + II_o \times (TC_o - 1) \tag{4-36}$$

$$W_{ix} = \left\lceil \frac{L_{dx}}{II_{ix}} \right\rceil \times W_{dx} \tag{4-37}$$

$$W_i = \max \{W_{ix}\} \tag{4-38}$$

$$W_o = \left\lceil \frac{L_i}{II_o} \right\rceil \times W_i \tag{4-39}$$

$$\min L_o \ \text{s.t.} II_{ix} \geq RecMII_{ix}, \quad II_o \geq RecMII_o, \quad W_o \leq N_{PE} \tag{4-40}$$

$$\left. \begin{array}{l} W_i \to II_{ix,\min} \to L_{i,\min} \to II_{o,\min} \\ II_{ix,\min} \end{array} \right\} \tag{4-41}$$

表 4-2 记号含义说明

记号	含义
L	计算延迟
W	内核宽度
II	启动间隔
TC	循环次数
第一个下标 i	内层循环
第一个下标 o	外层循环
第一个下标 d	内层循环的数据流图
第二个下标 x	内层循环序号

为解决问题(2)，文献[65]设计了一种多步骤压缩方法，将超大内核压缩为几个较小的部分，可以很好地控制配置包的大小和编译时间。具体做法如图 4-43(d)～(e)所示，首先将外层循环内核(OLK)根据内层循环边界划分为几个段；然后从每个段中提取一个段内核(SK)，SK 包含若干内层循环的若干次迭代，SK 的高度 H_{SK} 取决于段的高度 H_s 与该段所包含的所有最内层循环启动间隔的最小公倍数的最小值，即 $H_{SK}=\min(H_s,\mathrm{LCM}\{II_{ix}\})$，如果 SK 包含不完整的内层循环内核，则应在 SK 中添加丢失的操作(图 4-43(e)灰色操作)以确保映射的完整性；最后，将 SK 按列再细化为几个段内核元素(SKE)。可见压缩之后，每个操作或内核由一个层次的多级索引表示。

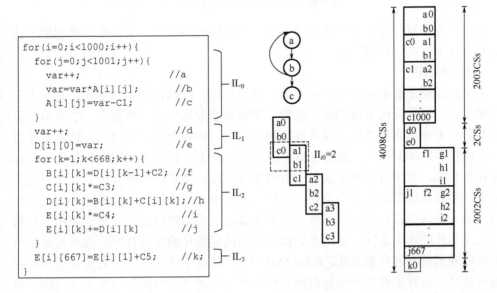

(a) 包含四个内层循环的不完美嵌套循环

(b) 第一个内层循环的 DFG 及其流水线

(c) 顺序连接各内层流水线得到的外层循环的执行时间

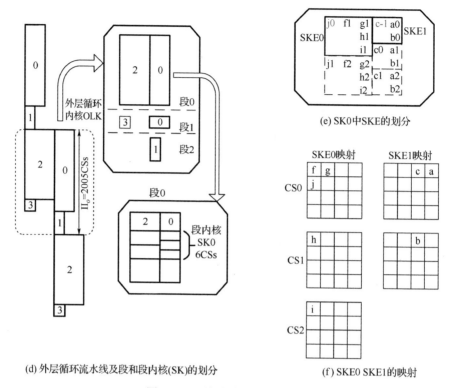

(d) 外层循环流水线及段和段内核(SK)的划分

(e) SK0中SKE的划分

(f) SKE0 SKE1的映射

图 4-43　两级软件流水线示例

综上，两级软件流水线更好地开发了嵌套循环的并行性，更加充分地利用了软件定义芯片丰富的计算资源。

3) 多面体模型

多面体模型是嵌套循环的一种方便、灵活且可表达的替代表示形式，是用于对嵌套循环代码进行优化变换的数学框架。多面体模型提供了一种抽象，它使用多面体的整数点来表示嵌套循环计算及其数据依赖性，将嵌套循环的每一次迭代实体看成一个虚拟多面体的格点，然后在这个多面体结构上，以循环代码执行性能等指标作为优化目标，使用仿射变换或者一般的非仿射变换使其转变成等价但是性能更高的形式。多面体模型的数学理论基础成熟，适用于复杂的循环结构变换。在软件定义芯片的完美嵌套循环映射中，也可以利用多面体模型进行编译。研究表明，分析软件定义芯片的约束条件，运用多面体模型来优化循环的并行性并完成映射是完美嵌套循环映射的一种有效方法。PolyMAP[66]是一种基于遗传算法的启发式循环转换和映射算法，该算法将循环映射问题转化为基于多面体模型的非线性优化问题，将循环的总执行时间(total execution time，TET)作为性能指标来指导映射。如图 4-44所示，对于完美的两层嵌套循环，原始迭代域(即每个语句所有执行实例的集合)是一个矩形，经过仿射变换得到一个平行四边形的迭代空间。将这个新的迭代域平铺到 PEA 上会比原始矩形迭代域获得更好的性能。

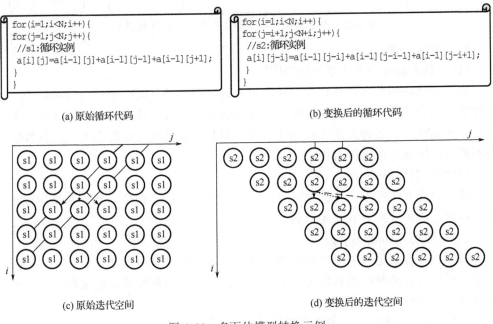

(a) 原始循环代码　　　　　　　　　　　　(b) 变换后的循环代码

(c) 原始迭代空间　　　　　　　　　　　　(d) 变换后的迭代空间

图 4-44　多面体模型转换示例

对于不完美的嵌套循环，可以使用合成变换等方式将其转化为完美嵌套循环，再应用 PolyMAP 等适用于完美嵌套循环的算法来进行高并行性的映射。

文献[67]对 PolyMAP 方法进行了进一步的改进，以解决现有循环流水线在处理嵌套循环时存在的硬件利用率较差、执行性能较低的问题为主要目标。使用仿射变换来简化嵌套循环流水线，同时结合多流水线合并方法，既可充分利用内部循环中的并行性来提高 PE 的利用率，又减少了外部循环携带的数据存储依赖性，进而减少内外层循环交替时的访存开销。将仿射变换参数和流水线 II 作为可变的参数纳入基于多面体模型的性能模型中以进行迭代优化。具体实现框架如图 4-45 所示，首先根据多面体模型生成对流水线有益循环转换的所有合法参数集，根据每个参数集，对嵌套循环进行仿射变换，生成可行的合并因子，合并因子用于将内层循环流水线进行合并，详细实现算法见文献[67]；然后对一系列候选的转换及合并嵌套循环进行性能评估，计算总执行时间并按照执行时间升序对所有候选对象进行排序；最后从候选列表的初始位置开始，依次进行布局布线以找到性能最佳的有效映射。该方法的关键是用仿射变换参数和合并因子作为参数对嵌套循环的执行时间进行多面体模型建模。可见，多面体模型在优化嵌套循环流水线时具有灵活性和有效性方面的优势，该模型可根据目标循环代码自适应地挖掘针对其源程序的最佳仿射变换参数。

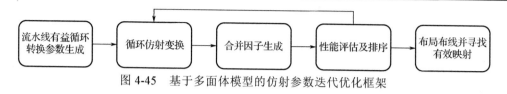

图 4-45　基于多面体模型的仿射参数迭代优化框架

4)其他循环变换方法

(1)非基本循环到基本循环转换[68]

非基本循环到基本循环转换方法将所有语句都移动到同一个最内层循环中，创建理想的嵌套循环。由于更改了源代码部分语句的位置，可能需要添加 if 语句来保证程序正确执行。这种方法比较简单直观，但是增加的操作可能会大大降低性能，得不偿失，因此适用范围有限。

(2)循环裂变(loop fission)

循环裂变方法将不完美的循环分割为几个完美的嵌套循环，当原始循环存在迭代依赖时，这种分割方式是无效的。

(3)循环切片(loop tiling)[69]

循环切片方法是一种很重要的循环优化技术，但是这种方法基于迭代级别的粒度来对循环进行映射，而软件定义芯片基于操作级别的粒度来映射源程序，因此这种方法不适合软件定义芯片。

(4)基于扁平化的不完美嵌套循环映射方法[70]

该方法将奇语句移至扩展的硬件去执行，不会影响内层流水线。然而，对于外层循环，仍然采用的是将多个内层循环流水线的 Epilog-Prolog 合并然后顺序执行的方法，因此外层循环并行性未得到充分开发，而且 PE 利用率仍然受限于最内层循环的内核，也未考虑内存访问开销。此外，这种方法不能使用不可裂变的同级内部循环来处理不完美的循环。

(5)一维软件流水线(single-dimension software pipelining，SSP)[71]

该方法是一种外循环流水线方法：在 SSP 中，选择嵌套循环中最"有利可图"的循环级别，并将其完全展开到单个循环中进行流水线处理，以便可以在最内层级别之外实现足够的重叠。它可以支持含奇语句的不完美嵌套循环，但是不能支持具有同级内部循环的不完美嵌套循环。此外，由于资源分配、数据传输和循环控制的复杂性，该方法也不适用于软件定义芯片。

3. CDFG 映射算法

保持原始程序的控制数据流图不变，将包含控制流和数据流的完整的 CDFG 结构映射到支持跳转和条件跳转指令以及轻量级的全局同步机制的软件定义芯片上[4]是一种处理非规则任务映射的有效方法。映射算法的输入分别是以 CDFG 表征的应用程序的高级抽象和软件定义芯片模型，如图 4-46 所示，其中，CDFG 表示为 $G=(V,$

E), V 是基本块的集合, $E \subseteq V \times V$ 是控制流的有向边的集合。CDFG 的每个结点是一个基本块(BB), 基本块表示为数据流图, 基本块中的边表示操作之间的数据依赖关系。基本块由一系列连续的语句构成, 其中控制流在基本块的开头进入而在结尾结束。基本块末尾的控制流受跳转(jmp)和条件跳转(cjmp)指令的支持。源程序及其对应的 CDFG 以及映射结果如图 4-47 所示。具体的映射过程是: 按照一定的顺序依次调度 CDFG 中的各个基本块, 基本块之间不会对同一时刻的硬件资源产生竞争, 因此每一个基本块可以独立使用前文提到的任意一种用于规则任务映射的算法在整个 PE 阵列上完成映射。

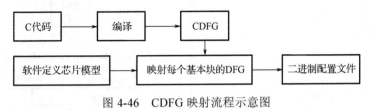

图 4-46　CDFG 映射流程示意图

需要考虑的问题是:

(1)同步问题。当执行流程从一个基本块跳到另一个基本块时, 软件定义芯片中的所有 PE 必须同时切换到下一个基本块的配置。

(2)基本块的调度顺序。对 CDFG 的遍历顺序影响变量的存储分配和生存周期, 合理的调度顺序会提高映射性能。常见的遍历方式有前向广度优先遍历、后向广度优先遍历、深度优先遍历以及随机遍历。通常, 前向广度优先遍历遵循了程序的执行顺序, 是一种较好的遍历方式。

(3)基本块之间数据传递问题。可以使用内存、全局寄存器和本地寄存器三种存储媒介来路由中间变量。使用内存来路由中间变量需要有高的带宽, 访存时间也较长。相比来说, 使用本地寄存器代价最低。由于在不同基本块中出现的同一个变量可能占据相同的寄存器, 还需要进一步考虑寄存器分配问题。

相比于典型的部分谓词、全谓词处理技术, 这种映射方法避免了不必要指令的预取和执行, 如表 4-3 所示, 在能耗方面具有显著优势, 适用于对功耗要求比较严格的应用领域, 如物联网。同时, CDFG 映射算法对控制流类型没有约束, 能够同时处理循环和分支, 支持复杂的跳转, 具有极大的灵活性, 可用于完整应用程序的映射。该方法将基本块的执行视为独立的, 每个基本块的映射独立完成且可占据整个 PEA, 每个基本块都可以使用最大的硬件资源, 增加了映射的灵活性。然而, 这种基于基本块粒度进行的调度, 会使得 PE 资源利用率较低, 因为一般一个基本块内的操作不足以覆盖整个 PEA, 而且逐个基本块调度也对基本块的执行顺序有严格限定, 没有考虑基本块之间的指令级并行性。此外, 当中间变量使用本地寄存器路由时, 操作及其源操作数可能会被布局到不同的 PE 上。这时, 会增加额外的路由

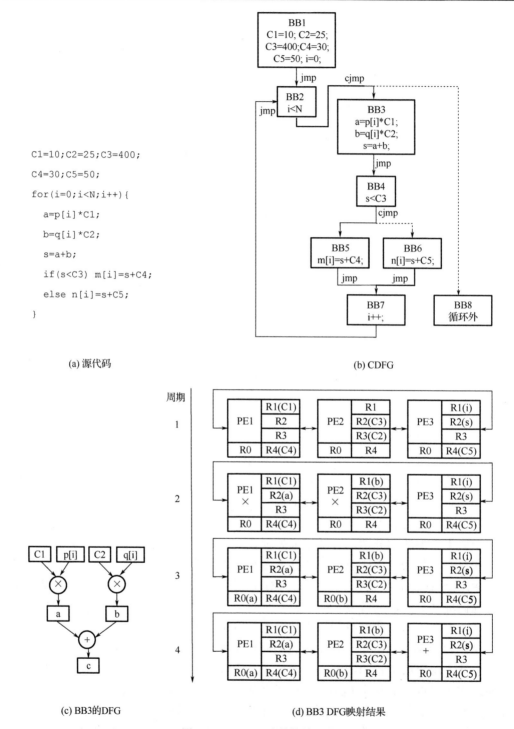

```
C1=10;C2=25;C3=400;
C4=30;C5=50;
for(i=0;i<N;i++){
    a=p[i]*C1;
    b=q[i]*C2;
    s=a+b;
    if(s<C3) m[i]=s+C4;
    else n[i]=s+C5;
}
```

(a) 源代码

(b) CDFG

(c) BB3的DFG

(d) BB3 DFG映射结果

图 4-47   CDFG 映射算法示例

来把源操作数送至目的操作所在的 PE，从而增大了延时，造成性能损耗。支持 CDFG 映射算法的硬件需要支持两条附加指令 jmp 和 cjmp，每个 PE 可以根据偏移计算下一个基本块首指令的地址，硬件结构相比于常见的软件定义芯片中的 PE 更为复杂。因此，这种方法以增加硬件的复杂度为代价，实现了灵活的控制流映射。

表 4-3　分支指令预取和执行次数对比

指令预取				指令执行			
部分谓词	全谓词	双发射单执行	CDFG	部分谓词	全谓词	双发射单执行	CDFG
$3n$	$2n$	n	n	$3n$	n	n	n

　　综上所述，嵌套循环和分支这些非规则任务在软件定义芯片上映射的优化问题在近十年来吸引了很多国内外研究机构进行了广泛而深入的研究。这是因为实际应用程序中数据密集型代码一般是嵌套循环，而循环内部不可避免地存在分支结构。当将这整个数据密集部分卸载到软件定义芯片上执行时，分支和嵌套循环引发的动态跳转会制约程序的整体性能，因此解决非规则任务映射问题是必要的。提高非规则任务映射性能的关键是开发更多的指令级并行性，这就需要映射算法充分利用好软件定义芯片的结构特性：①处理单元资源丰富，允许大的流水线内核，支持的并行度高；②PE 直接互连，数据可以在"生产者"和"消费者"之间直接传递，不需要经过中间寄存器或内存；③一次配置多次执行，配置包大小不随循环迭代次数增加而增加等。实现含复杂控制流的非规则任务映射，需要在编译层和硬件层上协同设计，既要通过优化调度映射算法来最大限度地探索并行性，保持控制流限定下程序执行的正确性，又要扩展硬件 PE 的结构，使之能够提供算法中一些细粒度控制信号在存储和路由时所需的资源。软硬件协同优化，可以在编译时间和硬件复杂度这两个指标之间进行很好的折中，实现最好的性能。

4.3　动态编译方法

　　集成电路规模的不断增大以及数据密集型应用（如人工智能、生物信息、数据中心、物联网等）对计算能力的需求，驱使着在一个芯片上集成的计算资源变得越来越丰富，这使得软件定义芯片静态编译中映射问题的规模呈指数级增长。为解决此问题，有人提出聚类算法和分析放置技术，用分而治之的思想降低编译算法的时间开销，以提高可扩展性。因此，静态编译的目标硬件必须被限制在一个可承受的规模之内，大于此规模的部分将会被划分成多个子问题进行求解。为了提高硬件资源的利用率和实现多线程处理，软件定义芯片可以利用其动态可重构特性而采用动态编译方法。动态编译方法以硬件虚拟化技术为基础，利用在离线状态下就已经编译好的配置信息流或者指令流，在运行时将静态编译结果转换为符合动态约束的动态配置信息流,以避免动态转换过程的时间开销过大。因此,动态编译方法可以分为两类:一类是基于指令流的配置信息动态生成方法;另一类是基于配置流的配置信息动态转换方法。本节首先介绍软件定义芯片的硬件虚拟化技术,然后介绍两种动态编译方法。

4.3.1　硬件资源虚拟化

硬件虚拟化的概念始于 1960 年,是一种逻辑上划分计算机系统资源的方法,最初是为了描述虚拟机(IBM M44/44X)。虚拟化给用户提供了一个抽象计算平台,计算元件在虚拟的硬件上运行,以此在软件层面实现资源的动态分配和灵活调度。例如,NVIDIA 提供了虚拟 GPU[72],可以在数据中心灵活部署,具有实时迁移、优化管理和监控、在单个虚拟机中使用多 GPU 的特性。理论证明,虚拟化可以有效提高系统利用率,并且能够适应大多数大数据应用呈现的动态负载特性和资源可变性。如今人们对虚拟化的需求日益增加,其中云计算就是虚拟化技术的一个典型例子。

云计算是一种基于互联网的计算方式,如今已经成为一种新的计算范式。对于云计算,虚拟化是一项必不可少的技术,通过将硬件资源虚拟化,可以实现用户之间的隔离、系统的灵活可扩展,提升安全性,使得硬件资源可被充分利用。云计算中最常用的虚拟化技术是服务器虚拟化。服务器虚拟化是指将一台计算机虚拟为多台虚拟计算机(virtual machine, VM),通过软硬件之间的虚拟化层实现硬件与操作系统的分离,该虚拟化层称为虚拟机监视器(hypervisor)或虚拟机管理程序(virtual machine manager, VMM)。通过动态分区和调度,虚拟化层使得多个操作系统实例可以共享物理服务器资源,每个虚拟机都有一套独立的虚拟硬件设备,且都安装有独立的客户操作系统(guest OS),可以在上面运行用户的应用程序。

Docker 容器技术[73]是云计算中另一种常用技术。Docker 是一个开源的应用容器引擎,允许用户将操作系统中的应用以及依赖包单独包装成一个容器,这样可以提高交付应用的效率。Docker 与 VM 类似,但 Docker 是操作系统级的虚拟化,VM 则是硬件级的虚拟化,相比来说 Docker 更灵活高效。下面介绍几种主要的硬件虚拟化技术。

1. GPU 虚拟化

GPU 具有数千个计算核心,可以并行、高效地处理工作负载,通过许多并行运算单元,其速度比 GPP 快很多。GPU 虚拟化技术可以让多个客户端的虚拟机实例共享同一块或多块 GPU 进行运算。然而,由于 GPU 架构不是标准化的,而且 GPU 供应商提供的架构对虚拟化的支持程度有很大的不同,因此传统的虚拟化技术不能直接应用。由于 GPU 结构复杂,相比 GPP 技术限制更多,因此直到 2014 年才出现了两种针对主流 GPU 平台做硬件辅助的全虚拟化方案:基于 NVIDIA GPU 的

GPUvm 和基于 Intel GPU 的 gVirt。GPU 虚拟化仍然是一个具有挑战性的问题，下面简述 GPU 虚拟化技术的几种类型[74, 75]。

1）API 转发（API remoting）

这种方法在较高层次上对 GPU 进行虚拟化。由于 GPU 供应商不会提供他们的 GPU 驱动的源码，所以很难像虚拟化磁盘等硬件一样在驱动层对 GPU 虚拟化。API 转发为客户端操作系统提供一个与原始 GPU 库具有相同 API 的 GPU 封装库（GPU wrapper library）。这一封装库拦截来自应用程序的 GPU 调用（如 OpenGL、Direct3D、CUDA、OpenCL 的调用），拦截到的调用被转发到主机操作系统中执行，处理完成的结果再返回给客户操作系统。然而，API 转发受限于平台，如 Linux 系统的主机就不能执行 Windows 客户机转发过来的 DirectX 命令。同时 API 转发会引起大量的上下文切换，会导致比较大的性能损失。

2）半虚拟化和全虚拟化（para/full virtualization）

全虚拟化完全模拟了整套硬件，为客户操作系统提供与实际硬件相同的环境；半虚拟化在全虚拟化的基础上修改了一些客户操作系统中的内容，额外添加一个 API 来对客户操作系统发出的指令进行优化。如今一些 GPU 模型的架构文档已经被供应商公开或可以通过逆向工程得到，因此基于这些架构文档可以在驱动级实现 GPU 虚拟化。其中半虚拟化修改了客户机中的自定义驱动程序，以便将敏感操作直接交付给主机来提高性能，而全虚拟化由于模拟了完整的 GPU，所以不再需要这一步骤。

3）基于硬件支持的虚拟化（hardware-supported virtualization）

在这种方法中，客户操作系统可以通过供应商提供的硬件扩展功能直接访问 GPU。这种 GPU 直通访问是通过将 DMA 和中断重新映射到每个客户操作系统实现的。Intel VT-d 和 AMD-Vi 均支持这种机制，但它们不支持在多个客户操作系统之间共享一个 GPU。NVIDIA GRID 解决了这一限制，并在针对云环境的 NVIDIA GPU 中允许多路复用。

2. FPGA 虚拟化

由于可编程性、高性能等优势，近年来许多云服务提供商都使用 FPGA 提供云服务，如亚马逊、阿里巴巴、微软等公司。与 GPU 相比，FPGA 加速器为深度神经网络（DNN）推理任务提供了高能效和高性能的解决方案。在传统的 FPGA 开发模型中，使用者通常使用 HDL 进行建模，然后通过开发工具将硬件模型映射到 FPGA 上，最终生成可以运行的 FPGA 映像，这就导致 FPGA 只能由单一用户开发和使用。在一个应用对资源需求不大而且不需要连续运行的情况下，FPGA 的大部分硬件资源都会闲置，这使得 FPGA 不能得到充分利用。因此，需要基于虚拟化的 FPGA 来满足实际应用中多客户端和动态负载场景。多伦多大学的 Stuart Byma 等通过 OpenStack 在多个 FPGA 之间提供了部分可重构区域作为云计算资源，允许用户像启动虚拟机一样启动用户设计的或者预先定义的通过网络连接的硬件加速器。IBM中国研究院的陈非等提出了将 FPGA 集成到数据中心的一般性框架，并基于OpenStack、LinuxKVM、XilinxFPGA 完成了原型系统，实现了多虚拟机中多进程的隔离、精确量化的加速器资源分配和基于优先级的任务调度。

通过虚拟化技术对 FPGA 进行逻辑抽象，可以一定程度上提高 FPGA 的开发效率，更好地利用 FPGA 的逻辑资源，方便 FPGA 的大规模部署和应用，并且使顶层用户不必太多关注 FPGA 硬件逻辑的实现方式与细节。关于 FPGA 的虚拟化研究正在解决的两个问题是抽象化和标准化，这两个问题是将 FPGA 集成到操作系统的关键。下面简述几种主要的 FPGA 虚拟化技术实现方法。

1) 虚拟化层

虚拟化层(overlay)是一层连接 FPGA 硬件层和顶层应用的虚拟可编程架构。使用虚拟化层的主要目的是为上层用户提供一个他们更为熟悉的编程架构与接口，便于他们通过 C 语言等高级语言进行编程，不需关心具体电路结构，由此实现了对底层硬件资源的抽象和虚拟化。使用 CGRA 作为虚拟化层可能是 FPGA 抽象的有效解决方案[76, 77]，由此实现的敏捷开发可以比 HLS 快几个数量级。并且由于 CGRA 动态重配置的特点，CGRA 虚拟化层比供应商提供的 CAD 工具有更高的灵活性。另外，由于虚拟化层提供的逻辑处理单元或软核处理器通常与底层 FPGA 硬件无关，因此上层设计可以方便地在不同 FPGA 架构上移植。

2) 部分重构与虚拟化管理器

部分可重构是指将 FPGA 内部划分出一个或多个区域，并在运行过程中单独进行编程和配置，同时不影响 FPGA 中其他部分的运行。部分可重构使得 FPGA 在硬件层面直接进行多任务的切换。通过部分重构技术实现 FPGA 虚拟化的方法通常都需要引入额外的管理层。与虚拟机监视器类似，管理层对虚拟后的 FPGA 进行各类资源的统一管理与调度，如 catapult[78]项目中的 Shell 层等。

3) 虚拟硬件进程

虚拟硬件进程中包含管理硬件资源的执行和调度的抽象概念。虚拟硬件进程根据资源情况被分配给相应的执行单元，这一过程需要标准软件 API，硬件接口和协议以及统一的执行模型。FPGA 根据功能不同有两种执行抽象。如果 FPGA 作为加速器，那么它可以作为带有驱动的从设备被处理器控制。文献[79]和[80]讨论了这种FPGA 加速器的标准接口和库设计。这类应用十分常见，许多商用 FPGA 的供应商给出了多种配套的工具链用于支持该类应用。如果 FPGA 作为与 GPP 等同的处理器，那么该架构可以抽象为一系列硬件应用，这些硬件应用与软件无关，并可以与软件应用通过通信和同步的方式实现交互。若软、硬件应用的通信采用了消息传递机制，则称这个硬件应用为硬件进程[81]；若采用的是耦合的内存共享机制，则称这个硬件应用为硬件线程。

在进行虚拟硬件进程的资源管理时，由于多数 FPGA 采用岛式架构，因此一个任务/进程/线程只能放置在一个岛上，这样有助于它们的挂起和恢复。文献[82]则提出为提高硬件利用率，可以使用更细粒度的网格结构，使得一个线程可以同时使用多个空闲网格。

4）标准化

标准化需要有一个业界普遍接受的统一解决方案，可以使得可重构计算获得更好的可移植性、可重用性和开发效率。目前已经有一些商业公司，如 ARM、AMD、华为、高通和 Xilinx 参与到了通用标准的制定中，已有的成果有 CCIX[83]和 HSA Foundation[84]等。

总体来说，FPGA 虚拟化技术目前仍在发展初期，是工业界和学术界研究的热点。

3．软件定义芯片虚拟化

由于 CGRA 是目前最优秀的软件定义芯片实现方式，下面将以 CGRA 为例讨论软件定义芯片的虚拟化技术。CGRA 所采用的可重构计算是一个新兴的计算范式，在研究和实际应用中都有体现，使得新的灵活计算体系结构成为可能，但也存在一些挑战。首先是生产力的差距：设计硬件不同于编写软件，不论是基本的方法论还是执行设计迭代步骤所需的时间都有显著不同：软件的编译速度非常快，而硬件的综合则是一个非常耗时的过程。这种差距阻碍了可重构计算的快速扩展。CGRA 的底层结构具有非常多样的设计和开发环境，这限制了 CGRA 的易用性。而虚拟化是该问题的一个有效解决方法。虚拟化可以使得 CGRA 的指令调度和映射过程对程序员透明，因而程序员不必考虑具体硬件结构。

1）虚拟化的挑战

CGRA 虚拟化与技术相对成熟的 FPGA 虚拟化非常相似，但研究却少很多。这是由于 CGRA 的软硬件设计还存在一些问题：缺乏广泛的商用产品、公认的基础研究平台和编译系统、共同的评估基准以及公认的架构模板和硬件抽象。例如，有些 CGRA，如 ADRES，仅支持基于 PE 阵列的重新配置；而 PipeRench[85]等 CGRA 支持基于 PE 行的重新配置，其中每个 PE 行是流水线的一级；TIA 等则支持基于 PE 单元的重新配置，在 PE 之间存在许多通信信道，如共享寄存器堆、连线开关和 FIFO。因此，很难对不同的架构（如外部接口、存储系统、系统控制方法、PE 功能以及互连）进行客观的比较，架构设计存在多样性和争议性，这是 CGRA 虚拟化面临的一个重大挑战。

另一个挑战在于编译，CGRA 主要使用静态编译来决定计算和互连资源的使用情况，因此很难去动态调度那些执行顺序和同步通信已经确定的配置。

2）虚拟化方法和可能的方向

如图 4-48 所示，CGRA 虚拟化方法提供一种统一的模型，包括标准化接口、通信协议和执行抽象。基于此模型和输入应用程序,静态编译器生成适合此系列 CGRA 的虚拟配置。之后,虚拟配置被优化并在线或离线映射到特定的物理 CGRA 上。此外,生成的配置被发送到系统调度程序,系统调度程序根据资源利用率和状态确定运行时任务的放置和逐出。虚拟化有助于通过统一模型来使用 CGRA,从而可以轻松地将 CGRA 合并到操作系统中。虚拟化还有助于 CGRA 设计,因为设计人员可以生成适合共同开发环境的任何依赖于应用程序的 CGRA。

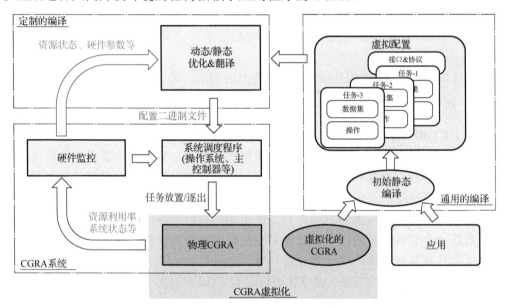

图 4-48　CGRA 虚拟化及支持的系统

　　CGRA 虚拟化的实现方法一直备受争议,下面列举几种 CGRA 虚拟化可能的发展方向。

　　(1)抽象和标准化。

　　CGRA 未来的主要挑战之一是为不熟悉基本概念的用户提供更高的设计生产力和更简单的方法来使用可重构计算系统。实现这一点的一种方法是提高抽象级别和标准化。提高抽象级别方法的一个例子就是 HLS,即在高层设计硬件,就好比在软件开发中引入高级语言代替汇编语言,这样可以大大简化设计过程。标准化是指通过提供定义好的一套接口和协议使得开发者能根据这些统一的模型来设计硬件。标准化可以在不同层次进行:可以在硬件级别定义一套标准化的接口和协议(参见 CCIX consortium[83]);也可以在高层,通过在操作系统级别上提供标准化的接口[86],使得用户和开发者都可以使用一个统一的视图,而不需要考虑硬件上的细节。

　　以下是 CGRA 集成到操作系统中考虑和实现的案例。操作系统的两个主要任务是抽象和管理资源。抽象是一种强大的机制,可以以通用的方式处理复杂和不同的硬件任务。进程是操作系统最基本的抽象之一，进程就像是一个在虚拟硬件上运行的应用程序；同时线程允许不同的任务在这个虚拟硬件上并发运行，实现任务级并行性。为了允许不同的进程和线程协调工作，操作系统必须提供通信和同步方法。除了抽象，底层硬件组件的资源管理也是必要的，因为由操作系统提供给进程和线程的虚拟计算资源需要在空域和时域上共享可用的物理资源(处理器、内存和设备)。基于 Xilinx XC6200 的 Brebner(1996)[87]是最早的一批实现，Brebner 提出了"虚拟硬件"的概念，并将可重构部分命名为可交换逻辑单元。有一种做法是针对可重构计算提供一种加速器 API 框架，如 HybridOS(2007)[88]用一些标准化的 API 扩展了Linux 以此提供一种加速器虚拟化，Leap(2011)[79]为 FPGA 提供了基本的器件抽象和一套标准化的 I/O 和内存管理服务。另一种做法是提供真正的操作系统，如BORPH(2007)[81]、FUSE(2011)[89]、SPREAD(2012)[90]、RTSM(2015)[91]等，基本上所有系统都采用基于岛式的硬件架构。然而，目前还缺少某种标准化的测试套件以一种完备的方式评估可重构计算操作系统。另外，操作系统的安全性和标准化(可移植性)也有很大提升空间，在动态和部分重构也是如此。

另外，由于 CGRA 的标准化软件 API、硬件接口和协议与 FPGA 十分相似，CGRA标准化的实现并不困难，但是如何使研究者和用户能够普遍认可并遵循这一标准是一个很大的挑战。一些 CGRA 已经具有标准软件 API，如配置信息表达的特殊驱动和库文件。大多数 CGRA 都属于这一类，如 MorphoSys、ADRES 和 XPP。而一些CGRA，如 TIA 和 TRIPS，可以用作并行计算处理器，等同于操作系统中的 GPP。它们可以抽象为硬件应用程序，通过标准的硬件/软件通信和同步与 GPP 进行交互。也有一些 CGRA 作为 GPP 的替代数据通路，如 DySER 和 DynaSpAM[9]，这些 CGRA可以在较低层次抽象为指令集架构扩展。

(2)虚拟硬件进程。

虚拟硬件进程在 CGRA 上相对来说容易实现，因为 CGRA 具备粗粒度资源，而粗粒度资源有利于动态调度。

虚拟化可以掩盖不同 CGRA 的结构差异。一些 CGRA，如 MorphoSys 和 ADRES，是静态执行的，即操作的位置和执行时间是在编译时确定的。而另一些 CGRA 则是动态执行的，例如，KressArray 使用令牌来控制执行，BilRC 采用一种触发执行模型，PE 通过在执行时触发来静态配置和动态调度。参考文献[92]中指出，与静态调度相比，动态调度可以提高 CGRA 30%的性能，并且面积开销约为静态调度的 8.6%。弹性 CGRA[93]采用弹性电路的思想，即数据路径上的操作调度不是固定的，而是由操作数的准备程度动态决定的。它是一个运行起来像异步电路的同步电路。其中有两种互连电路，一种用于处理数据，另一种用于控制操作流程。这两种电路被无缝映射到弹性 CGRA 上。只需要少量的信息，如组件的延迟和拓扑即可为弹性 CGRA创建配置信息。当映射到不同的弹性 CGRA 时，它使代码具有二进制兼容性。

PipeRench 和 Tartan[94]为其编译器提供了虚拟化执行模型：PipeRench 结构通过流水线重新配置完成虚拟化流水线计算，这使得即使配置从未完整存在于架构中，也可以执行深度流水线计算。Tartan 通过虚拟化模型可以使用相当多的硬件来执行整个通用应用程序。TFlex[95]是一个可组合的 CGRA，其 PE 单元可以任意聚合在一起，形成一个更大的单线程处理器，且该线程可以放置在最优化数量的 PE 上，并在最节能的点上运行，由此为操作系统提供了动态且高效的 PE 级资源管理方案。Pager 等[96]提出一种用于多线程 CGRA 的软件方案，它将传统的单线程 CGRA 作为多线程 GPP 的多线程协处理器。这种方法可以在运行时转换配置二进制文件，使得该线程占用更少的页面(页面类似于 FPGA 的岛)，由此提供了动态页面级资源管理方案，并使得 CGRA 可以作为多线程加速器集成到多线程嵌入式系统中。Park 等[97]则提出了一种特定 CGRA 上的虚拟化执行技术，它可以在运行时根据不同的资源和启动时间对静态模块化调度内核进行转换。

(3)简单且有强大可编程性的有效虚拟化层。

虽然 CGRA 可以作为 FPGA 的虚拟化层且可提高其配置性能，但 CGRA 的有效虚拟化层尚未得到研究。我们期望 CGRA 的虚拟化层可以具有简单但强大的可编程性。

总体而言，当前的 CGRA 虚拟化技术主要用于促进静态编译，未来需要推出更多用于操作系统和动态资源管理的 CGRA 虚拟化。虚拟化是 CGRA 被广泛应用的第一步，也是最重要的一步。虚拟化的进一步发展迫切需要 CGRA 研究界的持续开发和合作。

4.3.2 基于指令流的动态编译

正如 4.3.1 节所述，目前软件定义芯片的硬件架构多种多样，业界并没有一个统一的标准。当软件定义芯片的硬件架构发生变化时，或者软件定义芯片硬件架构在物理上没有发生任何变化，但是硬件虚拟化技术通过软件的方式虚拟出各种不同的硬件架构时，为了更好地使用软件定义芯片，程序员不得不想办法重新设计编译器后端，或者更改源代码使其适应新的软件定义芯片硬件架构。然而，这两种做法面临的问题是：每当目标软件定义芯片的体系结构被开发者改进时，现有的应用将无法适配新的底层硬件。因此，对于每一次软件定义芯片硬件架构的迭代升级，工程师都需要重新设计或重新编译产生适用于新架构的机器代码。这样一来，新的硬件特性无法被用户快速、有效地使用。而二进制翻译(binary translation，BT)[98]可以很好地解决上述问题。下面回顾几个早期 BT 应用的例子：Rosetta[99]是苹果公司为了让在 PowerPC 平台上开发的程序能够在英特尔平台的麦金塔电脑上运行的二进制翻译软件；FX!32[100]是为原本在 x86 系统编译的程序，能够在运行 Windows NT 操作系统的 Alpha 处理器中运行；Transmeta Crusoe[101]处理器是一款专门用于将 x86

代码翻译为 VLIW 机器语言的处理器；DAISY[102]是 IBM 为了将 VLIW 与流行的体系结构兼容设计的，在运行时进行二进制翻译的系统。

1. 基本概念

根据执行时间的不同，BT 可以分为静态二进制翻译(static binary translation, SBT)以及动态二进制翻译(dynamic binary translation，DBT)。SBT 技术在执行代码之前将面向一种机器的代码转化为另一种机器代码，而 DBT 能够将正在运行的机器代码在运行时进行动态分析进而将其翻译为目标机器支持的机器代码。硬件虚拟化技术实际上是在运行时根据目标应用特点及其占用资源的情况，由软件定义芯片中的资源管理器虚拟出一个新的硬件架构。因此，相比于 SBT 技术，DBT 技术更适合在软件定义芯片中应用。DBT 通常表现为一个系统，该系统监视、分析和转换部分二进制代码，以使其可以在另一个体系结构上执行。它主要的优点是不需要编程人员付出额外的努力，不会破坏软件开发过程中使用的标准工具流。

DBT 技术具有悠久的历史，该技术从诞生到现在已经在诸多的硬件架构得到了应用。有些研究者为了进一步提高应用程序运行的速度，将原本在 GPP 上执行的指令通过 DBT，将部分代码动态翻译到协处理器(coprocessor)或者加速器(accelerator)上执行。表 4-4 列举了一些 DBT 技术在不同硬件架构上的应用。

表 4-4　一些 DBT 技术举例

DBT 名称	发表时间	目标机器
DIF[103]	1997	VLIW
DAISY[102]	1997	VLIW
Transmeta[104]	2000	VLIW
CCA[105]	2004	1-D CGRA
Warp[106]	2004	FPGA
DIM[107]	2008	一维 CGRA
GAP[108]	2010	一维 CGRA
MS DBT[109]	2014	交叉开关 CGRA
DynaSPAM[9]	2015	二维 CGRA
DORA[10]	2016	二维 CGRA

目前主流的 DBT 的原理都是识别并加速一个程序踪迹(trace)。踪迹是由一个或多个基本块组成的程序块，踪迹内可以存在分支但不能存在循环。被加速踪迹的选择应该是执行频率很高的一条程序路径，这样才最大化 DBT 带来的性能收益。DBT 通常可以分为踪迹检测、踪迹映射、踪迹卸载三个阶段。图 4-49 展示了 DBT 的运行机理。踪迹检测阶段识别需要被加速的热点踪迹，通常根据程序在 GPP 上运行的评估结果，用计数器统计程序执行踪迹的频次，若某一个踪迹执行的频次高于预设

阈值，则认为其是热点踪迹，将会被缓存到 T-Cache 中，以便程序在下一次运行到
该踪迹时能够快速取出所有指令并映射到计算阵列上。踪迹映射阶段不断检测 GPP
运行过程的 PC，若识别到 PC 能够匹配到 T-Cache 中已缓存的地址，并且分支预测
器也能够匹配热点踪迹，则将会动态地将热点踪迹中的所有指令映射到处理阵列并
缓存生成的配置信息。踪迹卸载是在完成动态映射之后，GPP 将工作负载卸载给处
理阵列。踪迹的输入变量通过寄存器的方式传递给处理阵列，并由处理阵列加速执
行，最后将输出结果返回给 GPP。

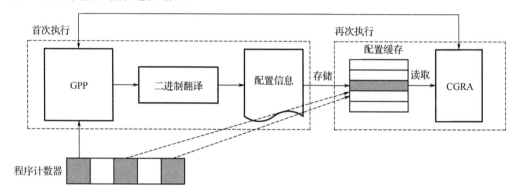

图 4-49　DBT 的运行机理

因为 CGRA 的优势就在于能快速完成配置信息的切换，这也就为快速切换工作
负载提供了可能，DBT 技术则将这种可能变成了现实，这样的应用场景在如今屡见
不鲜，具体可以参考本书后面几章的应用部分；除此之外，SBT 不能跨硬件代兼容，
而 DBT 则可以实现这一目标。而为了得到上述优势，DBT 需要在映射优化、运算
周期等方面进行一定的取舍，或者通过更为复杂的优化策略来尽量向 SBT 的编译性
能靠拢。

动态编译最大的特点就是能够迅速得到配置信息，或者说能够实时地将候选区
（candidate region）的高级语言代码转换成符合硬件架构接口的比特流，进而完成
CGRA 的配置并进行数据运算。前几节的内容详述了一些得到优化映射的方法，但
在动态映射当中，由于目标是快速得到映射结果，因此类似 ILP 这种耗时颇长的算
法显然就不合适了。在面对映射这一问题时，最简单的动态编译策略就是按指令顺
序进行映射，将任何候选指令都直接映射到前一条指令相邻的空闲硬件资源上，这
样看似粗糙的方案其实好处颇多，尤其是对于 PE 数量较多的大型 CGRA 结构。

2. 动态编译实现方法

下面介绍一种实际使用的贪心方式的动态映射方法，该方法相当于从算法层面
减小编译过程中映射部分的时间。对于某条指令，首先选择离各个输入端口中心点
最近的计算单元作为初始点，并尝试找到一个可行的该输入和该计算单元之间的路

由，如果不存在这样的路由，就切换到相邻的计算单元进行映射，再次寻找可行路由，直到遍历了所有可行的计算单元，或者找到合适的路由线路。该算法并不考虑输出接口的问题，因为当需要考虑输出时，其会作为下一次映射问题的输入处理。

如图 4-50(a) 所示，对于一个 4×4 的 CGRA 阵列，当用贪心算法遍历处理一个 2 输入算子的映射问题时，首先找到其中的点单元，然后根据与中点单元的距离对附近的计算单元进行排序，图中只标出了 1~5 的顺序，其实所有可行的计算单元都需要被检测。图 4-50(b) 中就给出在检测到 3 号计算单元时就已经发现了可行路由结果，该结果随即被用作实际映射的方案。不难看出，如果在 4 号或者 5 号单元进行计算，路由资源的调用将会更合理，但为了更快得到映射结果，这些更优结果被忽略了。

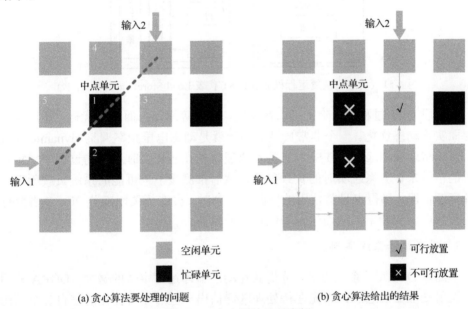

(a) 贪心算法要处理的问题   (b) 贪心算法给出的结果

图 4-50 贪心算法处理实例

下面再介绍一种从硬件层面优化硬件资源拓扑结构从而降低映射复杂度的方法。Ferreira 等[109]提出了一种 CGRA 动态模调度的 DBT 机制。动态模调度的运行机制如图 4-51 所示，CGRA 协处理器从寄存器堆中复制数据，在热点代码块执行完毕之后再将返回结果写回寄存器中。监视器模块在 GPP 运行过程中检测热点循环代码块，二进制转换模块采用软件方法实现，并在动态运行时生成 CGRA 的配置信息。监视器采用有限状态机的实现方式，其目标是动态识别指令中的循环代码块。当检测到一个循环时，该方法首先判断此代码中的指令与 CGRA 是否兼容，然后将代码块转换为 CGRA 配置信息，并存储在配置存储器中。此段代码后续再次被执行时，就可以直接调用 CGRA 执行，以达到加速的目的。该机制对 CGRA 的结构进行了简化，它只适用于采用交叉开关形式互连的 CGRA。因为在使用交叉开关互连的 CGRA 中，任意一个 PE 都可以访问任意一个 PE 的输出，所以对算子的放置方式要求很低。因此，DBT 算法可以实现很低的复杂度。该方法以拓扑顺序(topological order)遍历 DFG 中的每一个顶点，对于不平衡的 DFG，动态模调度算法会在运行时插入寄存器以平衡分支路径。

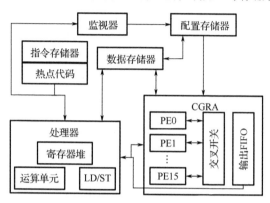

图 4-51　动态模调度运行机制(LD/ST 代表 Load/Store，即加载/存储)

在实现 DBT 过程中，除了可以在调度、映射等编译方面进行优化，还可以在硬件层面实现动态优化。一个非常典型的例子就是动态电压频率调整(dynamic voltage and frequency scaling，DVFS)，其基本原理就是在芯片实时运行的过程中采集负载相关的信号来计算系统实时的负载参数，然后推测接下来可能的系统负载所需要的硬件资源情况，当得出目前使用的资源有冗余时，会选择关闭部分 PE，或者降低系统的负载电压和频率，从而达到降低功耗的目的。

3. 动态编译系统举例

下面以 DORA[10]系统为例，分析其在动态编译过程中做的努力。DORA 采用了乱序发射处理器的思想，首先在待处理区评估出一些潜在可优化的来自各个源的代码，然后根据所选择的硬件结构，在映射前和映射后分别进行相对应的优化方案。此处比较合适的结构是 DySER 以及其他对于特殊指令采用动态寄存器的硬件结构，需要注意的是，DORA 对 DySER 的优化方案对其他结构不一定是最优的，如很多结构需要进行模调度，而以 DySER 为代表的一些结构则由于其乱序核结构以及支持流水执行的集成方案隐了模调度这一步骤。

表 4-5 列出了 DORA 动态编译方案相比于 DySER 静态编译系统，采用的优化名称、性能比较以及翻译时间的变化。可以看到其采用的大量方案其实与原编译系统性能相近，但也引入了一些 DySER 静态编译系统未采纳的方案，部分方案甚至更优。与此同时一些优化方案大量减少了翻译时间。表中数据是单独采用某项优化所减少的时间，在采用组合优化时相应的减少量有所不同。

表 4-5　优化策略的比较

优化名称	性能比较	减小的翻译时间/%
循环展开	相近	64
循环存储转发	相近	0
循环加深	相近	5
Load/Store 向量化	相近	9
累加器提取	相近	−4
无用码消除	已有	0
操作合并	已有	0
实时常数插入	未实现	0
动态循环转化	未实现	0
CGRA 放置	更优	—

下面以图 4-52(a)中的原码为例简要介绍表 4-5 中的各个方案,由于各个方案在使用时间和空间上有所不同,可以简单归为以下几类。

1)映射前处理

当协处理器接收到一个中断,并发现一个新的可执行的程序踪迹时,它就会将踪迹缓存中的内容读取到本地存储中。大多数情况下,被大量复用的程序踪迹都会是循环体基本块(looping basic block)。若踪迹缓存中同时有多个基本块,则编译器会根据复用的可能性来进行排序,依次进行处理。在得到需要处理的基本块之后,首先辨别出数据依赖以及控制依赖关系,在执行映射之前各类指令都会有相应的优化策略。

优化方案 1:规约变量的识别和排除。

通常来说,某个规约变量(或者寄存器)只会在一定次数的循环迭代之后进行更新,可以方便地监控循环执行过程。规约变量的更新最好不在 CGRA 上执行。与此同时,定时修改规约变量的代码就可以删去了。在本例中即对应于"add $0x1,%rax"的指令被删除了。

优化方案 2:循环展开。

许多循环体代码并没有完全使用所有的硬件资源,所以为了提高计算速度,会对原码进行循环展开。在本例中,可映射到计算单元上的有两个加减类指令和一个乘除类指令,所以如果硬件结构上有 4 个可映射的计算单元,那么其中一个计算单元可用作循环展开,即执行下一个迭代周期的内容。图 4-52(b)即循环展开后的代码,在很多情况下仅从原码不能得到循环需要迭代多少次,所以为了得到正确的循环结果,在循环展开时需要注意保留所有展开的数据,并适当修改循环结束对应的代码以得到正确的迭代次数。

```
begin:      //源码
    movss (%rcx, %rax, 4), %xmm0
    subss (%r8, %rax, 4), %xmm0      *
    add $0×1, %rax                   *
    cmp %eax, %ebx
    mulss %xmm0, %xmm0               *
    addss %xmm0, %xmm1               *
    jb begin
```

(a) 源代码

```
begin:
    movss (%rcx, %rax, 4),%xmm0
    movss (%r8, %rax, 4), %tmp
    subss %tmp, %xmm0               *
    mulss %xmm0, xmm0               *
    movss %xmm0, %atmp              *
    ...
    mulss %xmm0, %xmm0              *
    addss %xmm0, %atmp             *
    addss %atmp, %xmm1
    jge begin
```

(c) 累加器转换

```
begin:
    movss (%rcx, %rax, 4),%xmm0
    movss (%r8, %rax, 4), %tmp
    subss %tmp, %xmm0               *
    mulss %xmm0, xmm0               *
    addss %xmm0, %xmm1             *
    movss (1%rcx, %rax, 4),%xmm0
    movss 1(%r8, %rax, 4), %tmp
    subss %tmp, %xmm0              *
    add $0x2, %rax
    mov %ebx, %tmp
    sub %eax, %tmp
    cmp $2, %tmp
    mulss %xmm0, %xmm0             *
    addss %xmm0, %xmm1            *
    jge begin
```

(b) 循环展开

```
begin:
    dmovss (%rcx, %rax, 4), I2
    dmovss (%r8, %rax, 4), I4
    dmovss 1(%rcx, %rax, 4), I6
    dmovss (1%r8, %rax, 4),  I8
    add $0x2, %rax
    mov %ebx, %tmp
    sub %eax, %tmp
    cmp $2, %tmp
    drecv 01, %xmm0
    drecv 02, %atmp
    addss %atmp, %xmm1
    jge begin
```

(d) 映射结果的代码形式

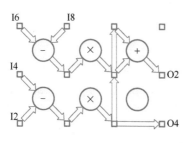

(e) 映射结果的硬件表现

```
begin:
    dmovss (%rcx, %rax, 4), I2
    dmovss (%r8, %rax, 4), I4
    dmovss 1(%rcx, %rax, 4), I6
    dmovss 1(%r8, %rax, 4), I8
    drecv 01, %xmm0
    drecv 02, %atmp
    addss %atmp, %xmm1
    dmovss 2(%rcx, %rax, 4), I2
    dmovss 2(%r8, %rax, 4), I4
    dmovss 3(%rcx, %rax, 4), I6
    dmovss 3(%r8, %rax, 4), I8
    add $0x4, %rax
    ...
```

(f) 循环加深结果

图 4-52   各个阶段的处理结果

优化方案 3：累加器识别。

累加操作在循环中非常普遍，但是其引入的寄存器数据依赖关系常常阻止了数组的流水线迭代。解决方案是数组仅输出内部值的和并将该值累加到总和中。DORA寻找累加器的方法是寻找那些既是某个加法计算单元的输入也是该计算单元的输出的寄存器，并且该寄存器没有其他指令使用。被识别为累加器的指令会被修改为累加到一个临时寄存器内，并插入一个未映射的指令来将该临时寄存器内的值加到累加寄存器上。在本例中，寄存器 %xmm1 被识别为累加器，所以修改后的代码如图 4-52(c)所示。

优化方案 4：存储转发。

对于某些循环内部，部分数值可能会经历先存储(store)，然后在后续循环中加载(load)的过程，对时间性能的影响较大，所以在优化过程中可以识别出这样的存储操作并将该操作与后续调用该寄存器的操作进行数据关联。识别这些 load/store对的方法也很简单。只要地址寄存器相同，并且两条指令中间没有写入该寄存器的操作即可被数据关联。

2) 实时寄存器监控

相比于静态编译，动态编译过程可以通过实时监控寄存器数据以实现实时的动态优化。对于给定的待处理区的代码块，编译器会挑选部分感兴趣的指令进行监控，例如，当需要跟踪整个程序数据流时，可以筛选出所有的没有进行存储就进行读取操作的寄存器，这些寄存器必定是在执行该代码块之前就计算完毕的，可以认为是常数。而当需要监控真正的常数时，该寄存器的特征显然就是只有读取操作，而没有存储操作。

优化方案 5：监控硬件。

首先来探讨从硬件层面实现实时监控的可行性。监控在硬件层面来看就是实时比较寄存器的值是否与之前有变化，所以在预映射阶段完成了对监控指令的选取之后，会将该指令或者该寄存器的信息存储到特殊的寄存器中，当该寄存器被读取时，相关操作被激活。一个非常实用的激活操作就是在检测到某条指令执行时发起一个中断，这就相当于实现了一个可控的中断程序。为了实现这一功能，需要额外的寄存器来存储用以匹配感兴趣的指令的信息，在 DORA 中采用了 6 个 66 位的寄存器来描述感兴趣的指令，其中 64 位用来存储 PC，1 位用来选择寄存器(一般一个指令有两个寄存器)，还有一个是有效位。

优化方案 6：动态寄存器优化。

寄存器监控的一个用处是常数或者类似常数的处理。对于已经判定为常数的寄存器，显然反复地使用 Load 指令会降低性能，所以将该常数嵌入硬件结构中是一个很好的优化策略。在程序运行过程中，虽然某些寄存器在预处理过程中既有读取也有存储指令相关，但是在实际使用中却发现一直没有进行存储，则这样的存储地址大概率也是常数，编译器就会在运行中将其作为常数嵌入硬件的现场寄存器中。

寄存器监控的另一个用处是观察某个与循环绑定的寄存器的数值变化来指示循环展开的次数。若大量的迭代都只有很小的边界，则循环展开会妨碍很多次迭代去使用优化区域的代码。如果监控发现采用了某个循环展开且在超过某个迭代次数的阈值之后将执行未优化的代码，那么该代码将会回退到未展开的状态并执行之前未优化时的方案。

寄存器监控的用途还有很多，对于不同的应用也可能会有新的用途，但无论其功能如何，为了能耗方面的需求都需要尽量少地运行。例如，监控常数时，一旦发现该"常数"被写入，显然就不用再监控该值了。

3）动态映射

由于映射速度上的要求，如 ILP 方法，模调度算法等方法在动态映射中都不适用了，但是贪心算法却由于其短时间内能得到相对较好的映射结果在此得到了使用。具体的动态映射算法在前文中已经给出了实例，此处就不赘述了。在执行完动态映射之后，本例的映射结果如图 4-52（d）和（e）所示。

优化方案 7：指令集专用。

x86 指令集的控制流通常采用 EFLAGS 寄存器来保存条件指令的信息，但在 DySER 中并没有该寄存器，那么在 BT 过程中 DORA 会跟踪最近使用的分支指令并存储其源信息用以替代 x86 体系中对应的功能。

4）映射后优化

在调度完成之后，还可以进行再次优化。这些优化选项将会提升并行度并消除冗余代码。

优化方案 8：循环加深。

循环展开是为了完全利用可重构阵列上的计算资源，循环加深则是为了完全利用可重构硬件上的输入和输出带宽。该优化策略会分析各组相关联的 Load/Store 代码，如果目前的映射里该组代码没有完全使用所有的带宽，那么编译器将会尽可能地提前将后续的 Load/Store 代码所需要的数据复合到该数据通道中，实现通道的复用。在本例中，有两组相关的 Load 指令，分别是（%rcx，%rax，4）和（%r8，%rcx，4），每组都只需要 64 位带宽。而 DySER 可以支持 128 位传输，即同时执行 4 个 Load 指令，所以采用循环加深是一个很好的策略，优化后的结果如图 4-52（f）所示。

优化方案 9：Load/Store 向量化。

向量化策略会将只有偏移量不同的加载和存储操作组合到单个高位宽操作中。只要可以确定 Load/Store 不读取或写入由中间内存操作写入或读取的位置，那么这些相关的 Load/Store 指令就可以作为向量化策略的候选对象。在本例中，当代码区域中只有 Load 或者只有 Store 指令，或者 Load 与 Store 互不交错时，这些指令总是可以被向量化的。图 4-53 展示了经过向量化优化之后的代码，其中 dmovps 指令即向量化组合之后的 Load 指令。

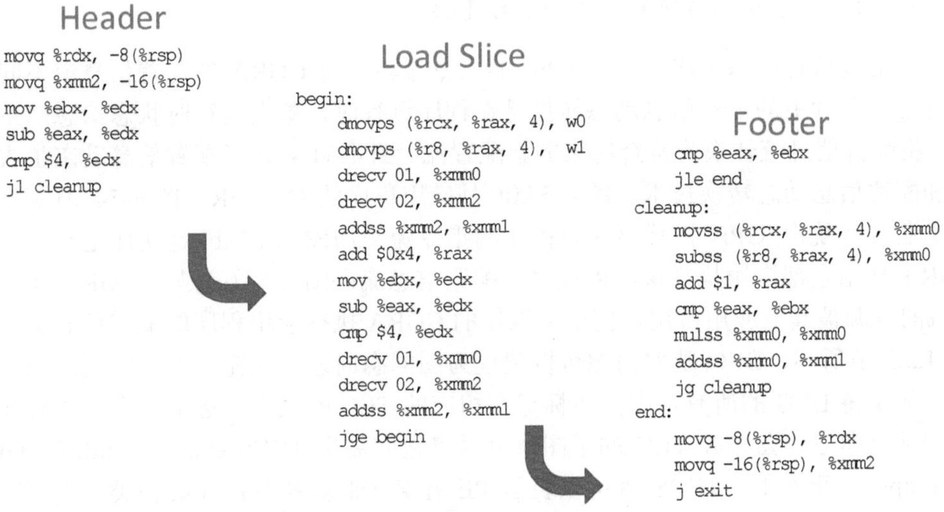

Header

```
movq %rdx, -8(%rsp)
movq %xmm2, -16(%rsp)
mov %ebx, %edx
sub %eax, %edx
cmp $4, %edx
jl cleanup
```

Load Slice

```
begin:
    dmovps (%rcx, %rax, 4), w0
    dmovps (%r8, %rax, 4),  w1
    drecv 01, %xmm0
    drecv 02, %xmm2
    addss %xmm2, %xmm1
    add $0x4, %rax
    mov %ebx, %edx
    sub %eax, %edx
    cmp $4, %edx
    drecv 01, %xmm0
    drecv 02, %xmm2
    addss %xmm2, %xmm1
    jge begin
```

Footer

```
    cmp %eax, %ebx
    jle end
cleanup:
    movss (%rcx, %rax, 4), %xmm0
    subss (%r8, %rax, 4), %xmm0
    add $1, %rax
    cmp %eax, %ebx
    mulss %xmm0, %xmm0
    addss %xmm0, %xmm1
    jg cleanup
end:
    movq -8(%rsp), %rdx
    movq -16(%rsp), %xmm2
    j exit
```

(a) Header部分   (b) 主体部分   (c) Footer部分

图 4-53　最终代码的各个部分

在 Load 和 Store 指令有交错的情况下,情况相对复杂一些,编译器会采用标记检查的方式对循环体的 Load/Store 指令进行跟踪,这些内容通常会放在代码块的开头,即图 4-53(a)所示部分。当发现相关联的 Load/Store 指令没有改变地址计算寄存器或者只改变了一个固定值时,就可以采用向量化策略进行优化。

优化方案 10:代码整理。

转化后的循环必须与原码执行相同次数的迭代,所以往往需要附加一些代码用以确定在展开、加深等操作之后的正确迭代次数。如图 4-53(a)和(c)所示,对于一个寄存器确定的循环,需要一个 Header 来确保执行相同的迭代次数,还需要一个 Footer 来完成展开后的额外内容。

4.3.3　基于配置流的动态编译

基于配置流的动态编译技术通常采用配置信息动态转换方法。与基于指令流的软件定义芯片动态编译技术相比,由于转换前的配置流经过静态编译已经充分挖掘了原始代码中的指令级并行性,使用该方法生成配置信息流时可以利用静态编译结果,无须动态分析代码中的依赖关系。因此,该方法生成的配置流的性能更好。由于转换前后面向的硬件架构是相似的(硬件虚拟化技术通常只会改变可用的硬件资源规模),转换中不需要重新译码的过程。因此,如果能找到一种时间复杂度很低的配置信息转换算法,则可以实现较低的动态转换开销。下面详细分析如何解决配置信息动态转换问题、目前主流方法中存在的问题,以及一种通用的基于模板的配置信息动态转换方法。

1. 配置信息动态转换问题的抽象与建模

　　与配置信息动态生成技术将 GPP 的指令流转换为 CGRA 的配置信息流不同，软件定义芯片中的配置信息动态转换是在程序运行时，根据运行时状态信息产生约束，将配置信息流转换为符合约束的新配置流。图 4-54 对比了配置信息动态生成技术和配置信息动态转换技术。图 4-54(a)是应用程序的 DFG IR；图 4-54(d)是软件定义芯片系统中 GPP 执行该应用程序的指令流；而图 4-54(b)是软件定义芯片中 CGRA 使用全部资源执行该应用程序的配置信息流；图 4-54(c)是当 CGRA 运行时 50%的资源被其他应用占用，使用虚拟化的 CGRA 执行应用程序的配置信息流。正如 4.2.2 节所述，DFG 映射问题可以建模为图同态问题，在完成求解图同态问题之后，如果将 DFG 的所有顶点和边标记在相应的 TEC 的顶点和边上，那么所有被标记的顶点和边将会形成 TEC 的子图，可以将它们称为 TECS(time extended CGRA subgraph)。事实上，TECS 既可以表示 PE 在某一时刻执行操作的种类，也可以表示 CGRA 的互连资源的使用情况，因此可以认为，TECS 是 CGRA 配置信息的一种等价表达方式。因此，虽然 EPIMap 给出的结论是 DFG 映射问题可以转换为寻找一个满同态映射 F 满足如下关系：

$$F:\mathrm{TEC}(V,E)\to G(V,E) \tag{4-42}$$

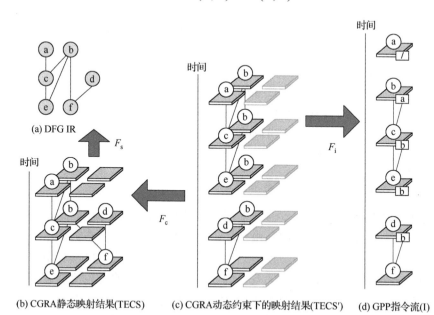

图 4-54　动态编译建模

　　但是，由于 F 是满射，实际上并不是所有 TEC 上的顶点或边在 $G(V,E)$ 中都能找到像。如果去掉这些 TEC 中没有像的顶点或边，问题就可以建模成寻找一个满同

态映射 F_s，满足如下关系：

$$F_s : \mathrm{TECS}(V,E) \to G(V,E) \tag{4-43}$$

配置信息动态生成可以描述为找到一个满同态映射 F_i，满足如下关系：

$$F_i : \mathrm{TECS}'(V,E) \to I(V,E) \tag{4-44}$$

其中，TECS′ 表示 CGRA 在动态资源约束下执行的指令流。尽管这种动态编译方法可以提供良好的软件透明性，让用户感觉不到它在使用除了 GPP 以外的其他硬件。但是基于指令流的配置信息生成技术在动态运行时却要分析程序中复杂的依赖关系（包括数据依赖和控制依赖），尽量将不存在依赖关系的运算并行执行。在不牺牲硬件资源的条件下（不使用硬件实现调度，仅使用静态调度方法），如果想最大化地提升指令并行度，将会导致较长的时间开销，然而这是动态编译方法无法忍受的。虽然可以通过采用支持乱序执行的处理器而提取部分并行性，但是受限于指令窗口的大小，该方法所能提取的并行性是非常有限的。配置信息动态转换可以描述为找到一个满同态映射 F_c，满足如下关系：

$$F_c : \mathrm{TECS}'(V,E) \to \mathrm{TECS}(V,E) \tag{4-45}$$

由于配置信息动态生成技术可以利用静态映射结果，而静态映射结果本身就能够表示程序中绝大部分的依赖关系（调度在同一控制步的操作之间几乎不存在依赖关系，这一点在下文中将会详细讨论），所以可以避免分析指令流中的依赖关系。因此，配置信息动态转换技术相比基于指令流的配置信息，理论上能够生成质量更好（性能更高）的配置信息。尽管如此，硬件虚拟化使得动态情况下的硬件资源与静态相比发生了变化，以至于需要将静态配置信息中的所有操作重新调度和重新路由。然而，在通常情况下，解决这两个问题的时间开销仍然很大。现有的基于配置流的软件定义芯片动态编译是通过以下几种方式解决的。

1）简化模型

Pager 等[96]提出了一种使 CGRA 支持多线程工作的方法，其在本质上是利用虚拟化技术将 CGRA 虚拟为多个子阵列，并采用配置信息动态转换的方法将静态生成的配置信息调度到 CGRA 中空闲的资源上去。为了在 CGRA 上实现配置信息的动态转换，该方法对硬件架构和编译方法都做了简化。如图 4-55 所示，在硬件架构方面，它要求处理阵列必须可以被划分为多个相同的页（page），每个页由一组 PE 组成，所有页之间必须形成环形拓扑，而且任何一个虚拟化的处理阵列都必须满足以上硬件架构约束。划分完成之后，配置信息转换将只能以页为粒度。除此之外，处理阵列必须有足够的全局寄存器，供配置动态转换时使用。在编译方面，这种方法要求静态编译结果中每一页都至多只能与它相邻的两个页通信，并且在静态编译时不能使用本地寄存器，只能使用全局寄存器。这些对模型简化的方法虽然能够使配置信息动态转换的方法变得更加容易和快速，但却会降低静态映射的质量。这会使应用程序在独享整个 CGRA 时，运行速度有所降低。而且该简化方法不适用于一般的 CGRA 架构，因为并不是所有架构都可以划分为具有环形拓扑的页。

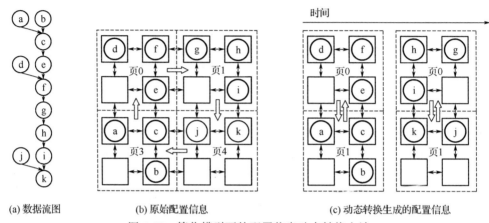

(a) 数据流图　　　　　　(b) 原始配置信息　　　　　　　(c) 动态转换生成的配置信息

图 4-55　简化模型下的配置信息动态转换方法

2) 切换多套配置

Park 等[97]提出的多态流水线架构(polymorphic pipeline array，PPA)，本质上也是一种 CGRA。PPA 由多个核(core)通过网格(mesh)互连组成，每个核包含 4 个网格互连的 PE。它在硬件虚拟化时，以核为粒度，在静态编译时生成适应于不同规模的虚拟硬件的配置信息，然后根据运行时信息转换为面向不同资源或 II 的配置信息。但是实际上，该方法对配置信息动态转换的建模仍存在简化过程：①硬件虚拟化的粒度是核，而不是基本单元 PE，这可能导致硬件资源利用率降低；②PPA 只支持传统的折叠和展开的方法对配置信息进行转换，灵活度比较低。

3) 通过静态模板转换

通过静态模板实现配置信息动态转换的方法是：首先静态生成配置信息和一组模板，然后在动态时将静态配置信息通过模板在线转换成符合动态约束的配置信息，以实现动态转换算法复杂度较低的目的。文献[2]提出了一个基于模板的适用于通用软件定义芯片架构的配置信息动态转换方法，该方法适用于一般的软件定义芯片架构和任意的转换目标。下面将详细描述如何构建基于模板的配置信息动态转换方法的问题模型。

如果用 TEC 表示转换之前的硬件架构，TEC′ 表示转换之后的硬件架构，那么所有的配置转换应该在 TEC′ ⊆ TEC 的前提条件下考虑问题。其理由主要有以下两点：①若 TEC ⊆ TEC′，即转换后的硬件架构是转换前的超集，这种情况类似于基于指令流的配置信息动态生成方法，需要在原有配置信息中动态挖掘并行性，很难保证转换后的配置信息的质量；②在一个支持多线程工作模式的软件定义芯片中，应用程序应该尽量使用空闲的硬件资源,以提高硬件资源利用率进而提高性能。因此,将配置信息转换为面向更少资源的情况是更重要且更有意义的。

配置信息动态转换可以分为重新调度和重新路由两个步骤。重新调度是将原始配置信息中的所有操作重新调度到虚拟化的硬件资源的不同控制步上,重新路由决定了数据流图中生产者算子(producer)向消费者算子(consumer)传递数据时占用了哪些路由资源。无论使用什么方法实现配置信息动态转换,为了保证转换前后的功能一致性,都要保证原始的依赖关系不变。如果重新调度和重新路由这两个过程可以静态完成,就可以将结果表示为模板的形式。在运行时按照模板进行配置信息转换,以实现较低的时间复杂度。能否找到这样的模板呢?答案是肯定的,因为之前提到的两种方法本质上也可以归结于基于模板的配置信息转换方法。下文将详细介绍计算模板和路由模板代表的含义和它们的来历。

(1)计算模板

因为重新调度本质上是将配置信息中的所有操作(算子)重新映射到不同控制步上的硬件资源上,而操作可以抽象为 TECS 上的顶点,所以重新调度过程实质上是在寻找一个映射 $P:V(\text{TECS}')\to V(\text{TECS})$。而且为了保证转换前后的功能一致性,TECS 中的每一个顶点都必须至少存在一个原像(preimage),也就是说 P 必须是满射。为了涵盖所有可能出现的配置信息情况(使不同的配置信息都能被转换),在静态时必须考虑最复杂的情况,即 $V(\text{TECS})=V(\text{TEC})$。因此,如果能找到一个映射 $\text{PT}:V(\text{TECS}')\to V(\text{TEC})$,然后在动态时根据具体配置信息去掉 PT 的部分定义域和值域,就能得到想要的映射 P。计算模板就是 PT 的一种表达形式。图 4-56(a)采用矩阵的方式展示了一个折叠模板,模板的每一行代表一个控制步,每一列代表虚拟化架构中的 PE,矩阵元素代表原始架构中 PE 执行的算子(这里直接用原始架构中的 PE 表示)。

资源 时间步	PE_1'	PE_2'
1	PE_1	PE_3
2	PE_2	PE_4

(a) 计算模板

原始路由	分配的寄存器
$\text{PE}_1.\text{OR}$	$\text{PE}_1'.\text{Reg1}$
$\text{PE}_2.\text{OR}$	$\text{PE}_1'.\text{Reg2}$
$\text{PE}_3.\text{OR}$	$\text{PE}_2'.\text{Reg1}$
$\text{PE}_4.\text{OR}$	$\text{PE}_2'.\text{Reg2}$ $\text{PE}_1'.\text{Reg3}$

(b) 路由模板

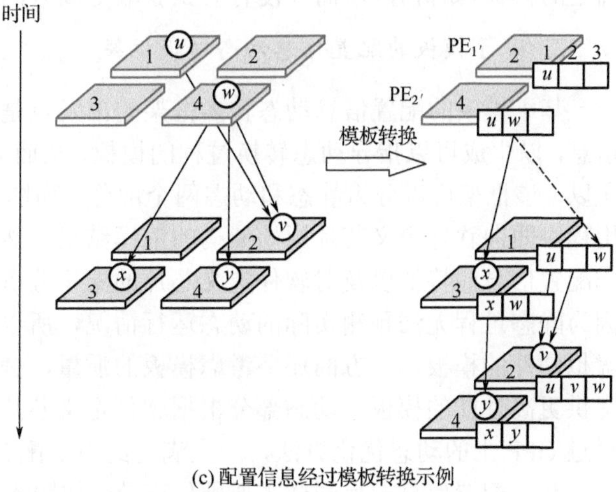

时间

(c) 配置信息经过模板转换示例

图 4-56 计算模板和路由模板示例

(2) 路由模板

因为原始配置信息中的算子已经被重新调度,所以必须对算子之间的通信进行重新路由。为了使 TECS 中的每一条边都能够被路由,并且为了减少访问冲突,尽量不使用全局寄存器。因此,在这里对计算模板提出了一个约束:$\forall (w,v) \in E(\text{TECS})$,$P^{-1}(w)$ 和 $P^{-1}(v)$ 是同一个 PE 或者是邻居 PE。这条约束保证了将一个数据从一个 PE 路由到另一个 PE 不会经过第三个 PE 或者全局寄存器。重新路由问题可以描述为:找到一个映射 $Q: R \rightarrow 2^B$,其中 R 是 TEC' 中的所有寄存器(包括每个 PE 的输出寄存器和本地寄存器),B 是虚拟化架构的所有缓存单元的集合。为什么要这么做呢?可以看图 4-56 中的例子,在原始架构上并行执行的两个算子 x、y 由于资源限制而不得不在虚拟化的架构上串行执行。倘若 x 计算得出的数据没有被缓存,只是暂存在 PE 的输出寄存器中,则 y 将会把刚刚 x 的计算结果冲刷掉。因此,转换算法必须为原始架构中每一个 PE 的输出寄存器分配一个新的缓存。此外,若 TECS 中存在一条边满足式(4-46),则还应该给它分配新的寄存器 r(如图 4-56(c)中的边 (w,v))。同时,满足式(4-46)的边会带来额外的用于路由的时间开销,这一点将会影响转换后的配置信息的质量,将在后文中详细介绍处理该问题的方法。当然,因为转换算法是将多个 PE 的计算任务分配给更少的 PE 以完成相同的功能,所以也应该为原始架构中 PE 本地寄存器分配新的缓存。 综上所述,生成路由模板实际上就是为原始架构中的寄存器分配用于路由的寄存器。

$$\forall e = (w,v) \in E(\text{TECS}), \text{ if } \text{PE}(\text{PT}^{-1}(w)) \neq \text{PE}(\text{PT}^{-1}(v)), \text{ then} \exists r \in \text{PE}(\text{PT}^{-1}(v)) \quad (4\text{-}46)$$

前文介绍的两种配置信息动态转换方法[96, 97]中同样存在重新调度与重新路由的过程,实际上这些方法都可以归纳为基于模板的转换,只不过它们是采用了一些确定的模板(如折叠),而并没有尝试获取更高效的模板。

2. 基于模板的配置信息动态转换框架

基于模板的配置信息动态转换框架的出发点是尽可能多地利用静态编译结果的信息,以生成可以指导动态转换过程的模板,从而大大降低动态过程的时间复杂度。所以,该框架可以分为静态和动态两个部分。如图 4-57 所示,静态部分首先产生应用程序面向软件定义芯片原始架构的编译结果,然后模板生成器根据静态产生的基础配置信息的特征以及对软件定义芯片的架构分析,产生高效的模板。要注意的是,因为静态过程无法预测实际的动态运行情况,所以一方面要尽量多地产生面向不同虚拟硬件的模板,一方面还要考虑模板的质量,舍弃一些不能为软件定义芯片系统提供更高性能的模板。动态部分根据软件定义芯片中动态管理器在线产生的约束,经过 GPP 上的动态优化算法,产生满足约束的配置信息流。

动态配置信息转换同样需要硬件支持。如图 4-58 所示,其中被虚线框包围的部分是静态基础配置信息在软件定义芯片上的执行过程：处理阵列配置控制器将根据运行情况（如循环次数），通过配置计数器获取相应的配置信息，处理阵列根据当前配置信息执行相应的操作。当软件定义芯片由于其他应用占用资源或者由于功耗要求而对新任务的映射产生约束并且该约束对应的模板可用时，软件定义芯片将启动配置转换机制，将新产生的配置信息存储在新配置缓存中。通过转换过程后，静态基础配置的一条配置（一个控制步上）将根据模板转换为空闲虚拟化资源中的多条配置。

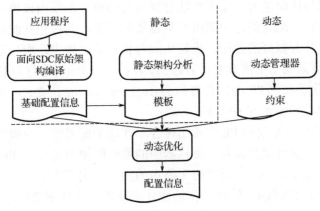

图 4-57 动态编译框架

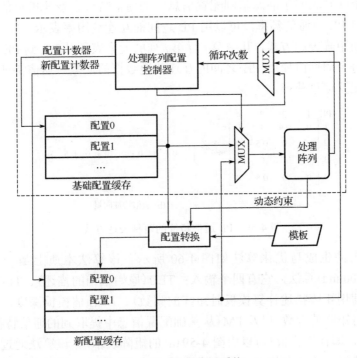

图 4-58 动态编译系统

综上所述，软件定义芯片的配置信息动态转换算法可以采用基于模板的通用框架描述，其他同类方法实际上均是该框架描述中的一个特例(采用固定的模板)。该框架利用静态生成的基础配置信息以及模板，在运行时动态生成符合动态约束的配置信息。模板的生成和优化以及动态转换算法是该框架中的重要组成部分，下面将详细介绍这两部分内容。

1)模板的生成与优化

模板的生成与优化是为了生成合法且高效的模板，即采用该模板转换生成的配置信息可以保留原始配置信息中的所有数据依赖关系，实现相同的功能，并且转换生成的配置信息具有很好的性能。模板生成与优化的过程中，应当遵守两个法则：

(1)对原始数据流图中依赖的重新路由。若在一个 PE 内进行(利用 PE 内部的本地寄存器)，则除了会使 PE 的寄存器压力(register pressure)变大，并不会带来用于路由的额外周期，如图 4-56 中的边 (w, x)。

(2)因为原始配置信息中 PE 的输出寄存器在新的配置信息中被映射到安全的本地寄存器中，而模板可能会需要该寄存器中的数据路由到另一个 PE 的本地寄存器中(如图 4-56 中的边 (w, v))，所以用于路由的额外周期出现的概率等于新生成的配置信息中 PE 间通信的概率，路由产生的额外周期的数学期望值(expectation)也应该与此相等。

以上两个法则表明了静态基础配置信息中的通信特性会影响模板的质量，通信特征是指每对 PE 的通信频率，可以用 PE 之间的互连利用率表示。图 4-59(a)展示了通信特征的矩阵表达方式，其中第 i 行第 j 列的元素表示从 PE_i 到 PE_j 的互连利用率，即平均每个周期内使用 PE 之间的互连传递数据的次数。通信特征可以通过解析静态基础配置信息获得。

$$\begin{array}{c}
\begin{array}{cccccc}
PE & 1 & 2 & 3 & 4
\end{array}\\
\begin{array}{c}1\\2\\3\\4\end{array}
\begin{bmatrix}
0 & 0.4 & 1 & 0\\
0.3 & 0 & 0.5 & 0\\
0 & 0.1 & 0 & 0.5\\
0 & 0 & 0.5 & 0
\end{bmatrix}
\end{array}
\xleftrightarrow{\text{变形}}
\begin{bmatrix} 0 & 0.4 & 1 & 0 & 0 & 0.3 & \cdots & 0.5 & 0 \end{bmatrix}_{1\times16}$$

(a) 通信特征矩阵   (b) 通信特征向量

图 4-59 PE 通信特征的两种表达方式

计算模板的生成与优化算法如图 4-60 所示。该算法本质上是一个分支定界(branch and bound)算法，它有四个输入：TEC(原始架构的描述)、TEC′(目标硬件架构描述，即用矩阵描述计算模板时矩阵的列数)、D(预估模板深度，即用矩阵描述计算模板时矩阵的行数)以及 FM(从基础配置信息中提取到的通信特征矩阵)。它的输出是 PT，即计算模板(可以用图 4-59(a)的矩阵表示)。该算法通过分支定界方法搜索可行模板，算法在找到一个可行模板之后，会记录该模板产生的额外路由开销的期望值，在之后搜索模板的过程中，如果搜索到的模板产生的额外路由开销超过当前找到的最佳模板，即使模板中的内容还没有填充完整，算法也会剪掉后续的所有分支，以减少无用的搜索空间，加快搜索速度，最终得到一个面向特定通信特征优化的模板。若经过长时间没有找到一个合法的模板，则将增大模板深度，重新运行该算法。

计算模板生成与优化算法

Inputs: TEC,TEC$'$,D,FM

Outputs: PT

1. 　$i \leftarrow 1$, bflag $\leftarrow 0$, PT $\leftarrow \phi$;

2. 　Cost $\leftarrow 0$, Threshold $\leftarrow +\infty$;

3. 　$M_0 \leftarrow$ NullMatrix(TEC$'$.length, D);

4. 　$S_{i1} \leftarrow \{(x, t)|M_{i-1}(x, t) = \text{null}\}$;

5. 　$T \leftarrow \{(x, t)|(M_{i-1}(x, t), \text{PE}_i) \in E(\text{TEC})\}$;

6. 　if $T \neq \phi$ then

7. 　　　$S_{i2} \leftarrow \{(x, t)| \forall (x_0, t_0) \in T, (\text{PE}_{x_0}^{'}{}', \text{PE}_x^{'}) \in E(\text{TEC}'{})\}$;

8. 　else

9. 　　　$S_{i2} \leftarrow S_{i1}$;

10. 　$S_i \leftarrow S_{i1} \cap S_{i2}$;

11. 　$M_i \leftarrow M_{(i-1)}$;

12. 　bflag $\leftarrow 1$;

13. 　if $S_i \neq \phi$ then

14. 　　　$M_i(S_i(1)) \leftarrow \text{PE}_i$; // Generate one branch

15. 　　　Cost $\leftarrow$ AC_Ex(M_i, FM);

16. 　　　if Cost < Threshold then

17. 　　　　　delete $S_i(1)$;

18. 　　　　　bflag $\leftarrow 0$;

19. 　　　if i = TEC. length then

20. 　　　　　PT $\leftarrow M_i$; // Find a valid pattern

21. 　　　　　Threshold $\leftarrow$ Cost;

22. 　if bflag = 0 then

23. 　　　$i \leftarrow i+1$;

24. 　　　goto line4;

25. 　else

26. 　　　$i \leftarrow i - 1$;

27. 　　　if i = 0 then

28. 　　　　　break; // All branches have been traversed

29. 　　　goto line11;

图 4-60　计算模板生成与优化算法

　　通常情况下，软件定义芯片支持的应用程序不止一个，为这些应用编译生成的基础配置信息反映的通信特征也不尽相同。因此，面向一个应用的通信特征生成并优化的模板被另一个应用使用时可能会带来严重的路由开销。况且软件定义芯片支持的应用也在不断扩充，如果软件定义芯片系统为支持的每一个应用都生成模板，就会产生高昂的存储代价。因此，这是不现实的。如何找到一定数量以内并且对软件定义芯片支持的所有算法都能有较高质量的转换效率的模板是值得讨论的。

　　思考模板生成与优化算法的原理可以发现，该算法生成的模板实际上只与通信特征矩阵的"方向"有关。为了更好地解释问题，首先将通信特征矩阵变形为通信特征向量，如图4-59(b)所示。根据模板优化的法则，如果 A、B 两个应用的通信特征向量是共线的，那么面向 A 应用的最优模板一定也会是 B 应用的最优模板。因此，为了以较少的模板支持较多应用的配置信息动态转换，通信特征向量的方向接近的应用之间可以共享相同的模板。配置信息动态转换框架应该在众多的通信特征中选取有限的几个代表，并使得由它们生成的模板对所有应用都是相对高效的。

　　针对此问题，文献[2]提出了一种基于 K-means 算法的模板选择方法。K-means 是一种数据聚类算法，它的目标是把 n 个多维数据划分成 k 个簇(cluster)，这些数据一般称为聚类对象，其中 n 和 k 是在算法运行之前就已经确定的。K-means 算法的流程如下：①从所有数据中选择 k 个作为初始的簇中心；②计算每一个数据到这些簇中心的距离并将数据划分给距离最近的簇；③计算新生成的所有簇的簇中心；④重复步骤②~③，直到每一个数据归属的簇不再变化。在模板选择问题中，所有应用的通信特征向量可以看成聚类对象，而通过聚类算法得到的 k 个聚类中心可以看成簇中所有应用的通信特征的代表。而 K-means 算法中一个重要的环节就是对距离的定义，比较常用的定义距离的方式有欧几里得距离和余弦距离。其中欧几里得距离是人们最为熟悉的距离定义方式，它是指两个聚类对象在欧几里得空间中的距离，可以描述为式(4-47)。而余弦距离用来衡量两个聚类对象所表示的向量在方向上的差距，可以描述为式(4-48)。若两个向量共线，则通过该公式计算出来的距离应为零。在模板选择问题中，因为模板的生成只与应用的特征向量的方向有关，所以在使用 K-means 算法做模板选择时，应该采用余弦距离作为聚类对象的距离测度。当然，采用 K-means 算法解决模板选择问题的一个前提条件是认为所有应用在软件定义芯片上运行的频率都相同，若软件定义芯片上所有应用的执行频率不相同，则对于每个不同的应用应赋予不同的权重，以减小配置转换带来的额外开销的系统期望值。

$$\forall x = [x_1, x_2, \cdots, x_n], \quad \forall y = [y_1, y_2, \cdots, y_n], \quad \text{distance}(x, y) = \sqrt{(x_1 - y_1)^2 + \cdots + (x_n - y_n)^2}$$

$$\tag{4-47}$$

$$\forall x = [x_1, x_2, \cdots, x_n], \quad \forall y = [y_1, y_2, \cdots, y_n], \quad \text{distance}(x, y) = 1 - \cos\langle x, y \rangle \tag{4-48}$$

2) 基于模板的配置信息动态转换方法

为了保证转换前后配置信息的功能一致性，必须维持转换前配置信息中所有指令的数据依赖关系。在所有计算系统中存在三种依赖关系：写后读（read after write，RAW）、读后写（write after read，WAR）和写后写（write after write，WAW）。由于基于模板的配置信息动态转换方法是按顺序将原始配置信息中的一个控制步转化为多个控制步的配置信息（图 4-61(c)），原始配置信息中属于两个不同控制步的操作之间的依赖关系在新的配置信息中一定会被保持。因此，只需要考虑同一控制步内的依赖关系。在基础配置信息中，同一控制步内的操作是并发执行的，操作之间不会存在 RAW 依赖关系；为了避免输出的不确定性，操作之间不会存在 WAW 依赖关系，只有可能出现 WAR 依赖关系。WAR 依赖关系是指原本两条并发执行的指令 i、j 现在串行执行，指令 i 可能会提前修改指令 j 的操作数，导致指令 j 运算结果错误。因此，配置信息动态转换方法需要分配更多的寄存器以避免因违反 WAR 依赖关系而导致转换前后的功能不一致。图 4-61(a) 是带有 WAR 依赖关系的基础配置信息，假设动态转换方法只为原始配置信息中 PE_1 的输出寄存器和 PE_2 的本地寄存器 Reg1 在 PE_1' 中分配了两个寄存器，分别为 Reg1 和 Reg2，转换后的配置信息如图 4-61(b) 所示，由于加法操作提前修改了乘法操作的输入操作数，该转换后的配置信息和原始配置信息不能保持功能一致性。为解决 WAR 依赖关系可能带来的问题，动态转换方法为 PE_1 的输出寄存器在 PE_1' 分配了两个寄存器 Reg1 和 Reg2，分别作为原始配置信息中输出寄存器作为输入和输出时的映射，同时为 PE_2 的本地寄存器 Reg1 分配

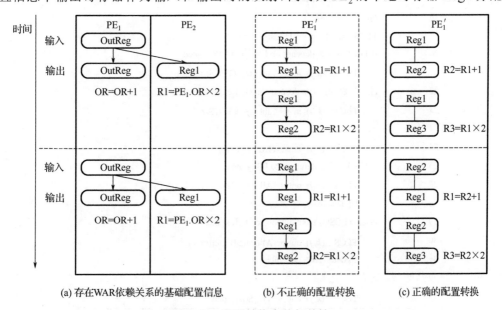

(a) 存在WAR依赖关系的基础配置信息　　(b) 不正确的配置转换　　(c) 正确的配置转换

图 4-61　配置转换中的相关性

Reg3，转换生成的配置信息如图 4-61（c）所示。从图中可以看出，PE_1' 中的 Reg1 和 Reg2 会不断交换功能（输出寄存器作为输入或输出），以保证配置信息的功能一致性。

　　寄存器分配在配置信息动态转换过程中，可以采用路由模板的方式在静态提前分配，即考虑最坏情况的分配。然而，这可能会导致 PE 内的本地寄存器分配压力过大，超出本地寄存器资源，使转换无法进行。和运算模板一样，一些应用需要共享同一个路由模板。另一种寄存器分配方式是动态根据需要分配，并及时回收超过生命周期的寄存器。静态寄存器分配能够有效减少动态转换算法的运行时间，而动态寄存器分配算法则需要不断维护记录每一个寄存器分配信息的数据结构，会造成比静态分配方式更长的时间开销。基于模板的配置信息动态转换算法如图 4-62 所示，该算法将一个控制步的配置信息 TECS 通过模板转换为新配置信息 TECS′。由于篇幅限制，这里只列出了采用动态寄存器分配的伪代码。该算法中 $Table_1$ 是记录为原始配置信息中的所有本地寄存器和输出寄存器分配的新寄存器的数据结构。$Table_2$ 是记录新生成的配置信息中 PE 间路由所使用的中间寄存器的数据结构。值

基于模板的配置信息动态转换算法

Inputs: TECS, Pattern

Outputs: TECS′

```
16.    for j ← 1: Pattern. depth do
17.        for k ← 1: Pattern. length × Pattern. width do
18.            p_kj ← Pattern(k, j);
19.            TECS′ (k, j). op ← TECS(p_kj, op);
20.            if TECS(p_kj). in depends on LReg or OutReg then
21.                TECS′ (k, j). in ← Table_1(p_kj)(TECS(p_kj), in);
22.            elseif TECS(p_kj). in depends on OutReg of other PEs then
23.                TECS′ (k, j). in ← Table_2(p_kj)(TECS(p_kj), in);
24.            else
25.                TECS′ (k, j). in ← TECS(p_kj), in;
26.            if TECS(p_kj). out outputs to LReg then
27.                TECS′ (k, j). out ← Allocate RF(new) in TECS′ (k);
28.                Update Table_1;
29.            elseif TECS(p_kj). out outputs to OutReg then
30.                TECS′ (k, j). out ← Allocate Buffer(new);
31.                Update Table_1 and Table_2;
32.            else
33.                TECS′ (k, j). out ← TECS(p_kj). out;
```

图 4-62　基于模板的配置信息动态转换算法

得注意的是，该算法中的第 9 行和第 15 行可能会产生额外的用于路由的配置信息，这可能会增加新生成的配置信息，为了保持该算法的线性复杂度，这部分配置信息的生成也应该采用至多为线性复杂度的算法。

3）转换实例

下面通过一个实例介绍基于模板的配置信息动态转换方法的优势。图 4-63（a）是软件定义芯片原始架构的互连结构，其运算单元的通信特征也一同被标记在 PE 之间的有向边上（若两个 PE 之间没有边，则代表这两个 PE 之间不存在互连或者在静态编译结果中这两个 PE 之间通信的概率为零）。为方便后文的描述，将 PE_i 到 PE_j 之间的通信概率表示为 $cr(PE_i, PE_j)$。原始配置信息中存在以下五条数据路由路径：(PE_1, PE_2)、(PE_2, PE_1)、(PE_2, PE_3)、(PE_3, PE_4)、(PE_4, PE_2)。图 4-63（b）展示了采用折叠模板的路由配置信息，该模板将原架构中 PE_1 和 PE_4 的算子分配到虚拟架构的 PE_1' 中，同时将 PE_2 和 PE_3 的算子分配到虚拟架构的 PE_2' 中。所以原始配置中的五条路径中只有 (PE_2, PE_3) 映射到新的配置信息中不会产生额外的路由开销。因此，折叠模板产生的路由开销的数学期望 $E_F = cr(PE_3, PE_4) + 2 \times cr(PE_2, PE_1) = 3$。图 4-63（c）展示了采用优化过的模板的路由配置信息，该模板将原架构中 PE_1 和 PE_2 的算子分配到虚拟架构的 PE_1' 中，同时将 PE_3 和 PE_4 的算子分配到虚拟架构的 PE_2' 中。所以原始配置中的五条路径中只有 (PE_2, PE_3) 和 (PE_4, PE_2) 会产生额外的路由开销。因此，优化模板产生的路由开销的数学期望 $E_O = cr(PE_2, PE_4) = 0.1$。

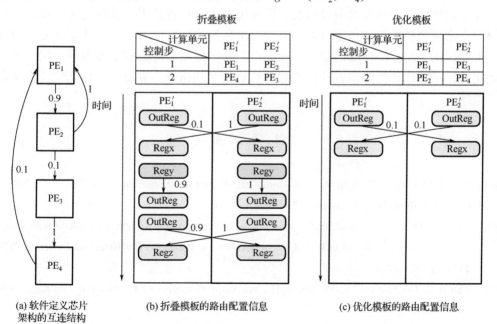

(a) 软件定义芯片架构的互连结构 (b) 折叠模板的路由配置信息 (c) 优化模板的路由配置信息

图 4-63 基于模板的配置信息动态转换实例

　　综上所述，得益于动态重构特性，软件定义芯片能够通过硬件虚拟化的方式支持动态编译。在设计软件定义芯片的动态编译系统时，为了实现在线生成配置信息的目标，最重要的指标是时间开销。软件定义芯片的动态编译技术目前主要分为基于指令流的配置信息动态生成以及基于配置流的配置信息动态转换技术。基于指令流的动态编译技术能够实现软件透明、易用性高的目的。为满足动态编译的实时性，基于指令流的动态编译技术往往采用复杂度较低的贪心算法。然而，这种方法难以在线分析原始应用程序中各算子之间的依赖关系，会严重牺牲编译质量。基于配置流的动态编译技术在本质上都可以归结为基于模板的动态编译，这些技术只是采用了一些可行的、易获取的模板，但这些模板并不一定是高效的。在满足较低时间开销的条件下，兼顾动态编译质量(转换后的配置信息的性能)也是十分重要的。因此，在选择模板时，应尽量要求模板的通信开销较低。

　　本章主要从静态编译和动态编译两方面讨论如何设计软件定义芯片的编译系统，详细介绍了从高级语言到软件定义芯片配置信息的完整流程。从静态编译问题出发，首先介绍了软硬件的抽象表达方法(IR)，然后从IR的角度将映射抽象成数学模型，再从理论上分析如何求解此数学模型，最后对跨基本块的非规则任务映射问题进行了详细的阐述。本章随后对动态编译问题的硬件机理以及两种软件定义芯片动态编译方法进行了深入讨论。因为软件定义芯片的编译问题从本质上可以规约为NP完全问题，所以在编译问题规模比较大的情况下不可避免地需要权衡各项指标，这也使得软件定义芯片的编译系统开发难度很大。作者认为，软件定义芯片编译系统的未来研究热点方向可能有以下三点：①高效的硬软件IR、精简模型表达、为编译提供优化空间；②全面的编译质量模型、精确地衡量静态和动态编译质量、提供优化目标；③软硬件协同设计，使软硬件设计互相指导、妥协，以优化软件定义芯片系统。

参 考 文 献

[1] Aho A V, Lam M S, Sethi R, et al. Compilers: Principles, Techniques, and Tools[M]. 2nd ed. Boston: Addison-Wesley Longman Publishing, 2006.

[2] Liu L, Man X, Zhu J, et al. Pattern-based dynamic compilation system for CGRAs with online configuration transformation[J]. IEEE Transactions on Parallel and Distributed Systems, 2020, 31(12): 2981-2994.

[3] Rau B R. Iterative modulo scheduling[J]. International Journal of Parallel Programming, 1996, 24(1): 3-64.

[4] Das S, Martin K J M, Coussy P, et al. Efficient mapping of CDFG onto coarse-grained reconfigurable array architectures[C]//Asia and South Pacific Design Automation Conference,

2017: 127-132.

[5]   Mahlke S A, Lin D C, Chen W Y, et al. Effective compiler support for predicated execution using the hyperblock[C]//International Symposium on Microarchitecture, 1992: 45-54.

[6]   Lam M S. Software pipelining: An effective scheduling technique for VLIW machines[J]. ACM Sigplan Notices, 1988, 23(7): 318-328.

[7]   Hamzeh M, Shrivastava A, Vrudhula S. EPIMap: Using epimorphism to map applications on CGRAs[C]//Design Automation Conference, 2012: 1284-1291.

[8]   Zhao Z, Sheng W, Wang Q, et al. Towards higher performance and robust compilation for CGRA modulo scheduling[J]. IEEE Transactions on Parallel and Distributed Systems, 2020, 31(9): 2201-2219.

[9]   Liu F, Ahn H, Beard S R, et al. DynaSpAM: Dynamic spatial architecture mapping using out of order instruction schedules[C]//International Symposium on Computer Architecture, 2015: 541-553.

[10] Watkins M A, Nowatzki T, Carno A. Software transparent dynamic binary translation for coarse-grain reconfigurable architectures[C]//IEEE International Symposium on High Performance Computer Architecture, IEEE, 2016: 138-150.

[11] Govindaraju V, Ho C, Sankaralingam K. Dynamically specialized datapaths for energy efficient computing[C]//International Symposium on High Performance Computer Architecture, 2011: 503-514.

[12] Dave S, Balasubramanian M, Shrivastava A. RAMP: Resource-aware mapping for CGRAs[C]// Design Automation Conference, 2018: 1-6.

[13] Canis A, Choi J, Fort B, et al. From software to accelerators with LegUp high-level synthesis[C]// International Conference on Compilers, Architecture and Synthesis for Embedded Systems, 2013: 1-9.

[14] Budiu M, Goldstein S C. Pegasus: An Efficient Intermediate Representation[R]. Pittsburgh: Carnegie Mellon University, 2002.

[15] Izraelevitz A, Koenig J, Li P, et al. Reusability is FIRRTL ground: Hardware construction languages, compiler frameworks, and transformations[C]//International Conference on Computer- Aided Design, 2017: 209-216.

[16] Wang S, Possignolo R T, Skinner H B, et al. LiveHD: A productive live hardware development flow[J]. IEEE MICRO, 2020, 40(4): 67-75.

[17] Bachrach J, Vo H, Richards B, et al. Chisel: Constructing hardware in a scala embedded language[C]//Design Automation Conference, 2012: 1212-1221.

[18] Sharifian A, Hojabr R, Rahimi N, et al. μIR—An intermediate representation for transforming and optimizing the microarchitecture of application accelerators[C]//IEEE/ACM International

Symposium on Microarchitecture, 2019: 940-953.

[19] Hamzeh M, Shrivastava A, Vrudhula S. REGIMap: Register-aware application mapping on coarse-grained reconfigurable architectures（CGRAs）[C]//Design Automation Conference, 2013: 1-10.

[20] Koeplinger D, Feldman M, Prabhakar R, et al. Spatial: A language and compiler for application accelerators[C]//ACM SIGPLAN Conference on Programming Language Design and Implementation, 2018: 296-311.

[21] Sujeeth A K, Brown K J, Lee H, et al. Delite: A compiler architecture for performance-oriented embedded domain-specific languages[J]. ACM Transactions on Embedded Computing Systems, 2014, 13（4s）: 1-25.

[22] Wilson R P, French R S, Wilson C S, et al. SUIF: An infrastructure for research on parallelizing and optimizing compilers[J]. ACM SIGPLAN Notices, 1994, 29（12）: 31-37.

[23] Yin C, Yin S, Liu L, et al. Compiler framework for reconfigurable computing system[C]// International Conference on Communications, Circuits and Systems, 2009: 991-995.

[24] Baumgarte V, Ehlers G, May F, et al. PACT XPP: A self-reconfigurable data processing architecture[J]. The Journal of Supercomputing, 2003, 26（2）: 167-184.

[25] Callahan T J, Hauser J R, Wawrzynek J. The Garp architecture and C compiler[J]. Computer, 2000, 33（4）: 62-69.

[26] Lattner C, Adve V. LLVM: A compilation framework for lifelong program analysis & transformation[C]//International Symposium on Code Generation and Optimization, IEEE Computer Society, 2004: 75-86.

[27] Chin S A, Sakamoto N, Rui A, et al. CGRA-ME: A unified framework for CGRA modelling and exploration[C]//International Conference on Application-specific Systems, Architectures and Processors, 2017: 184-189.

[28] Kum K I, Kang J, Sung W. AUTOSCALER for C: An optimizing floating-point to integer C program converter for fixed-point digital signal processors[J]. IEEE Transactions on Circuits & Systems II Analog & Digital Signal Processing, 2000, 47（9）: 840-848.

[29] Ong S W, Kerkiz N, Srijanto B, et al. Automatic mapping of multiple applications to multiple adaptive computing systems[C]//IEEE Symposium on Field-programmable Custom Computing Machines, 2001: 10-20.

[30] Levi G. A note on the derivation of maximal common subgraphs of two directed or undirected graphs[J]. Calcolo, 1973, 9（4）: 341.

[31] Chen L, Mitra T. Graph minor approach for application mapping on CGRAs[J]. ACM Transactions on Reconfigurable Technology and Systems, 2014, 7（3）: 1-25.

[32] Mehta G, Patel K K, Parde N, et al. Data-driven mapping using local patterns[J]. IEEE Transactions on Computer-Aided Design of Integrated Circuits and Systems, 2013, 32(11): 1668-1681.

[33] Mei B, Vernalde S, Verkest D, et al. DRESC: A retargetable compiler for coarse-grained reconfigurable architectures[C]//International Conference on Field-Programmable Technology, 2002: 166-173.

[34] Friedman S, Carroll A, van Essen B, et al. SPR: An architecture-adaptive CGRA mapping tool[C]//International Symposium on Field Programmable Gate Arrays, 2009: 191-200.

[35] Bouwens F, Berekovic M, Kanstein A, et al. Architectural Exploration of the ADRES Coarse-Grained Reconfigurable Array[M]. Berlin: Springer, 2007.

[36] 张晨曦, 王志英, 沈立, 等. 计算机系统结构教程[M]. 北京: 清华大学出版社, 2009.

[37] Stallings W. Computer Organization and Architecture[M]. New York: Macmillan, 1990.

[38] Hennessy J L, Patterson D A. Computer Architecture: A Quantitative Approach[M]. New York: Elsevier, 2011.

[39] Trickey H. Flamel: A high-level hardware compiler[J]. IEEE Transactions on Computer-Aided Design of Integrated Circuits and Systems, 1987, 6(2): 259-269.

[40] Davidson S, Landskov D, Shriver B D, et al. Some experiments in local microcode compaction for horizontal machines[J]. IEEE Transactions on Computers, 1981, (7): 460-477.

[41] Pangrle B M, Gajski D D. State synthesis and connectivity binding for microarchitecture compilation[C]//International Conference on Computer Aided Design, 1986: 210-213.

[42] Paulin P G, Knight J P. Force-directed scheduling for the behavioral synthesis of ASICs[J]. IEEE Transactions on Computer-Aided Design of Integrated Circuits and Systems, 1989, 8(6): 661-679.

[43] Rau B R, Glaeser C D. Some scheduling techniques and an easily schedulable horizontal architecture for high performance scientific computing[J]. ACM SIGMICRO Newsletter, 1981, 12(4): 183-198.

[44] Park H, Fan K, Kudlur M, et al. Modulo graph embedding: Mapping applications onto coarse-grained reconfigurable architectures[C]//International Conference on Compilers, Architecture and Synthesis for Embedded Systems, 2006: 136-146.

[45] Park H, Fan K, Mahlke S A, et al. Edge-centric modulo scheduling for coarse-grained reconfigurable architectures[C]//International Conference on Parallel Architectures and Compilation Techniques, 2008: 166-176.

[46] Kou M, Gu J, Wei S, et al. TAEM: Fast transfer-aware effective loop mapping for heterogeneous resources on CGRA[C]//Design Automation Conference, 2020: 1-6.

[47] Yin S, Gu J, Liu D, et al. Joint modulo scheduling and VDD assignment for loop mapping on dual-VDD CGRAs[J]. IEEE Transactions on Computer-Aided Design of Integrated Circuits and Systems, 2015, 35(9): 1475-1488.

[48] Yin S, Yao X, Liu D, et al. Memory-aware loop mapping on coarse-grained reconfigurable architectures[J]. IEEE Transactions on Very Large Scale Integration (VLSI) Systems, 2015, 24(5): 1895-1908.

[49] San Segundo P, Rodr I, Guez-Losada D, et al. An exact bit-parallel algorithm for the maximum clique problem[J]. Computers & Operations Research, 2011, 38(2): 571-581.

[50] Yin S, Yao X, Lu T, et al. Conflict-free loop mapping for coarse-grained reconfigurable architecture with multi-bank memory[J]. IEEE Transactions on Parallel and Distributed Systems, 2017, 28(9): 2471-2485.

[51] Nowatzki T, Sartin-Tarm M, de Carli L, et al. A general constraint-centric scheduling framework for spatial architectures[C]//ACM SIGPLAN Conference on Programming Language Design and Implementation, 2013: 495-506.

[52] Gurobi. Gurobi—The fast solver[EB/OL]. https://www.gurobi.com[2020-12-25].

[53] Achterberg T. SCIP: Solving constraint integer programs[J]. Mathematical Programming Computation, 2009, 1(1): 1-41.

[54] Singh H, Lee M H, Lu G, et al. MorphoSys: An integrated reconfigurable system for data-parallel and computation-intensive applications[J]. IEEE Transactions on Computers, 2000, 49(5): 465-481.

[55] Lee D, Jo M, Han K, et al. FloRA: Coarse-grained reconfigurable architecture with floating-point operation capability[C]//International Conference on Field-Programmable Technology, 2009: 376-379.

[56] Liu L, Zhu J, Li Z, et al. A survey of coarse-grained reconfigurable architecture and design: Taxonomy, challenges, and applications[J]. ACM Computing Surveys, 2019, 52(6): 1-39.

[57] Han K, Ahn J, Choi K. Power-efficient predication techniques for acceleration of control flow execution on CGRA[J]. ACM Transactions on Architecture and Code Optimization, 2013, 10(2): 1-25.

[58] Han K, Park S, Choi K. State-based full predication for low power coarse-grained reconfigurable architecture[C]//Design, Automation Test in Europe, EDA Consortium, 2012: 1367-1372.

[59] Hamzeh M, Shrivastava A, Vrudhula S. Branch-aware loop mapping on CGRAs[C]//Design Automation Conference, 2014: 1-6.

[60] Han K, Choi K, Lee J. Compiling control-intensive loops for CGRAs with state-based full predication[C]//Design, Automation, and Test in Europe, EDA Consortium, 2013: 1579-1582.

[61] Anido M L, Paar A, Bagherzadeh N. Improving the operation autonomy of SIMD processing elements by using guarded instructions and pseudo branches[C]//Euromicro Conference on Digital System Design, 2002: 148-155.

[62] Sha J, Song W, Gong Y, et al. Accelerating nested conditionals on CGRA with tag-based full predication method[J]. IEEE Access, 2020, 8: 109401-109410.

[63] Hamzeh M, Shrivastava A, Vrudhula S. Branch-aware loop mapping on CGRAs[C]//ACM, Design Automation Conference, 2014: 1-6.

[64] Yin S, Zhou P, Liu L, et al. Trigger-centric loop mapping on CGRAs[J]. IEEE Transactions on Very Large Scale Integration (VLSI) Systems, 2016, 24(5): 1998-2002.

[65] Yin S, Lin X, Liu L, et al. Exploiting parallelism of imperfect nested loops on coarse-grained reconfigurable architectures[J]. IEEE Transactions on Parallel and Distributed Systems, 2016, 27(11): 3199-3213.

[66] Liu D, Yin S, Liu L, et al. Polyhedral model based mapping optimization of loop nests for CGRAs[C]//Design Automation Conference, 2013: 1-8.

[67] Yin S, Liu D, Peng Y, et al. Improving nested loop pipelining on coarse-grained reconfigurable architectures[J]. IEEE Transactions on Very Large Scale Integration (VLSI) Systems, 2016, 24(2): 507-520.

[68] Xue J. Unimodular transformations of non-perfectly nested loops[J]. Parallel Computing, 1997, 22(12): 1621-1645.

[69] Hartono A, Baskaran M, Bastoul C, et al. Parametric multi-level tiling of imperfectly nested loops[C]//International Conference on Supercomputing, 2009: 147-157.

[70] Lee J, Seo S, Lee H, et al. Flattening-based mapping of imperfect loop nests for CGRAs[C]//International Conference on Hardware/Software Codesign and System Synthesis, 2014: 1-10.

[71] Rong H, Tang Z, Govindarajan R, et al. Single-dimension software pipelining for multidimensional loops[J]. ACM Transactions on Architecture and Code Optimization, 2007, 4(1): 7.

[72] NVIDIA. NVIDIA 虚拟 GPU 软件[EB/OL]. https://www.nvidia.cn/data-center/virtual-solutions [2020-12-25].

[73] Docker. Why Docker?[EB/OL]. https://www.docker.com/why-docker#/developers[2020-12-25].

[74] Hong C, Spence I, Nikolopoulos D S. GPU virtualization and scheduling methods: A comprehensive survey[J]. ACM Computing Surveys (CSUR), 2017, 50(3): 1-37.

[75] Dowty M, Sugerman J. GPU virtualization on VMware's hosted I/O architecture[J]. ACM SIGOPS Operating Systems Review, 2009, 43(3): 73-82.

[76] Jain A K, Maskell D L, Fahmy S A. Are coarse-grained overlays ready for general purpose application acceleration on FPGAS?[C]//International Conference on Dependable, Autonomic and Secure Computing, 2016: 586-593.

[77] Liu C, Ng H, So H K. QuickDough: A rapid FPGA loop accelerator design framework using soft CGRA overlay[C]//International Conference on Field Programmable Technology, 2015: 56-63.

[78] Chiou D. The microsoft catapult project[C]//International Symposium on Workload Characterization, 2017: 124.

[79] Adler M, Fleming K E, Parashar A, et al. Leap scratchpads: Automatic memory and cache management for reconfigurable logic[C]//ACM/SIGDA International Symposium on Field Programmable Gate Arrays, 2011: 25-28.

[80] Kelm J H, Lumetta S S. HybridOS: Runtime support for reconfigurable accelerators[C]// International ACM/SIGDA Symposium on Field Programmable Gate Arrays, 2008: 212-221.

[81] So H K, Brodersen R W. Borph: An Operating System for FPGA-based Reconfigurable Computers[R]. Berkeley: University of California, 2007.

[82] Redaelli F, Santambrogio M D, Memik S O. An ILP formulation for the task graph scheduling problem tailored to bi-dimensional reconfigurable architectures[C]//International Conference on Reconfigurable Computing and FPGAs, 2008: 97-102.

[83] CCIX CONSORTIUM I. CCIX[EB/OL]. https://www.ccixconsortium.com[2020-12-25].

[84] HSA. HSA Foundation ARM, AMD, Imagination, MediaTek, Qualcomm, Samsung, TI[EB/OL]. http://www.hsafoundation.com[2020-12-25].

[85] Goldstein S C, Schmit H, Budiu M, et al. PipeRench: A reconfigurable architecture and compiler[J]. Computer, 2000, 33(4): 70-77.

[86] Eckert M, Meyer D, Haase J, et al. Operating system concepts for reconfigurable computing: Review and survey[J]. International Journal of Reconfigurable Computing, 2016: 1-11.

[87] Brebner G. A virtual hardware operating system for the Xilinx XC6200[C]//International Workshop on Field Programmable Logic and Applications, 1996: 327-336.

[88] Kelm J, Gelado I, Hwang K, et al. Operating system interfaces: Bridging the gap between CPU and FPGA accelerators[R]. Report No. UILU-ENG-06-2219, CRHC-06-13. Washington: Coordinated Science Laboratory, 2006.

[89] Ismail A, Shannon L. FUSE: Front-end user framework for O/S abstraction of hardware accelerators[C]//International Symposium on Field-Programmable Custom Computing Machines, 2011: 170-177.

[90] Wang Y, Zhou X, Wang L, et al. Spread: A streaming-based partially reconfigurable architecture and programming model[J]. IEEE Transactions on Very Large Scale Integration (VLSI) Systems, 2013, 21(12): 2179-2192.

[91] Charitopoulos G, Koidis I, Papadimitriou K, et al. Hardware task scheduling for partially reconfigurable FPGAs[C]//International Symposium on Applied Reconfigurable Computing, 2015: 487-498.

[92] Dehon A E, Adams J, DeLorimier M, et al. Design patterns for reconfigurable computing[C]// Annual IEEE Symposium on Field-Programmable Custom Computing Machines, 2004: 13-23.

[93] Govindaraju V, Ho C, Nowatzki T, et al. Dyser: Unifying functionality and parallelism specialization for energy-efficient computing[J]. IEEE Micro, 2012, 32(5): 38-51.

[94] Mishra M, Callahan T J, Chelcea T, et al. Tartan: Evaluating spatial computation for whole program execution[J]. ACM SIGARCH Computer Architecture News, 2006, 34(5): 163-174.

[95] Kim C, Sethumadhavan S, Govindan M S, et al. Composable lightweight processors[C]// International Symposium on Microarchitecture, 2007: 381-394.

[96] Pager J, Jeyapaul R, Shrivastava A. A software scheme for multithreading on CGRAs[J]. ACM Transactions on Embedded Computing Systems, 2015, 14(1): 1-26.

[97] Park H, Park Y, Mahlke S. Polymorphic pipeline array: A flexible multicore accelerator with virtualized execution for mobile multimedia applications[C]//International Symposium on Microarchitecture, 2009: 370-380.

[98] Gschwind M, Altman E R, Sathaye S, et al. Dynamic and transparent binary translation[J]. Computer, 2000, 33(3): 54-59.

[99] Markoff J, Flynn L J. Apple's next test: Get developers to write programs for Intel chips[J]. The New York Times, 2005: C1.

[100] Anton C, Mark H, Ray H, et al. FX! 32: A profile-directed binary translator[J]. IEEE Micro, 1998, 18(2): 56-64.

[101] Dehnert J C, Grant B K, Banning J P, et al. The transmeta code morphing software: Using speculation, recovery, and adaptive retranslation to address real-life challenges[J]. ACM International Symposium on Code Generation and Optimization, San Francisco, 2003.

[102] Ebcio U G, Lu K, Altman E R. DAISY: Dynamic compilation for 100% architectural compatibility[C]//Annual International Symposium on Computer Architecture, 1997: 26-37.

[103] Nair R, Hopkins M E. Exploiting instruction level parallelism in processors by caching scheduled groups[J]. ACM SIGARCH Computer Architecture News, 1997, 25(2): 13-25.

[104] Klaiber A. The technology behind crusoe processors[J]. Transmeta Technical Brief, 2010.

[105] Clark N, Kudlur M, Park H, et al. Application-specific processing on a general-purpose core via transparent instruction set customization[C]//International Symposium on Microarchitecture, 2004: 30-40.

[106] Lysecky R, Stitt G, Vahid F. Warp processors[J]. ACM Transactions on Design Automation of Electronic Systems (TODAES), 2004, 11(3): 659-681.

[107] Beck A C S, Rutzig M B, Gaydadjiev G, et al. Transparent reconfigurable acceleration for heterogeneous embedded applications[C]//Design, Automation and Test in Europe, 2008: 1208-1213.

[108] Uhrig S, Shehan B, Jahr R, et al. The two-dimensional superscalar GAP processor architecture[J]. International Journal on Advances in Systems and Measurements, 2010, 3(1-2): 71-81.

[109] Ferreira R, Denver W, Pereira M, et al. A run-time modulo scheduling by using a binary translation mechanism[C]//International Conference on Embedded Computer Systems: Architectures, Modeling, and Simulation, 2014: 75-82.

彩　　图

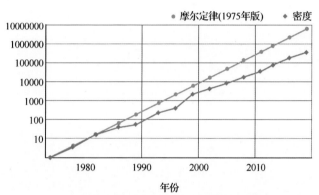

(a) 摩尔定律预测与微处理器电路集成密度提升

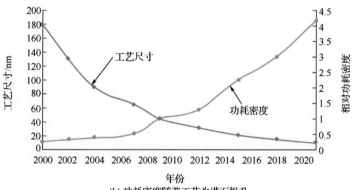

(b) 功耗密度随着工艺改进而提升

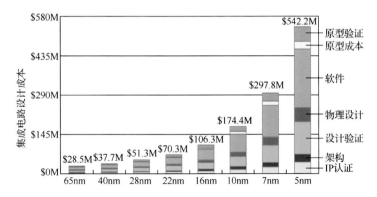

(c) 集成电路设计成本快速攀升(来源Handel Jones, IBS)

图 1-3   集成电路的发展

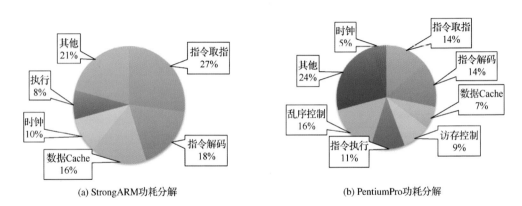

(a) StrongARM功耗分解

(b) PentiumPro功耗分解

图 2-1   通用处理器的功耗开销分析

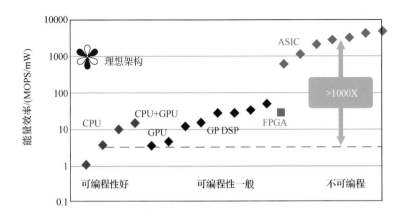

图 2-3   现有芯片设计范式的对比

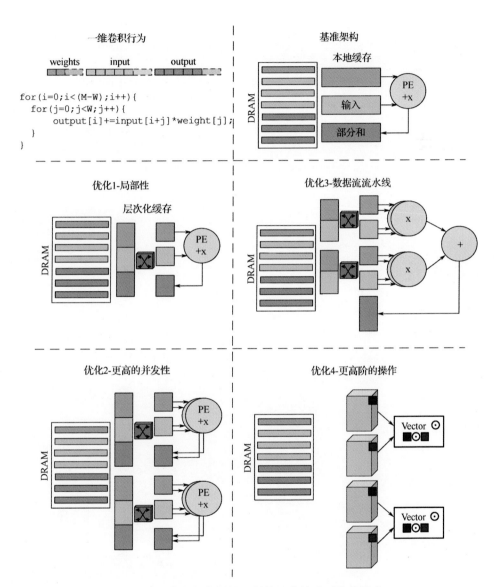

图 2-7 以一维卷积为例展示硬件开发的重要优化技术:
局域化、流水线、空间并行和张量计算

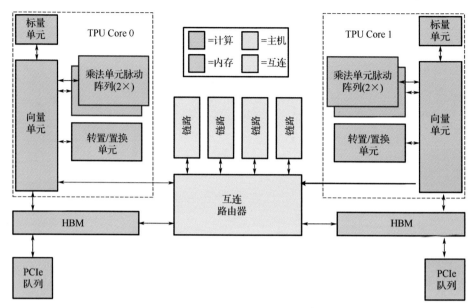

图 2-11　TPU 的系统结构设计

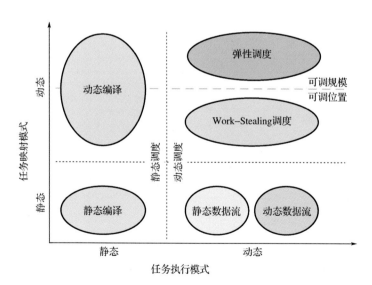

图 2-13　软件定义芯片的广义编译技术分类：动态映射与动态执行机制

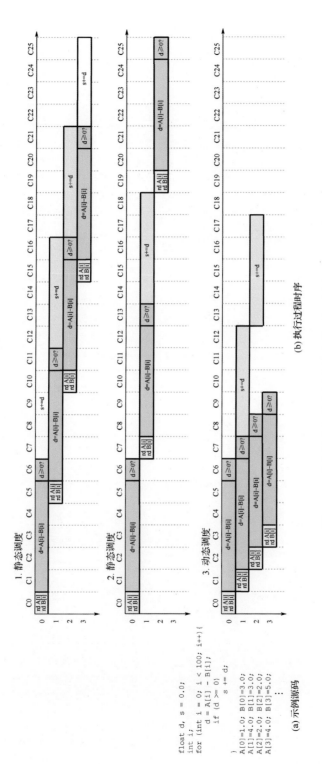

图 2-14　动态调度与静态调度技术的对比分析

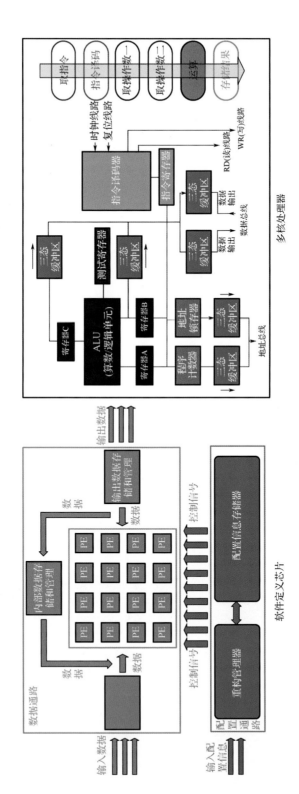

图 2-17　典型的软件定义芯片系统与多核处理器架构对比

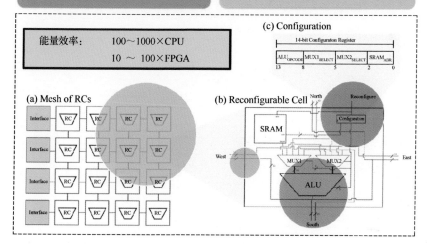

图 2-18　软件定义芯片实现高性能和高能效的主要架构优势

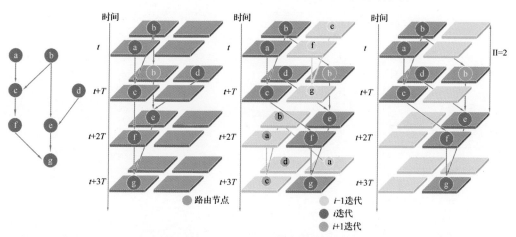

(a) 函数func的DFG抽象　　　(b) 直接映射结果　　　(c) 手动优化映射结果(流水线)　　　(d) 手动优化映射结果

图 4-9　函数 func 的映射过程

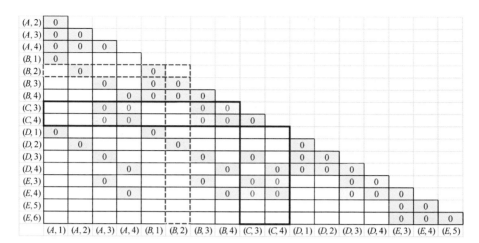

图 4-21　阶梯表图

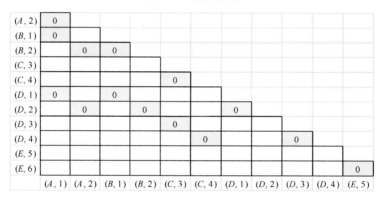

图 4-22　化简后的阶梯表

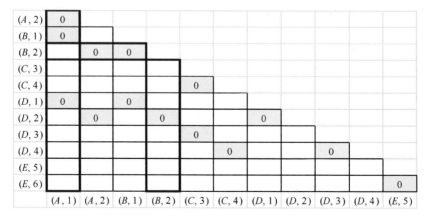

图 4-23　阶梯表图寻找映射方案

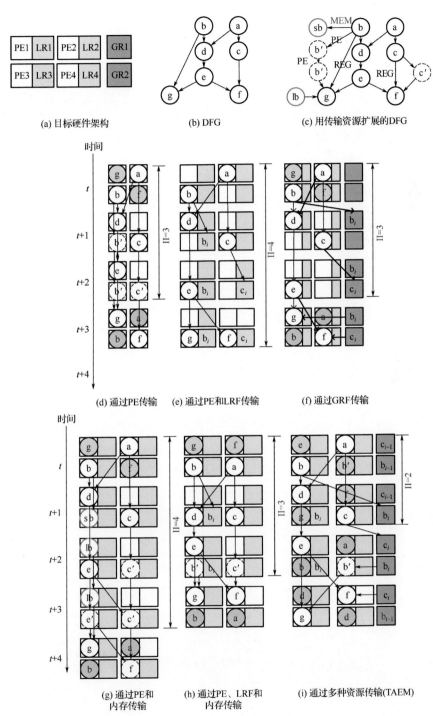

图 4-24 在 CGRA 上采用不同片上数据传输策略的循环映射结果

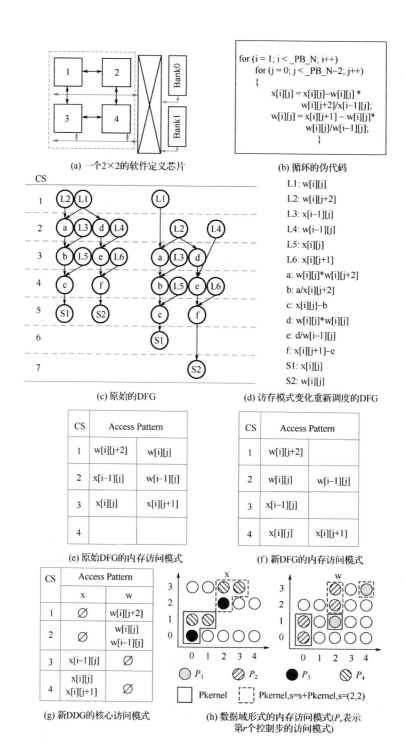

(a) 一个2×2的软件定义芯片

(b) 循环的伪代码

```
for (i = 1; i < _PB_N; i++)
    for (j = 0; j < _PB_N–2; j++)
    {
        x[i][j] = x[i][j]–w[i][j] *
                w[i][j+2]/x[i–1][j];
        w[i][j] = x[i][j+1] – w[i][j]*
                w[i][j]/w[i–1][j];
    }
```

(c) 原始的DFG

(d) 访存模式变化重新调度的DFG

L1: w[i][j]
L2: w[i][j+2]
L3: x[i–1][j]
L4: w[i–1][j]
L5: x[i][j]
L6: x[i][j+1]
a: w[i][j]*w[i][j+2]
b: a/x[i][j+2]
c: x[i][j]–b
d: w[i][j]*w[i][j]
e: d/w[i–1][j]
f: x[i][j+1]–e
S1: x[i][j]
S2: w[i][j]

(e) 原始DFG的内存访问模式

CS	Access Pattern	
1	w[i][j+2]	w[i][j]
2	x[i–1][j]	w[i–1][j]
3	x[i][j]	x[i][j+1]
4		

(f) 新DFG的内存访问模式

CS	Access Pattern	
1	w[i][j+2]	
2	w[i][j]	w[i–1][j]
3	x[i–1][j]	
4	x[i][j]	x[i][j+1]

(g) 新DDG的核心访问模式

CS	Access Pattern	
	x	w
1	∅	w[i][j+2]
2	∅	w[i][j] w[i–1][j]
3	x[i–1][j]	∅
4	x[i][j] x[i][j+1]	∅

(h) 数据域形式的内存访问模式(P_r表示第r个控制步的访问模式)

图 4-27 内存访问模式提取示例

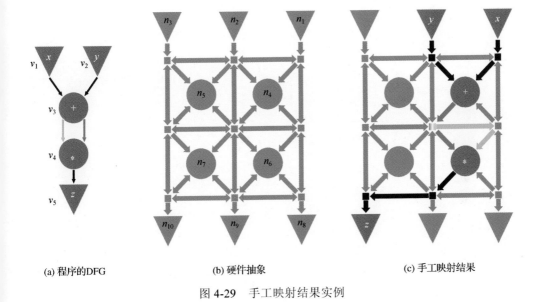

(a) 程序的DFG   (b) 硬件抽象   (c) 手工映射结果

图 4-29   手工映射结果实例

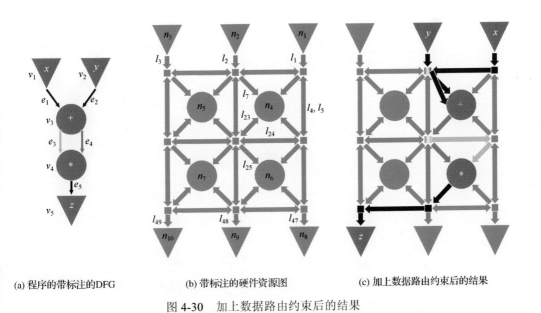

(a) 程序的带标注的DFG   (b) 带标注的硬件资源图   (c) 加上数据路由约束后的结果

图 4-30   加上数据路由约束后的结果

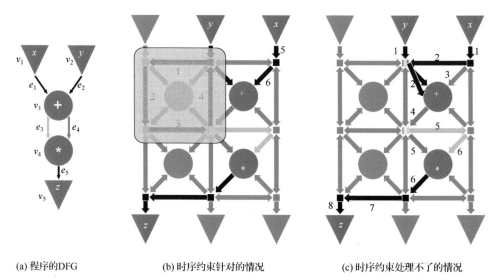

(a) 程序的DFG　　　　　　(b) 时序约束针对的情况　　　　　(c) 时序约束处理不了的情况

图 4-31　加入任务时序管理约束后的结果

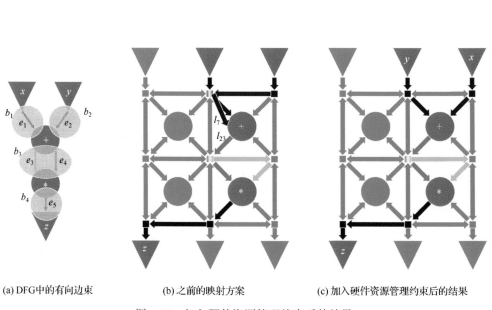

(a) DFG中的有向边束　　　　(b) 之前的映射方案　　　　(c) 加入硬件资源管理约束后的结果

图 4-32　加入硬件资源管理约束后的结果

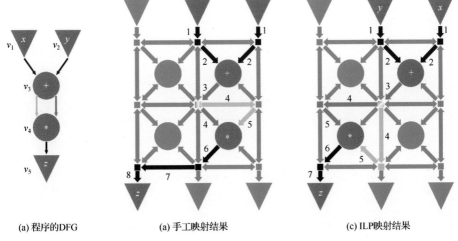

(a) 程序的DFG   (a) 手工映射结果   (c) ILP映射结果

图 4-33   所有约束都加上的最后结果